Supernovae und kosmische Gammablitze

Hans-Thomas Janka

Supernovae und kosmische Gammablitze

Ursachen und Folgen von Sternexplosionen

Reihe *Astrophysik aktuell*: Herausgegeben von Andreas Burkert, Harald Lesch, Nikolaus Heckmann, Helmut Hetznecker

Autor
Dr. Hans-Thomas Janka
Max-Planck-Institut für Astrophysik
Karl-Schwarzschild-Str. 1
85748 Garching

Bibliografische Information der Deutschen Nationalbibliothek
Die Deutsche Nationalbibliothek verzeichnet diese Publikation in der Deutschen Nationalbibliografie; detaillierte bibliografische Daten sind im Internet über http://dnb.d-nb.de abrufbar.

Springer ist ein Unternehmen von Springer Science+Business Media springer.de

Spektrum Akademischer Verlag ist ein Imprint von Springer

11 12 13 14 15 5 4 3 2 1

Planung und Lektorat: Katharina Neuser-von Oettingen, Stefanie Adam
Herstellung: Detlef Mädje
Umschlaggestaltung: SpieszDesign, Neu-Ulm
Titelfotografie: siehe Abbildungsverzeichnis
Satz: le-tex publishing services GmbH, Leipzig

ISBN 978-3-8274-2072-5

Vorwort

Dieses Buch handelt von Supernovae und kosmischen Gammablitzen, gewaltigen Sternexplosionen, deren Erforschung ich mit andauernder Begeisterung und Faszination seit rund 25 Jahren als „Berufshobby" betreiben darf.

Vermutlich hatte jeder Berufsastronom oder -astrophysiker ein oder mehrere Schlüsselerlebnisse, die ihn (oder sie) in den Bann einer Wissenschaft zogen, die sich vor allem mit außerirdischen Problemen beschäftigt, weit weg von der Lebenswirklichkeit des Alltags eine Realität in anderen Sphären erforscht und mit ihren Erkenntnissen auch nicht direkt materiellen Gewinn für unser irdisches Dasein verspricht. Vielleicht treibt manchen Kollegen eine unterschwellige, bisweilen vehement geleugnete Religiosität, die den ganz großen Fragen nach dem „Warum gibt es die Welt?", „Woher kommen wir?", „Wie ist das Universum entstanden?" auf den Grund gehen möchte. Bei vielen sind es wohl die *Science-Fiction*-Abenteuer, die sie als Jugendliche in Buch, Comic oder Film verschlungen haben, und die die Eroberung neuer Welten, das Zuhausesein im transirdischen Raum, das Aufeinandertreffen mit Leben von anderen Sonnensystemen vordenken und ausmalen.

Die Impulse, denen ich erlegen bin, waren weit banaler. Die Saat meiner Begeisterung wurde in den 1960er-Jahren gelegt, als das *Apollo*-Programm der NASA eine schier grenzenlose Begeisterung für die Raumfahrt auslöste, die dann im Sommer 1969 mit den ersten Schritten von Menschen auf dem Mond ihren Höhepunkt fand. Ich erinnere mich noch gut daran, wie ich als Kind der „Generation Mondlandung" jene grau verwaschenen, ruckelnden Bilder von der Mondoberfläche gebannt verfolgte, die am 21. Juli 1969 um vier Uhr früh MEZ noch vor dem ersten Morgengrauen über den Fernsehschirm flimmerten. Der Raum jenseits der Erde forderte ungezügelten Pioniergeist und versprach grenzenlose Herausforderung! Alles schien machbar, alles denkbar! Natürlich wollte auch ich damals Astronaut werden. Bald merkte ich aber, dass es mich doch weniger zu jahrelangen Trainingsprogrammen in schwerfälligen Raumanzügen ohne Einsatzgarantie zog, als vielmehr zu tieferem Verständnis der Objekte, die noch weit hinter dem Mond und für den Menschen körperlich unerreichbar lagen. Die umwerfenden Bilder der *Pioneer*- und *Voyager*-Sonden, die sie von ihren nahen Vorbeiflügen an Jupiter und Saturn zur Erde funkten, steigerten meine Erwartung eines intellektuellen Abenteuers noch mehr. Didaktisch exzellente Bücher und Magazine von Koryphäen „öffentlicher Wissenschaft" wie Heinz Haber und Hoimar von Ditfurth, die Fragen stellten, die auch mich beschäftigten, wirkten prägend. Ein hervorragender Astronomiekurs in der Oberstufe unter der Leitung eines sehr engagierten Lehrers bestärkte mich in meinem Entschluss zum Physikstudium und gab den letzten Anstoß für meinen Berufswunsch.

Die endgültige Weichenstellung auf mein Forschungsgebiet kam dann im Februar 1987. Ich hatte gerade mit meiner Doktorarbeit am Max-Planck-Institut für Astrophysik in Garching begonnen, als uns am 25. Februar bei der Geburtstagsfeier meines Doktorvaters die Nachricht erreichte, dass wenige Stunden zuvor eine Supernova in der Großen Magellan'schen Wolke entdeckt worden sei. Es war das erste mit freiem Auge wahrnehmbare Ereignis dieser Art seit Keplers Supernova von 1604! Ich werde nie vergessen, welche Euphorie, welchen Rausch, welche Aufbruchstimmung, welche hektische Betriebsamkeit und welche Kreativität die Flut von Beobachtungsdaten auslöste, die dann über uns hereinbrach! Die sicherlich spektakulärste Nachricht war, dass unterirdische Experimente am 23. Februar, noch vor der ersten Sichtung der Supernova, knapp zwei Dutzend Neutrinos, extrem flüchtige Elementarteilchen, aus dem Zentrum der Sternexplosion eingefangen hatten. Für diese wahrhaft historische Messung wurde der Japaner Masatoshi Koshiba dann im Jahr 2002 mit dem Nobelpreis für Physik ausgezeichnet. Zufällig hatte ich mich bereits während meiner Diplomarbeit in der Arbeitsgruppe am Max-Planck-Institut für Astrophysik mit dem „Transport von Neutrinos in Supernovae" beschäftigt und ein neues Computerprogramm zu dessen Berechnung entwickelt. Dieses Zusammentreffen war mehr als ein glücklicher Zufall, es war empfundene Fügung. Jedenfalls erlangte die sensationelle Messung nicht nur Bedeutung als Geburtsstunde der *extragalaktischen Neutrinoastrophysik*, sie gab auch meiner weiteren Laufbahn in der Wissenschaft den entscheidenden Anschub.

In diesem Buch möchte ich über die Entwicklung der Supernovaforschung in den vergangenen 25 Jahren berichten. Hoffentlich gelingt es mir, dabei ein bisschen von der Faszination dieses Gebietes zu vermitteln, die einen über die vielen Niederungen und Abgründe des Alltagsbetriebs in Forschung und Lehre hinwegträgt.

Ein zweiter erlebter Höhepunkt für mich war die Entschlüsselung des Rätsels der kosmischen Gammablitze. Als Beteiligter mitten im Fluss des

Geschehens stehend, konnte ich in der zweiten Hälfte der 1990er-Jahre hautnah den Übergang dieses Forschungsfeldes vom Stadium wilder theoretischer Spekulationen zu empirisch gesicherten Realitäten erleben, ein geistiges wie wissenschaftssoziologisches Erlebnis, bei dem alle Licht- und Schattenseiten des Wissenschaftsorganismus zutage traten. Messtechnische Meisterleistungen, kühne Inspiration und visionäre Einsichten, sowie scharfsinnige Interpretationen von Beobachtungen griffen feinzahnig ineinander und stellten das Gebiet auf neue Fundamente. Aber auch „Glaubenskriege" wurden ausgetragen und mündeten in erbitterte, bisweilen mit abstoßender persönlicher Eitelkeit und würdeloser Unfairness ausgetragene Gefechte. Am Ende des zähen Ringens um Erkenntnis waren die Supernova- und Gammablitzforschung zusammengewachsen, Gammablitze als besondere Erscheinung bei speziellen Sternexplosionen erkannt.

Einen dritten Höhepunkt erlebte die Supernovaastronomie dann um die letzte Jahrtausendwende. Sternexplosionen vom sogenannten Typ Ia, eine besonders helle Klasse, deren Eignung als „Standardkerzen" bekannt war, konnten in ihrer Nutzbarkeit zur Entfernungsbestimmung im Kosmos entscheidend verbessert worden. Systematische Suchkampagnen nach solchen Ereignissen bei großen Entfernungen durch die digitale Überwachung relativ ausgedehnter Himmelsareale mit großflächigen Detektoren und sehr lichtempfindlichen Teleskopen waren technisch möglich geworden, und sehr leistungsfähige Riesenteleskope wie das Weltraumteleskop *Hubble*, das *Keck*-Teleskop auf Hawaii und das *Very Large Teleskope* der Europäischen Südsternwarte (ESO) standen für die genaue Beobachtung gefundener Supernovae zur Verfügung. Ende der 1990er-Jahre hatten die Astronomen genug Daten gesammelt, um mit einer revolutionären Entdeckung an die Öffentlichkeit zu gehen: Die entfernten Supernovae zwangen zu dem Schluss, dass wir in einem Universum leben, welches sich gegenwärtig in einem Zustand beschleunigter Expansion befindet, den es für alle Zukunft beibehalten wird! Zusammen mit Messungen winziger Richtungsvariationen in der Strahlung des kosmischen Mikrowellenhintergrunds zeigten die Supernovabeobachtungen, dass unser Kosmos von einer rätselhaften Dunklen Energie und von Dunkler Materie einer unbekannten Art beherrscht wird; weniger als fünf Prozent der gravitativ wirksamen Energie stammen von normaler, im Labor erforschter Materie.

Dieses Buch lädt den Leser zu einem Streifzug durch das Gebiet der Supernovaforschung ein. Nach einem ersten Überblick über das Phänomen und seine Bedeutung (Kapitel 1) werden wir uns zunächst der Entwicklung massereicher Sterne und den Eigenschaften ihrer kompakten Überreste (Weiße Zwerge, Neutronensterne, Schwarze Löcher) zuwenden (Kapitel 2). Solche Sterne sowie die Weißen Zwerge sind die Vorläuferobjekte, deren Existenz in einer gigantischen Explosion abrupt endet. Um besser zu verstehen, welche Vorgänge bei Sternexplosionen ablaufen und welche unterschiedlichen Prozesse eine Rolle spielen, werden wir uns auch kurz der grundlegenden Physik von Sternen zuwenden. Solche vertiefenden Exkurse sind hauptsächlich in Kästen untergebracht. Leser, denen diese Einschübe zu viel Mühe bereiten, können auf die Zusatzinformationen in einem ersten Durchgang verzichten. In Kapitel 3 werden wir uns dann mit den Abläufen beim stellaren Gravitationskollaps beschäftigen und lernen, welche Zusammenhänge zwischen Supernovae, Hypernovae und Gammablitzen nach unserem heutigen Verständnis bestehen. In Kapitel 4 werden wir die thermonuklearen Explosionen Weißer Zwerge besprechen, von deren Bedeutung als kosmisches Entfernungsmaß wir oben bereits gehört haben. Abschließend werden wir in Kapitel 5 erfahren, welch tiefgründigen Fragen die Kern-, Teilchen- und Gravitationsphysiker bei einer zukünftigen Supernova in unserer Milchstraße nachspüren wollen, und mit welchen aufregenden neuen Experimenten sie planen, die Geheimnisse des Geschehens im unsichtbaren Zentrum der Explosion zu lüften.

An dieser Stelle möchte ich eine Entschuldigung vorausschicken. In weiten Zügen spiegelt mein Zugang zum Thema naturgemäß die Brille des Theoretikers wider. Natürlich flechte ich an sehr vielen Stellen Beobachtungen und die daraus abgeleiteten Erkenntnisse ein, setze die Schwerpunkte aber dennoch eindeutig mit dem Blickwinkel auf theoretische Fragen und Konzepte. Das ist keinesfalls als Geringschätzung der astronomischen Arbeit aufzufassen. Es versteht sich von selbst, dass es allein Beobachtungen sind, die theoretischen Konzepten Realität geben können. Die anspruchsvolle, aufwendige und intuitives Gespür erfordernde Durchführung und Interpretation von Messungen verdient daher auch aus meiner Sicht höchste Anerkennung. Leider kann ich die Leser, die hoffen, mehr darüber in meinem Buch zu erfahren, aus dem Fundus meines Wissens nicht zufriedenstellend bedienen.

Garching, im Februar 2010

Danksagung

Ich danke allen, die an der Erstellung dieses Buches mitgewirkt haben, besonders aber Frau Rosmarie Mayr-Ihbe, die viele der Abbildungen in hervorragender Weise angefertigt oder überarbeitet hat, und Achim Weiß, der mir durch die Latex-Dateien seines Buches den Einstieg ins Schreiben ebnete und lästige Formatierungsarbeit abnahm. Außerdem war Achim bei diversen Fragen zur Sternentwicklung eine wertvolle Quelle von Informationen. Frau Katharina Neuser-von Oettingen und Frau Stefanie Adam vom Verlag haben mich hilfsbereit, geduldig und zeitlich flexibel bis zur Fertigstellung betreut; Herrn Andreas Burkert als Herausgeber dieser Serie danke ich für die gewissenhafte Prüfung des Manuskriptes.

Mein ausdrücklicher Dank gilt auch den zahlreichen Kollegen und Studenten, die wie ich der Faszination von Supernovae erlegen sind, und die mich ein kürzeres oder längeres Stück auf dem Weg begleitet haben, diesem spektakulären Phänomen wenigstens einige seiner Geheimnisse zu entlocken. Von ihnen konnte ich in jeder Hinsicht viel lernen. Ohne ihre Beiträge wäre dieses Buch nicht entstanden. Insbesondere waren die Diskussionen mit Marat Gilfanov, Rüdiger Pakmor und Fritz Röpke über Typ-Ia-Supernovae sehr hilfreich.

Ebenso möchte ich allen Kollegen und Institutionen danken, deren Abbildungen ich in diesem Buch verwenden durfte.

Ein herzliches Dankeschön auch an Stephanie und Alischa, die meine geistige und körperliche Abwesenheit bei der Arbeit an diesem Buch mit großer Geduld ertrugen.

Inhaltsverzeichnis

Kapitel 1

Supernovae im Universum

Zweifellos gehören Supernovae zu den spektakulärsten Erscheinungen, die unser Kosmos zu bieten hat. Es sind die gewaltigen **Explosionen**, mit denen Sterne ihren Lebenszyklus beschließen. Innerhalb weniger Tage kann die Leuchtkraft des Sterns um das Millionenfache steigen und für einige Wochen fast die Helligkeit einer ganzen Galaxie erreichen (Abbildung 1.7). Schon zu antiker Zeit waren die Menschen von den plötzlich erscheinenden „Gaststernen" fasziniert. Man betrachtete sie als Omen und Boten der Götter und sie zeugten von Veränderungen am sonst so starren Fixsternhimmel. Die hellsten der Gaststerne überstrahlten die Venus und waren wochenlang sogar am Taghimmel zu sehen. Historische Aufzeichnungen vor allem aus der arabischen Welt und dem fernen Osten, China, Japan und Korea, ermöglichen eine Datierung der Ereignisse. Die ältesten astronomischen Chroniken aus China, die über „große neue Sterne" berichten, reichen bis ins 14. vorchristliche Jahrhundert zurück. Teilweise erstaunlich genaue Beschreibungen des Helligkeitsverlaufs liefern astronomisch verwertbare Informationen und erlauben sogar Rückschlüsse auf die Art der Sternexplosion. Durch die überlieferten Positionsangaben lassen sich neu entdeckte, junge Supernovaüberreste, deren von der Explosionswelle aufgeheiztes Gas hell im Röntgenlicht strahlt, den historischen Gaststernen zuordnen (siehe Tabelle 1.1).

Zwei Supernovae an der Schwelle zur Epoche der modernen Naturwissenschaften hatten bedeutenden Einfluss auf die Entwicklung der neuzeitlichen Astronomie und verbesserter astrometrischer Methoden. Die Supernovae von 1572 und die von 1604 tragen die Namen der großen Forscherpersönlichkeiten Tycho Brahe und Johannes Kepler, die ihre Beobachtungen ausführlich in berühmten Werken dokumentierten. Keplers Supernova von 1604 war das letzte mit bloßem Auge sichtbare Ereignis in unserer Milchstraße, von dem eindeutige Belege existieren. Ein weiterer Sternentod, auf den der rund 300 Jahre alte *Kassiopeia A* Nebel (Abbildung 1.1) zurückgeht, fand merkwürdigerweise keine Erwähnung in den astronomischen Schriften jener Zeit. Lediglich Bemerkungen des ersten englischen *Astronomer Royal* John Flamsteed könnten mit dieser Supernova in Zusam-

Tabelle 1.1 Bekannte Supernovaereignisse in unserer Milchstraße in den vergangenen 1000 Jahren. Bei den Supernovae von 1572 und 1680 konnte der Typ von Sternexplosion (siehe Kapitel 1.2) anhand von „Lichtechos“ mit moderner Technik kürzlich bestätigt werden. Astronomen gelang es, Strahlung des Explosionsblitzes aufzufangen, die von Gas- und Staubwolken in der Umgebung des zerstörten Sterns zurückgeworfen wurde. Die Reflexe waren aufgrund ihres Umwegs einige hundert Jahre länger zur Erde unterwegs als das direkte Licht der Supernova.

Jahr	Sichtbarkeitsdauer dauer	Entfernung [Lichtjahre]	Beobachtungen (Ort/Astronom)	Typ	Überrest
1006	einige Jahre	7200	China, Japan, Arabien, Schweiz	SNIa	Gasschale (Abbildung 4.1)
1054	ca. zwei Jahre	6500	China, Arabien	SNII	Krebsnebel und -pulsar (Abbildung 2.11)
1181	sechs Monate	>26 000	China, Japan	Kernkollaps?	Röntgen- und Radiopulsar J0205+6449 (3C 58); Assoziation mit SN 1181 unsicher
~1300	sechs Monate	~1500	Simbabwe	Kernkollaps?	Vela Junior; Gasschale (Röntgenquelle RX J0852.0-4622)
1572	16 Monate	7500	Tycho Brahe	SNIa	Gasnebel (Abbildung 4.2)
1604	18 Monate	20 000	Johannes Kepler	SNIa	Gasschale
~1680	?	11 000	John Flamsteed?	SNIIb	Kassiopeia A (Abbildung 1.1); Gasschale mit kompakter Röntgenquelle
~1870	unsichtbar durch Staub	25 000	–	?	Radio- und Röntgenquelle G1.9+0.3 (Abbildung 1.2)

Abb. 1.1 Supernovaüberrest Kassiopeia A (Cas A) in einer Entfernung von etwa 10 000 Lichtjahren. Die Explosion eines massereichen Sterns ereignete sich vor rund 330 Jahren und hinterließ eine asphärische Wolke expandierenden, heißen Gases. Das Bild ist eine Überlagerung von Aufnahmen in drei Wellenlängenbereichen der Strahlung: Infrarotdaten des *Spitzer*-Weltraumteleskops sind rot dargestellt und zeigen warmen Staub von etwa 280 Kelvin in der äußersten Schale. Optische Daten sind gelb und machen feine Filamente von Gas mit Temperaturen um 10 000 Kelvin sichtbar. Röntgendaten erscheinen grün und blau und stammen von heißem Gas mit Temperaturen von ungefähr zehn Millionen Kelvin. Durch seine gute Ortsauflösung konnte der *Chandra*-Satellit vor einigen Jahren eine kompakte Röntgenquelle im Zentrum des Gasnebels identifizieren, die tausendmal schwächer strahlt als der Pulsar im Krebsnebel (Abbildung 2.11). Das Objekt ist vermutlich ein Neutronenstern, vielleicht sogar ein Schwarzes Loch.

menhang stehen. Die Himmelsforscher der Neuzeit mussten sich mit lediglich zwei sichtbaren Sternexplosionen in der unmittelbaren kosmischen Nachbarschaft der Milchstraße zufrieden geben: Eine Supernova im Jahr 1885 in der Andromeda-Galaxie wurde zum ersten mit Teleskopen entdeckten extragalaktischen Ereignis, und schließlich die Jahrhundertsupernova 1987A in der Großen Magellan'schen Wolke, einer kleinen Begleitgalaxie der Milchstraße in nur 170 000 **Lichtjahren** Entfernung (siehe Kapitel 1.4).

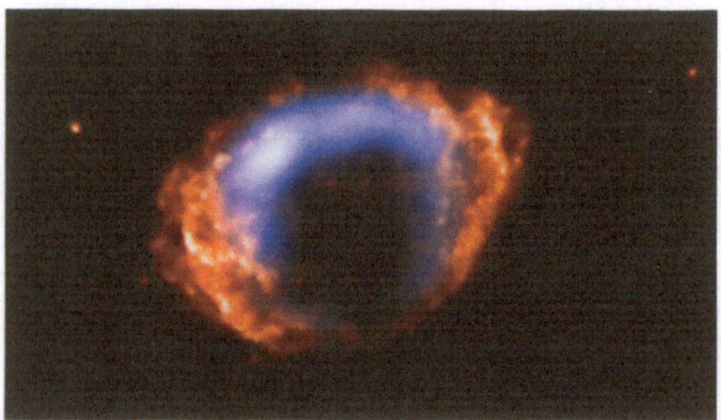

Abb. 1.2 Supernovaüberrest G1.9+0.3 in zirka 25 000 Lichtjahren Entfernung ist die jüngste bekannte Gaswolke einer Supernova in unserer Milchstraße. Die Sternexplosion ereignete sich schätzungsweise vor 140 Jahren, blieb aber auf der Erde unbeobachtet, weil die Supernova nahe dem galaktischen Zentrum in einer Region mit dichtem Gas und Staub lag. Die Aufnahme zeigt eine Kombination von Daten des Röntgensatelliten *Chandra* (rot und orange) und des *VLA*-Radioobservatoriums (blau) im zeitlichen Abstand von 22 Jahren. Beide Wellenlängen erlauben den Blick durch die für sichtbares Licht undurchlässigen Gas- und Staubwolken.

Die moderne Supernovaforschung wurde von dem in den USA tätigen Schweizer Astronomen und Astrophysiker Fritz Zwicky begründet. Er nutzte ab den 20er-Jahren des vergangenen Jahrhunderts Großteleskope der damaligen Zeit für die ersten systematischen Beobachtungen dieses Himmelsphänomens und führte den Begriff „Super-Nova" für neue Sterne ein (das lateinische Wort *nova* bedeutet „neu"). Die so bezeichneten Erscheinungen sind weit heller und strahlen länger als gewöhnliche **Novae**. Rudolph Minkowski entwickelte um 1940 eine erste Einteilung in Typenklassen, und Fritz Zwicky und Walter Baade spekulierten bereits in den 1930er-Jahren, dass der Gravitationskollaps eines Sterns zu einem *Neutronenstern* Ursache für die gigantischen Energieausbrüche sein könnte (siehe Kapitel 2.6.2).

1.1 Häufigkeit von Supernovae

Trotz ihrer Besonderheit und relativen Seltenheit in der Milchstraße sind Supernovae kein wirklich rares Phänomen. In jeder Sekunde beenden etwa fünf Sterne irgendwo im Universum ihr Leben mit einer solchen gewaltigen Explosion. Mit systematischen Suchkampagnen entdecken Profi- und Amateurastronomen mittlerweile viele Hundert pro Jahr, die meisten in fernen Galaxien, Hunderte von Millionen bis Milliarden Lichtjahre von der Erde entfernt. Jede gefundene und gemeldete Supernova erhält von der *Internationalen Astronomischen Union* einen Namen, der mit dem Kürzel „SN" (für SuperNova) beginnt, gefolgt von der Jahreszahl der Entdeckung und ein oder zwei Buchstaben des Alphabets. Die ersten 26 in einem Jahr gesichteten Supernovae bekommen die Großbuchstaben von A bis Z, alle weiteren dann Paare von Kleinbuchstaben: aa, ab, ac, usw.

Wenn wir eine Supernova aufleuchten sehen und davon sprechen, dass ein Stern im Beobachtungsjahr explodierte, dann ist das eigentlich nicht ganz korrekt. Das Licht von der Explosion, das uns erreicht, hat einen sehr weiten Weg hinter sich. Wegen der endlichen Lichtgeschwindigkeit von rund 300 000 Kilometern pro Sekunde benötigte es viele Jahrtausende, um unsere Milchstraße zu durchqueren, oder Jahrmillionen, um aus einer fernen Galaxie zu uns zu gelangen. Die Sternexplosion hat entsprechend weit vor unserer Zeit stattgefunden, und der Stern ist längst vergangen und sein leuchtender Überrest meist ebenso, wenn wir den ersten Schein der Supernova empfangen.

In einer Spiralgalaxie wie unserer Milchstraße erwarten die Astronomen zwei bis drei Supernovae pro Jahrhundert. Sie schätzen diese Zahl durch Vergleich mit anderen Welteninseln, deren Galaxientyp der Milchstraße gleicht. Ähnliche Werte findet man, wenn man die Sternentstehungsaktivität – in der Milchstraße entstehen pro Jahr Sterne aus mehreren Sonnenmassen Gas – als Maß für die Häufigkeit von Supernovae heranzieht. Dazu nehmen die Wissenschaftler an, dass sie die Massenverteilung kennen, mit der Sterne geboren werden, und dass alle Sterne mit einer Geburtsmasse von mehr als acht Sonnenmassen als Supernova explodieren. Alternativ kann man versuchen, Sterne direkt zu zählen, deren Schicksal in einer Supernova enden wird. Mit der theoretisch bekannten Lebensdauer lässt sich die Supernovahäufigkeit in der Milchstraße berechnen. Ein weiterer Weg, diese Rate abzuschätzen, benutzt die mit empfindlichen Detektoren auf Satelliten gemessene energetische Gammastrahlung aus dem Zerfall radioaktiver Elemente im interstellaren Gas, vor allem von ^{26}Al, einem **Isotop** von Aluminium mit nur 13 statt normalerweise 14 Neutronen. Diese Atomkerne werden im Sterninnern während der Entwicklung zur Supernova erbrütet und gelangen mit der Sternexplosion ins interstellare Medium. Je mehr Supernovae explodieren, desto mehr Aluminium-26 findet man.

Alle Schätzungen sind sich einig, dass etwa zwei bis drei Supernovae in 100 Jahren zu erwarten sind. Dies erscheint wenig, bedeutet aber, dass in der Milchstraße seit ihrer Bildung vor rund 10 Milliarden Jahren bereits etliche hundert Millionen Sterne diesen gewaltsamen Untergang erfahren haben. Immerhin kennen wir mehr als 200 Gasnebel als Relikte solcher stellaren Katastrophen und über 3000 Neutronensterne, die kompakten Sternleichen, welche die meisten der Explosionen hinterlassen. Dennoch sind im vergangenen Jahrtausend gerade einmal sechs Supernovae gesichtet worden (Tabelle 1.1). Die Mehrzahl blieb unentdeckt, verborgen wohl hinter den dichten Gas- und Staubwolken der Sternentstehungsregionen in den Spiralarmen der Milchstraße, wo man die meisten Sternexplosionen erwartet. Auch das jüngste galaktische Ereignis vor zirka 140 Jahren hat sich so der Beobachtung entzogen, und wir haben es nur durch seinen gasförmigen Überrest aufgespürt, der sich in der Nähe des Zentrums unserer Heimatgalaxie als helle Quelle von Radio- und Röntgenstrahlung bemerkbar zeigt (Abbildung 1.2).

Es ist durchaus als glücklicher Umstand zu betrachten, dass Sternexplosionen in unserer unmittelbaren kosmischen Nachbarschaft verhältnismäßig selten stattfinden, denn erdnahe Supernovae können auch zur Bedrohung für das irdische Leben werden. Das intensive Bombardement mit energiereicher Gammastrahlung und der erhöhte Teilchenfluss in **kosmischer Strahlung**, den sie verursachen würden, kann die Ozonschicht der Erde empfindlich schädigen, sodass die Biosphäre ihren Schutzschirm vor der ultravioletten Strahlung der Sonne verliert. Sogar die ozeanische Fauna und Flora könnten infolgedessen weitgehend ausgelöscht werden. Mindestens eine der Perioden großen Artensterbens im Verlauf der Erdgeschichte könnte von so einem Ereignis verursacht worden sein. Die Sternexplosion hätte dazu wohl maximal 100 Lichtjahre entfernt sein dürfen. Dies ist jedoch reine Spekulation, und empirische Belege fehlen. Nicht so allerdings bei einer Supernova, die sich vor knapp drei Millionen Jahren in einem geschätzten Abstand von 130–150 Lichtjahren ereignete. Supernovastaub mit dem langlebigen radioaktiven Eisen-60 (^{60}Fe ist ein Eisenisotop, dessen Atomkerne 34 statt der üblichen 30 Neutronen enthalten), das bei der Sternexplosion entstand, gelangte mit der Explosionswelle bis zur Erde und rieselte so auf Kontinente und Ozeane. Physiker der Technischen Universität München konnten vor wenigen Jahren mit ausgefeilten experimentellen Methoden einige Dutzend Eisen-60-Nuklide aus einer eng begrenzten, mit dem Eisenisotop angereicherten Schicht aus der Sedimentkruste des pazifischen Tiefseebodens herausfiltern.

1.2 Lichtkurven und Spektren

Bei einer typischen Supernova wird die Materie des zerstörten Sterns mit Spitzengeschwindigkeiten von 10 000 Kilometern pro Sekunde ausgeschleudert, und eine starke Stoßwelle breitet sich ins interstellare Medium aus. Die Bewegungsenergie der Sterntrümmer ist wahrhaft gigantisch, rund 10^{44} Joule oder 10^{51} erg, ein Energiewert, der erst vor wenigen Jahren die Einheit „bethe“ (1 B) erhalten hat, um Hans Bethe, einen berühmten amerikanischen Kernphysiker deutscher Abstammung, für seine Beiträge zur Erklärung der Physik von Supernovaexplosionen zu ehren.

Diese Energie ist kaum mit menschlicher Vorstellungskraft zu fassen. Sie entspricht der gesamten Strahlungsenergie, die unsere Sonne im Laufe ihrer rund fünf Milliarden Jahre währenden Entwicklung bisher erzeugt und abgegeben hat. Mit irdischen und menschlichen Aktivitäten gemessen entspricht dies der Energie, die etwa 10^{27} Vulkanausbrüche wie der des Krakatau auf Indonesien im Jahr 1883 (sein Tsunami kostete 36 000 Menschen an den Küsten Sumatras und Javas das Leben) bzw. die gleiche Zahl der größten jemals gebauten Wasserstoffbomben freisetzen würden.

Die Astrophysik kennt zwei Wege, wie sterbende Sterne solche gigantischen Mengen Energie erzeugen können. Einerseits wird, wie Fritz Zwicky spekulierte, beim Kollaps des Kernbereichs eines massereichen Sterns zu einem Neutronenstern (oder Schwarzen Loch) eine riesige Menge gravitativer Bindungsenergie für die Absprengung des größten Teils der Sternmasse verfügbar. Alternativ kann, wie der britische Astrophysiker Fred Hoyle und sein US-amerikanischer Kollege Willy Fowler erkannten, die thermonukleare Verbrennung (Atomkernfusion) von rund einer Sonnenmasse Kohlenstoff und Sauerstoff in einem Weißen Zwerg, der Sternleiche eines relativ massearmen Sterns, als Energiequelle dienen. Beide Vorschläge sind in der Natur verwirklicht. Die Theorie unterscheidet demgemäß zwei Typen von Sternexplosionen:

! Gravitationskollaps- bzw. Kernkollapssupernovae beziehen ihre Energie aus der gravitativen Bindungsenergie eines kompakten Objekts, thermonukleare Supernovae aus der nuklearen Verbrennung von Kohlenstoff und Sauerstoff zu Silizium und Nickel.

Wie können diese Vorstellungen durch Beobachtungen überprüft werden? Während zu Zwickys Zeiten Neutronensterne noch eine rein theoretische Spekulation waren, ist ihre Existenz mittlerweile längst gesichert (siehe Kapitel 2.6.2). Sie werden direkt beobachtet, als Quellen von Röntgen- und Radiostrahlung in den gasförmigen Überresten von Supernovae (z. B.

im Krebsnebel, Abbildung 2.11; siehe auch Tabelle 1.1), als Komponenten in Doppelsternen und als isolierte Objekte in schneller Bewegung durch das interstellare Medium (Abbildung 1.3).

Das von einer Supernova mit irdischen Instrumenten empfangene Licht liefert den Astronomen eine Fülle von Informationen über die Quelle. So gibt das **Strahlungspektrum**, d. h. die Energieverteilung der elektromagnetischen Strahlung bei verschiedenen Wellenlängen bzw. Frequenzen, wertvollen Aufschluss über die chemische Zusammensetzung des bei der Explosion ausgeschleuderten Gases. Jedes chemische Element hinterlässt ein charakteristisches Linienmuster, quasi seinen Fingerabdruck, im **Spektrum**. Die Absorptions- oder Emissionslinien stammen von Übergängen zwischen verschiedenen Energiezuständen in den Elektronenhüllen der Atome. Geschulte Astronomen können die wichtigsten Elemente anhand weniger prägnanter Linien identifizieren. Ein Vergleich der Linienstärken, d. h. der Höhen und Tiefen der Linien, mit Modellrechnungen erlaubt sogar Rückschlüsse auf die Materiemengen. Zudem lässt die Breite der Linien und ihre Verschiebung relativ zur Frequenz, die im Labor gemessen wird,

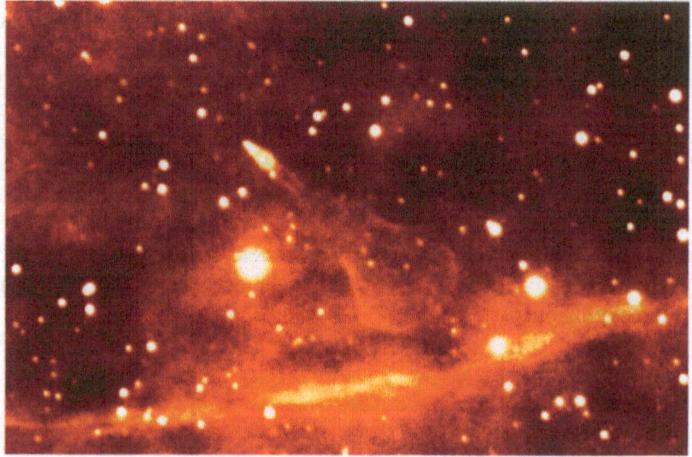

Abb. 1.3 Gitarrennebel. Er wurde von der Bugstoßwelle eines Neutronensterns erzeugt, der mit etwa 1600 km/s durch das interstellare Gas rast (im Bild nach links oben). Die Aufnahme mit dem 5-Meter *Hale*-Teleskop des *Palomar*-Observatoriums ist in Falschfarben wiedergegeben, um die schwache Struktur des Nebels zwischen den helleren Sternen durch besseren Kontrast sichtbar zu machen.

Aussagen über die Bewegungsgeschwindigkeit des Gases zu. Dafür ist der **Dopplereffekt** verantwortlich, durch den auch die Sirene eines Krankenwagens heller oder dunkler klingt, je nachdem, ob sich der Wagen auf uns zu oder von uns weg bewegt.

Unterschiede der Sternexplosionen äußern sich daher in den Eigenschaften des Strahlungsspektrums. Dieses bietet sich deshalb für eine Klassifizierung von Supernovae an. Abbildung 1.4 stellt das Grundschema der Typeneinteilung auf der Basis spektraler Merkmale dar. Je nach Fehlen oder Vorhandensein von Linien von Wasserstoff (H), Helium (He) und Silizium (Si) in den frühen Spektren, d. h. um den Zeitpunkt der maximalen Helligkeit, unterscheiden die Astronomen Supernovae verschiedener Typen:

!

- Sind Wasserstofflinien („*H-Balmerserie*") in den frühen Spektren sichtbar, definiert dies Ereignisse vom Typ II; ohne Wasserstofflinien handelt es sich um Ereignisse vom Typ I.
- Fehlen Wasserstoff- und Heliumlinien, sind aber starke Siliziumlinien im Spektrum, dann gehört die Supernova zum Typ Ia.
- Fehlen die Siliziumlinien, sind aber Heliumlinien vorhanden, handelt es sich um eine Sternexplosion vom Typ Ib.
- Findet man weder Silizium- noch Heliumlinien in der Frühphase, wird die Supernova dem Typ Ic zugeordnet.

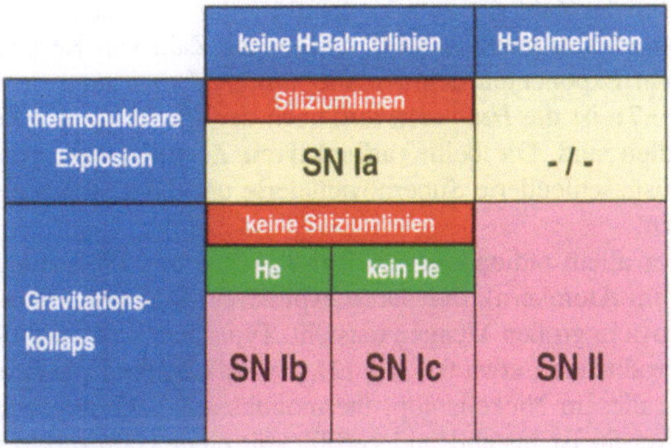

	keine H-Balmerlinien		H-Balmerlinien
thermonukleare Explosion	Siliziumlinien SN Ia		-/-
Gravitations-kollaps	keine Siliziumlinien He SN Ib	keine Siliziumlinien kein He SN Ic	SN II

Abb. 1.4 Elementares Klassifikationsschema von Supernovae. „Thermonukleare Supernovae" (explodierende Weiße Zwerge) und „Gravitationskollapssupernovae" (kollabierende massereiche Sterne) lassen sich durch charakteristische Linien in den frühen Spektren unterscheiden.

Aber nicht immer können Strahlungsspektren von einer Supernova aufgenommen werden, um ihren Typ zu identifizieren. Vor allem bei großen Entfernungen ist die Quelle dazu oft zu schwach. Dann kann auch (mit Vorsicht!) der Verlauf der Helligkeit einer Supernova mit der Zeit, die **Lichtkurve**, zur Klassifizierung herangezogen werden, denn die verschiedenen Supernovatypen spiegeln sich in Unterschieden der Lichtkurven (Abbildung 1.5). Sternexplosionen vom Typ Ia erreichen die absolut höchsten Werte der **Leuchtkraft** (bzw. **Luminosität**). Nach dem Maximum geht ihre Helligkeit aber schnell zurück. Im Vergleich dazu besitzen die Typen Ib und Ic die relativ geringste Helligkeit im Maximum. Bei den Typ-II-Supernovae gibt es Ereignisse mit einer plateauartigen Phase nach dem Leuchtkraftmaximum (SN II-P), in der die Luminosität nur langsam abnimmt, im Gegensatz zu solchen mit einem linearen Abfall (SN II-L) nach dem Überschreiten der größten Helligkeit. Der Anstieg bis zum Helligkeitsmaximum dauert typischerweise etwa zwei Wochen, nur bei den Typ-II-P-Ereignissen ist die Anstiegsphase länger. Zu späteren Zeiten, ein bis drei Monate nach dem ersten Aufleuchten, flacht die Lichtkurve ab und geht in einen näherungsweise exponentiell abklingenden Schwanz über.

Das nahezu exponentielle Verhalten deutet auf Zerfälle von radioaktiven Atomkernen hin, deren Aktivität einem Exponentialgesetz folgt:

$$N(t) = N_0 \, \mathrm{e}^{-t/\tau} \, . \tag{1.1}$$

Hier ist $N(t)$ die Zahl der zum Zeitpunkt t unzerfallenen Kerne und N_0 die zum Anfangszeitpunkt $t_0 = 0$ vorhandene Zahl von Kernen. Der Parameter τ im Exponenten definiert die *mittlere Lebensdauer*, und $t_{1/2} = \tau \ln(2) \approx 0{,}7\tau$ ist die *Halbwertszeit*, nach der die Hälfte der Kerne noch nicht zerfallen sind. Die beim **radioaktiven Zerfall** freigesetzte Energie heizt die ausgeschleuderte Supernovamaterie und lässt sie über viele Monate strahlen.

Es ist vor allem radioaktives Nickel-56 (^{56}Ni mit 28 Protonen und 28 Neutronen im Atomkern), das durch explosives Siliziumbrennen während der Supernova in großen Mengen entsteht. Typische Gravitationskollapssupernovae produzieren etwa 0,1 $M_\odot$ ($M_\odot$ ist das Symbol für eine Sonnenmasse) von diesem Nickelisotop, thermonukleare Supernovae sogar 0,5–1 $M_\odot$. Nickel-56 ist instabil und zerfällt mit einer Halbwertszeit von 6,1 Tagen zunächst zu Cobalt-56 (^{56}Co), das mit einer Halbwertszeit von 77,3 Tagen weiter zu stabilem Eisen-56 (^{56}Fe) zerfällt. Der Verlauf der späten Lichtkurve folgt weitgehend dem Zerfallsgesetz von Cobalt-56. Allerdings zeigen sich Abweichungen vom idealen Zerfallsgesetz,wenn man die Lu-

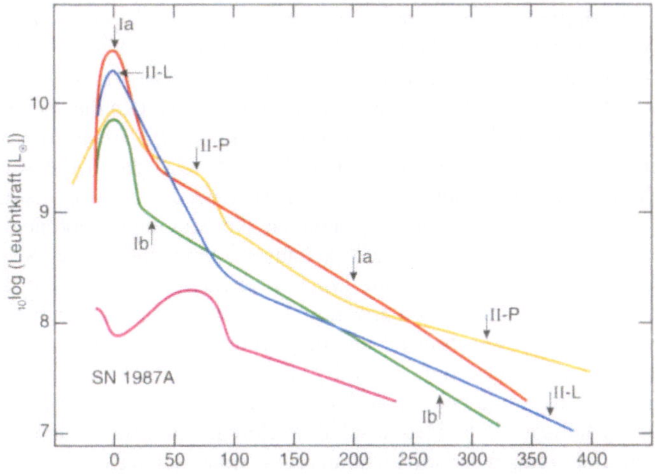

Abb. 1.5 Schematischer Verlauf der Lichtkurven verschiedener Supernovatypen im blauen Bereich des Lichtspektrums, der die Helligkeit einer heißen Strahlungsquelle gut misst. Die Leuchtkraft ist logarithmisch in Einheiten der Sonnenleuchtkraft dargestellt.

minositäten wie in der Abbildung 1.5 in einem bestimmten Frequenzband (z. B. dort im blauen Bereich des Spektrums) betrachtet. Diese Abweichungen haben mehrere mögliche Ursachen. Einerseits treibt ein gewisser Teil der Zerfallswärme die Expansion des Supernovagases und speist nicht die Strahlung. Andererseits kann die Bildung von Staub in den Supernovaejekta die blaue Strahlung schlucken und in infrarote Wärmestrahlung umwandeln, sodass im Blauen weniger Leuchtkraft vorhanden ist. Zu späteren Zeiten wird dann das Gas durch die Ausdehnung allmählich durchlässig für die energiereichen Gammaphotonen, die beim radioaktiven Zerfall entstehen. Diese können immer leichter entkommen und tragen dann nicht mehr zur Heizung des Gases bei.

Der anfängliche Buckel der Lichtkurve, der auch charakteristische Unterschiede zwischen Supernovae der Typen Ia, Ib/c, II-L und II-P aufweist (Abbildung 1.5), resultiert aus der direkten Kühlung der von der Stoßwelle der Explosion geheizten Sternmaterie. Je mehr Masse der sterbende Stern hatte, desto länger dauert diese Phase hoher Leuchtkraft. Massereiche Sterne, die zum Zeitpunkt ihres Gravitationskollapses eine sehr ausgedehnte

Wasserstoffhülle besitzen, werden zu Supernovae vom Typ II-P. Die durch den Stern zur Oberfläche laufende Explosionsfront ionisiert den Wasserstoff der Sternhülle, d. h. zerlegt seine Atome in Protonen und Elektronen. Durch Kollisionen mit den vielen freien Elektronen werden die Strahlungsphotonen auf ihrem Weg behindert und können nur langsam aus dem Stern entweichen. Erst wenn das auseinanderfliegende Gas durch die Ausdehnung kühlt und Elektronen und Protonen sich wieder zu Wasserstoffatomen verbinden („rekombinieren"), können die Strahlungsphotonen nach und nach entkommen. Dies erklärt das ausgedehnte Plateau der SN-II-P-Lichtkurve. Eine Supernova vom Typ II-L entsteht, wenn der Vorläuferstern vor seinem Kollaps einen größeren Teil seiner Wasserstoffhülle durch Sternwinde oder Massentransfer an einen nahen Begleitstern verloren hat. Typ-Ib-Ereignisse treten auf, wenn der sterbende Stern keine Wasserstoffhülle mehr besitzt, und bei Typ-Ic-Supernovae hat der Vorläufer neben der Wasserstoffhülle auch die Heliumschale verloren. Dies erklärt nicht nur die kürzeren und weniger hellen Lichtkurvenmaxima, sondern auch das Fehlen von Wasserstoff- und/oder Heliumlinien in den Spektren. Die Vorläufer von Typ-Ibc- (d. h. Ib oder Ic) -Supernovae sind daher massereiche Sterne mit starken Winden, sogenannte *Wolf-Rayet-Sterne*, die bis zu eine Sonnenmasse in 100 000 Jahren abblasen können, oder Sterne, die ihre äußeren Schichten durch die Wechselwirkung mit einem Partner in einem engen Doppelsystem abgestreift haben.

Typ-Ia-Supernovae erreichen ihre extreme Helligkeit, weil bei der Explosion nur rund 1,5 Sonnenmassen Materie ausgeschleudert werden, die mit Expansionsgeschwindigkeiten von 10 000 km/s schnell ausdünnen, durchsichtig werden und dadurch die Strahlung freigeben. Gleichzeitig enthalten die Ejekta eine große Menge Nickel-56 (0,5–1 $M_\odot$), dessen radioaktiver Zerfall zu Cobalt-56 das Gas stark heizt und Strahlung produziert. Die große Nickelmasse bei gleichzeitig geringer Gesamtmasse, das Fehlen von Wasserstofflinien und das Vorhandensein starker Siliziumlinien in den frühen Spektren sind eindeutige Hinweise, dass Typ-Ia-Supernovae thermonukleare Explosionen von Weißen Zwergen aus Kohlenstoff und Sauerstoff sein müssen. Die Explosion zerstört den Weißen Zwerg vollständig und hinterlässt keinen kompakten Überrest. Alle anderen Beobachtungsklassen von Supernovae sind den Kernkollapsereignissen zuzuordnen (Abbildung 1.4). Während Astronomen bei knapp zwei Dutzend Gravitationskollapssupernovae den Vorläuferstern vor der Explosion beobachten und in einer Reihe von Explosionsnebeln den Neutronenstern auffinden konnten, sind die Vorläuferobjekte von thermonuklearen Supernovae bislang nicht zweifelsfrei identifiziert. Wir wissen also nur, dass es C+O-Weiße-Zwerge sein müssen, aber welche Masse sie haben und was genau sie zur Explosion bringt, ist nicht endgültig geklärt (siehe Kapitel 4).

Die Lichtkurven von Typ-Ia-Supernovae sind einander sehr ähnlich, viel einheitlicher als die der Gravitationskollapsereignisse. Typ-Ia-Supernovae sind in diesem Sinne **„Standardkerzen“** und spielen eine bedeutende Rolle bei der Bestimmung von Entfernungen im Universum. Durch ihre extreme Helligkeit sind sie auch noch bei sehr großen Abständen sichtbar. Da man (unter der Standardkerzen-Voraussetzung) ihre absolute Helligkeit kennt, kann man aus der gemessenen Helligkeit die Entfernung berechnen (siehe Kapitel 4.4). Weil die Lichtausbreitung über weite kosmische Distanzen von der Expansion des Universums abhängt, lassen sich so Rückschlüsse auf den Materiegehalt im Kosmos und eine **Dunkle Energie** oder *kosmologische Konstante* ziehen, die die Ausdehnung des Weltalls abbremsen bzw. beschleunigen.

Trotz des faszinierenden Himmelsschauspiels ist das Lichtspektakel einer Supernova lediglich ein schwacher Abglanz des eigentlichen Geschehens. Nur ein winziger Bruchteil, rund ein Prozent, der Explosionsenergie, mit der die Sternmaterie auseinanderfliegt, verlässt als Strahlung den Ort der Katastrophe. Bei den Kernkollapsereignissen ist aber selbst die kinetische Energie der ausgeschleuderten Gase nur eine fast unbedeutende Randerscheinung. Über 99 Prozent der beim Gravitationskollaps des stellaren Kerns zu einem Neutronenstern frei werdenden gravitativen **Bindungsenergie** werden von **Neutrinos** weggetragen, fast masselosen und nur sehr schwach mit Materie wechselwirkenden Elementarteilchen, die bei den infernalischen Bedingungen in kollabierenden Sternen in riesiger Zahl entstehen (Kapitel 1.4 und 3).

1.3 Der Supernovazoo

Abbildung 1.4 zeigt das Supernova-Klassifikationsschema in seiner elementaren Form. Durch verbesserte Beobachtungsmethoden und die systematische Suche nach transienten optischen Quellen mit automatisierten Verfahren, auch motiviert durch die kosmologische Bedeutung von Typ-Ia-Supernovae, werden nun jedes Jahr mehrere Hundert Supernovae entdeckt. Immer wieder finden die Astronomen dabei besondere, meist relativ seltene Fälle, die nicht in diese einfache Klassifikation passen. Als Folge wurden anhand charakteristischer Merkmale teilweise neue Supernovatypen eingeführt. Im wachsenden „Zoo“ von Ereignissen mit außergewöhnlichen Eigenschaften tummeln sich mittlerweile auch Zwischenarten und exotische Spezies:

- Supernovae vom neuen Typ IIb zeigen in der frühen Phase Wasserstofflinien, die aber nach einigen Wochen schwächer werden und verschwinden, während dann Heliumlinien im optischen Spektrum dominieren. Wegen dieses Übergangs von Typ II zu Ib werden sie als IIb bezeichnet. Offenbar haben die Vorläufersterne ihre Wasserstoffhüllen größtenteils, aber nicht komplett verloren.

- Typ-IIn- und Ibn-Supernovae besitzen starke, enge Wasserstofflinien im Spektrum (der Buchstabe n steht für *narrow*, englisch für „eng“ oder „schmal“), anders als die meisten Typ-II-Ereignisse, deren breite Linien auf hohe Expansionsgeschwindigkeiten hinweisen. Vermutlich werden die engen Linien durch die Wechselwirkung der Supernovamaterie mit dichter (langsam bewegter oder ruhender) Materie in der unmittelbaren Umgebung des explodierenden Sterns verursacht.

- Supernovae vom Typ Ib/c pec (pec für englisch *peculiar*, „ungewöhnlich“) weisen ungewöhnlich breite **Spektrallinien** auf, die besonders hohe Expansionsgeschwindigkeiten und Explosionsenergien bedeuten. Wegen ihrer extremen Helligkeit haben diese Explosionen die Bezeichnung *Hypernovae* erhalten. In einigen Fällen wurden *kosmische Gammastrahlenblitze* bei solchen Ereignissen beobachtet, in anderen Hinweise auf eine sehr große Asymmetrie der Explosion (*„Jet-Supernovae“*, siehe Kapitel 3.9).

- Extrem lichtschwache Supernovae und kurzzeitig sichtbare optische Quellen (*„optische Transienten“*) scheinen Explosionen mit sehr niedriger Energie und wenig Nickelproduktion (bis hundertfach unter den typischen Werten) zu sein. Sie könnten entweder mit besonders massearmen Sternen (unter etwa 9 Sonnenmassen) zusammenhängen oder mit massereichen Sternen, die statt eines Neutronensterns ein *Schwarzes Loch* im Zentrum bilden, wenn schnelle Rotation fehlt, um den Kollaps des Sterns durch Fliehkräfte zu verlangsamen.

- Ultrahelle Sternexplosionen mit plateauartiger Phase sind im Maximum der Lichtkurve 10- bis 100-mal heller als normale II-P-Ereignisse. Sie scheinen sehr große Mengen radioaktiven Nickels in den Ejekta auszuwerfen und stammen möglicherweise von ungewöhnlich massereichen Sternen mit mehr als hundertfacher Sonnenmasse (*Paarinstabilitätssu-*

pernovae, siehe Kapitel 2.5 und 3.10). Alternativ könnte auch ein Neutronenstern mit ultrastarken Magnetfeldern, ein **Magnetar**, zusätzliche Energie in die Explosion blasen (Kapitel 3.9).

- In supernovaartigen Ausbrüchen können ebenfalls extrem massereiche Sterne eruptiv ihre äußeren Schichten abstoßen, diese explosiven Phasen jedoch überleben. Der über 8000 Lichtjahre entfernte Stern *Eta Carinae* (Abbildung 1.6) scheint vor rund 150 Jahren so eine Eruption durchgemacht zu haben. Solche Ereignisse können mehr Strahlung

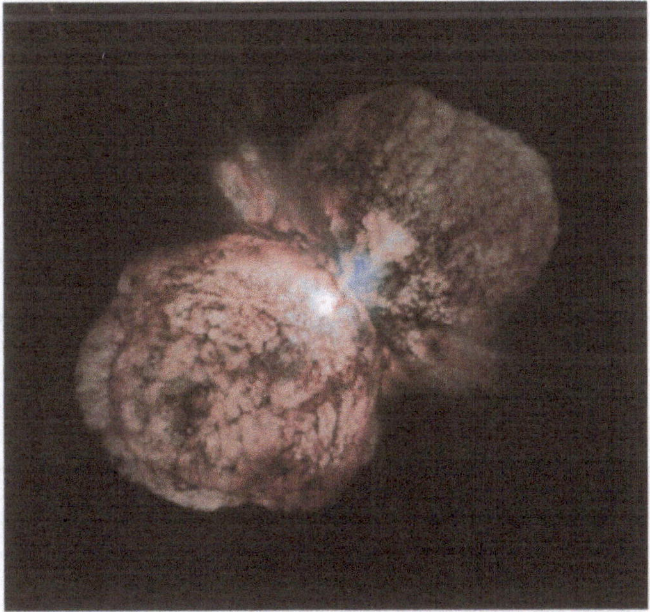

Abb. 1.6 Eta Carinae, ein gleißend heller Stern von rund 100 Sonnenmassen, sitzt im Zentrum eines Paars sich aufblähender Gas- und Staubwolken (die Homunkulusnebel heißen). Der etwa 8000 Lichtjahre entfernte Stern produziert fünf Millionen Mal mehr Strahlung als die Sonne. Er erlitt im Jahr 1843 einen gigantischen Ausbruch, ähnlich hell wie eine Supernova. Die Explosion zerstörte den Stern aber nicht, sondern erzeugte zwei keulenförmige, polare Blasen und eine dünne, äquatoriale Scheibe, die sich mit fast 1000 km/s ausdehnen. Eta Carinae ist einer der massereichsten Sterne in der Milchstraße und wird vermutlich durch eine Paarinstabilitätssupernova sterben.

freisetzen als normale Supernovae und werden als *Supernova-Impostors* (englisch, „Supernova-Vortäuscher") bezeichnet (Kapitel 3.10).

- Nicht nur bei Gravitationskollapssupernovae, sondern auch bei thermonuklearen Supernovae finden sich unter den nahen und damit genau beobachteten Ereignissen ungewöhnlich helle oder schwache Fälle. Inwiefern sie mit Asymmetrien der Explosion oder besonderen Eigenschaften der explodierenden Weißen Zwerge zusammenhängen, ist wegen der Unsicherheit der Vorläuferobjekte nicht klar.

Die sichtbare Erscheinung von Supernovae und die Eigenschaften der Explosionen werden offenbar von einer Vielzahl von Effekten beeinflusst. Für die Spektren und Lichtkurven ist die äußere Struktur des Sterns, insbesondere die Ausdehnung seiner Hülle, bestimmend. Diese hängt entscheidend vom Massenverlust des Sterns während seiner Entwicklung ab. Stellare Winde oder die Wechselwirkung mit einem nahen Doppelsternbegleiter sind Ursachen für Massenverlust. Möglicherweise hat auch die Rotation des Sterns einen Einfluss. Ebenso können dichtes Gas und Staub in der Sternumgebung die beobachtete Helligkeit einer Supernova und die Linien in ihrem Spektrum verändern.

Neben diesen „Äußerlichkeiten" sind auch intrinsische Unterschiede dafür verantwortlich, dass Variationen der Explosionseigenschaften bei allen Klassen von Supernovae auftreten. Insbesondere die Explosionsenergie und die chemische Zusammensetzung der ausgeschleuderten Materie, vor allem die explosiv erzeugte Nickelmasse, spielen hier eine Rolle. Aber auch die Asymmetrie der Explosion hat großen Einfluss. Diese Faktoren wiederum hängen von der Masse und Rotation des Vorläufersterns ab und auch von der Frage, ob beim Kollaps ein Neutronenstern oder Schwarzes Loch entsteht. Je nach den Bedingungen können unterschiedliche Mechanismen die Explosion auslösen. Wir werden dazu in den Kapiteln 3 und 4 mehr erfahren.

Die Details der Zusammenhänge von Vorläufereigenschaften, Supernovatypen und Explosionsmechanismen sind Gegenstand intensiver theoretischer und beobachtender Forschung. Trotz bemerkenswerter Fortschitte in den vergangenen Jahren sind die Astrophysiker aber noch weit von einem zufriedenstellenden Gesamtbild entfernt.

Bei der Suche nach Supernovae in fernen Galaxien fällt auf, dass die Häufigkeit der Supernovatypen in verschiedenen Galaxienarten relativ und absolut Unterschiede zeigt. Elliptische Galaxien besitzen im Gegensatz zu Spiralgalaxien wenig interstellares Gas und eine entsprechend niedrige Sternentstehungsaktivität. Man findet in ihnen daher kaum Gravitationskollapssupernovae (siehe Tabelle 1.2), deren Vorläufer massereiche Sterne

Tabelle 1.2 Häufigkeiten von Supernovae in verschiedenen Galaxientypen. Die Zahlenwerte in den ersten vier Datenzeilen geben die beobachteten Supernovaraten in *relativ erdnahen* Galaxien an, d. h. die Anzahl von Supernovaereignissen pro Jahrhundert je zehn Milliarden Sonnenmassen. Wegen der relativ geringen Anzahl erfasster Supernovae sind die Unsicherheiten der Werte erheblich. Verschiedene astronomische Untersuchungen stimmen nur in den groben Tendenzen überein. Die letzte Zeile enthält den prozentualen Anteil von Supernovae unterschiedlicher Typen an allen Ereignissen.

Galaxientyp	SNIa	SNIb/c	SNII
E-S0 (elliptisch-linsenförmig)	0,12	0,01	0,01
S0a-Sb (spiralförmig)	0,14	0,14	0,18
Sbc-Sd (balken-spiralförmig)	0,15	0,18	0,48
Andere (irregulär, Zwerggalaxie)	<0,09	0,12	0,25
Prozentsatz aller Supernovae	26 %	21 %	53 %

sind. Diese leben nur relativ kurz (bis zu wenige zehn Millionen Jahre) und sterben deshalb am Ort ihrer Entstehung. Im Gegensatz dazu sind thermonukleare Supernovae auch in elliptischen Galaxien beheimatet. Dies deutet abermals auf alte Objekte als Vorläufersysteme. Weiße Zwerge sind die kompakten Relikte relativ masseärmerer und deutlich langlebigerer Sterne, und sie können selbst sehr lange Entwicklungszeiten hinter sich bringen, bevor eine Supernovaexplosion sie zerstört. Ihre Eigenbewegung kann sie daher weit von ihrem kosmischen Ursprungsort wegtragen.

Über alle Galaxien gemittelt findet man Typ-II-Supernovae doppelt so häufig wie Typ-Ia-Ereignisse und zweieinhalbmal häufiger als solche vom Typ Ib/c. Die Zahlen in Tabelle 1.2 sind allerdings sehr unsicher und die möglichen Fehler erheblich. Weil Supernovae in jeder Galaxie nur selten vorkommen, müssen sehr viele Galaxien beobachtet werden, die zudem so nah sein müssen, dass sie eine eindeutige Bestimmung des Supernovatyps und des Galaxientyps erlauben. Die Gesamtzahlen sind daher relativ klein und die statistischen Fehler entsprechend groß. Hinzu kommt, dass die gezählten Häufigkeiten um sogenannte *Selektionseffekte* korrigiert werden müssen. Denn anders als die sehr hellen und gut sichtbaren Typ-Ia-Supernovae finden die Kernkollapsereignisse häufig in staub- und gasreichen Gebieten ihrer Heimatgalaxien statt, sodass sie nur mit stark reduzierter Helligkeit oder gar nicht sichtbar sind. Insbesondere bei Spiralgalaxien, auf die wir von der Seite blicken, spielt die Verdunklung durch die Staubgürtel der Scheibenebene eine wichtige Rolle (siehe Abbildung 1.7).

Abb. 1.7 Supernova 1994D in der linsenförmigen Scheibengalaxie NGC 4526, die in etwa 55 Millionen Lichtjahren Entfernung dem Virgo-Galaxienhaufen angehört. Die Supernova vom Typ Ia befindet sich in den Außenbezirken der Galaxie, außerhalb des Staubgürtels der galaktischen Ebene, und ist als heller Fleck im linken, unteren Bildbereich zu erkennen. Ihre Leuchtkraft erreicht fast die der galaktischen Zentralregion.

1.4 Supernova 1987A

Die Jahrhundertsupernova 1987A (SN 1987A) explodierte am 23. Februar 1987 und war das wohl spektakulärste astronomische Ereignis des 20. Jahrhunderts (Abbildung 1.8). Durch ihre relative Nähe in der Großen Magellan'schen Wolke, einer Zwerggalaxie in der unmittelbaren kosmischen Nachbarschaft der Milchstraße, war SN 1987A nicht nur die erste mit bloßem Auge sichtbare Supernova seit der Kepler'schen von 1604, sondern sie war auch das erste erdnahe Ereignis, das mit allen technischen Mitteln der modernen Astronomie ins Visier genommen werden konnte. Teleskope und Messinstrumente in allen Wellenlängenbereichen (für Radio-, optische, Röntgen-, und Gammastrahlung) wurden mehrere Jahre von einer Datenflut überschwemmt.

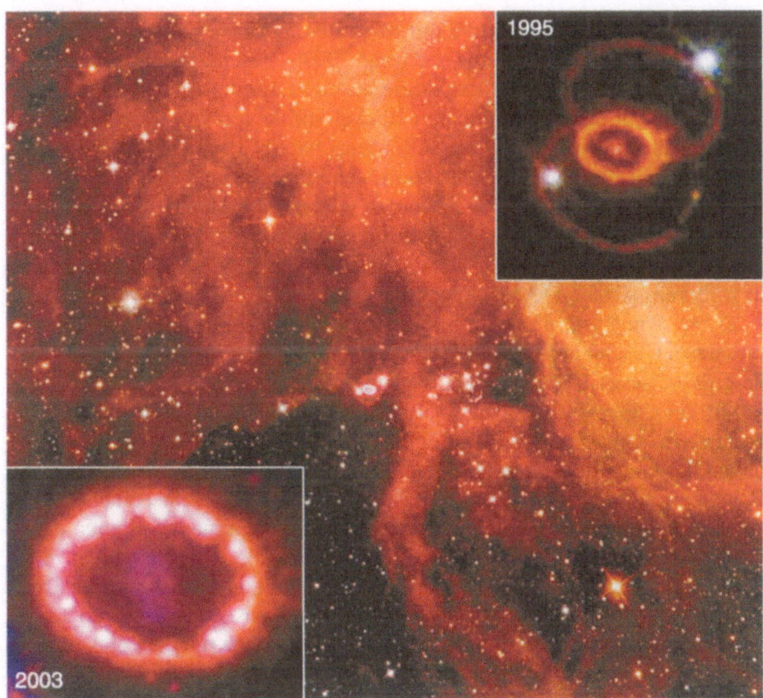

Abb. 1.8 Supernova 1987A in der Großen Magellan'schen Wolke etwa 170 000 Lichtjahre entfernt. Die Aufnahmen stammen vom Weltraumteleskop *Hubble* einige Jahre nach der Explosion. Im Zentrum des großen Bildes ist der junge Supernovaüberrest in einem Sternentstehungsgebiet des Tarantelnebels zu erkennen. Die Vergrößerung *rechts oben* zeigt das Ringsystem, das etwa 20 000 Jahre vor der Sternexplosion entstand. Die in den interstellaren Raum rasende Supernovastoßwelle hat den dicken, knotigen „inneren" Ring mittlerweile erreicht. Sie erhitzt sein Gas, und regt es dadurch zu hellem Leuchten an (Detailvergrößerung *links unten*). Die expandierenden Ejekta des zerstörten Sterns von rund zwanzigfacher Masse der Sonne sind als elongierte Struktur im Innern des Rings zu sehen.

Überraschungen blieben nicht aus. Im Gegensatz zu allen Erwartungen war kein Roter Riesenstern explodiert, sondern ein **Blauer Überriese** mit dem Namen Sanduleak Sk –69°202. Dieser war auf alten Aufnahmen der Himmelsregion der SN 1987A, dem Tarantelnebel, einem Sternentstehungsgebiet in der Großen Magellan'schen Wolke, festgehalten. Durch Vergleich der Supernovalichtkurve mit Modellrechnungen wurde die Geburtsmasse des explodierten Sterns auf rund 20 $M_{\odot}$ geschätzt. Wasserstofflinien in den frühen Spektren klassifizieren das Ereignis als Typ II, und die Lichtkurve mit einem erkennbaren Buckel von knapp vier Monaten Dauer schränkt es auf den Typ II-P ein. Allerdings hat SN 1987A einen sehr ungewöhnlichen Zeitverlauf der Leuchtkraft und eine geringe Helligkeit, die so bis dahin noch nicht beobachtet worden waren (Abbildung 1.5). Außerdem ist die Supernova von einem einzigartigen Ringsystem umgeben, mit einem dicken, helleren äquatorialen Ring und zwei dünneren, schwachen Ringen in weiterem Abstand (Abbildung 1.8).

Dieses Ringsystem hat nichts mit der Explosion selbst zu tun. Aus der gemessenen Geschwindigkeit, mit der sich der Durchmesser des dicken Rings vergrößert (etwa 10 km/s), kann man auf eine Entstehung zirka 20 000 Jahre vor der Supernovaexplosion schließen. Es wird vermutet, dass der Vorläuferstern schnell rotierte, womöglich durch die Verschmelzung mit einem nahen Begleiter, den er einfing, als er sich zum **Roten Riesen** aufblähte. Als Folge kam es zu starkem Materieverlust, verstärkt durch einsetzende Sternwinde. Wegen der schnellen Rotation war der Supernovavorläufer durch die Zentrifugalkräfte extrem abgeplattet, sodass die Sterngase nicht in einer sphärischen Schale abgeblasen wurden, sondern das System der Dreifachringe entstand. Die Ringe sind um die Rotationsachse angeordnet, wobei die dünnen Ringe über und unter der Äquatorebene mit dem dicken Ring liegen. Der starke Masseverlust erklärt auch, warum der Stern als **Blauer Überriese** explodierte und warum die Supernova relativ lichtschwach war. Nach dem Verlust eines großen Teils seiner Wasserstoffhülle war der Stern viel kompakter und an der Oberfläche heißer als ein Roter Riese.

Auch die Supernovaexplosion verlief anders als erwartet. Vor der SN 1987A hatte man geglaubt, dass der schalenförmige Aufbau des Sterns, den er bis zum Kollaps seines Kerns entwickelt (siehe Kapitel 2), bei der Explosion erhalten bleibt. Was die Astronomen beobachteten, erschütterte diese Vorstellung grundlegend. Im auseinanderfliegenden Stern mussten starke Umwälz- und Mischvorgänge vor sich gehen, die radioaktives Material, vor allem Nickel-56, von seinem Entstehungsort nahe dem Zentrum der Explosion bis in die Wasserstoffhülle verfrachteten. Dort fand man Hinweise auf große, anisotrop verteilte Klumpen von Nickel, die viel schneller flogen als der sie umgebende Wasserstoff. Nur durch diese teilweise Umkehrung der inneren und äußeren Sternschichten bei der Explosion wurde verständlich, warum Messinstrumente auf Satelliten energiereiche Gammaphotonen aus den radioaktiven Zerfällen bereits nach wenigen Monaten registrierten, sehr viel früher, als erwartet. Der Versuch, diese Beobachtungen durch theoretische Modellrechnungen zu erklären, wies bald deutlich in eine Richtung: Bereits in der frühesten Phase, in der ersten Sekunde der einsetzenden Explosion, müssen im Supernovakern heftige **Turbulenzen** zu starken Asymmetrien geführt haben. Dies war eine revolutionäre Erkenntnis für die Theoretiker, die nach Antworten auf die Frage suchen, warum und wie es zur Explosion eines kollabierenden Sterns kommt. In Kapitel 3 werden wir auf dieses Thema noch genauer zu sprechen kommen. Seit der SN 1987A fand man bei allen Supernovae, die hinreichend nahe für genaue Beobachtungen waren, Hinweise auf Anisotopien und Klumpen in den Ejekta. Auch jüngere gasförmige Überreste von Sternexplosionen zeigen starke Asymmetrien (siehe Abbildungen 1.1 und 2.11), die eine Folge der Turbulenzen in der Supernova sein dürften.

Die absolute Sensation bei der SN 1987A, die nicht nur Astrophysiker, sondern auch Teilchenphysiker begeisterte, war aber die Meldung, dass drei große Experimente in Laboratorien tief unter der Erdoberfläche 24 Neutrinos von der Supernova aufgefangen hatten. Diese geisterhaften Elementarteilchen kamen direkt aus dem Zentrum der Explosion. Der heiße Neutronenstern, den der kollabierende stellare Kern dort geboren hatte, erzeugte bei Temperaturen von mehreren 100 Milliarden Grad eine unvorstellbare Zahl von Neutrinos, rund 10^{58}. Nachdem sie den Neutronenstern verlassen hatten, durchquerten sie den Stern mit nahezu Lichtgeschwindigkeit und erreichten Stunden vor dem ersten Licht der Supernovaexplosion die Erde. Etwa 40 bis 50 Milliarden Neutrinos von der SN 1987A trafen jeden Quadratzentimeter Erdoberfläche. Die meisten von ihnen durchquerten ohne jede Wechselwirkung den Erdkörper, nur eines aus einer Milliarde kollidierte mit einem Atom in der Erde. Die 24 registrierten Neutrinos taten dies in den Teilchendetektoren der drei Untergrundlabors.

Die Messung der Supernovaneutrinos bedeutete eine fantastische Bestätigung der grundlegenden Vorstellungen vom Kollaps eines massereichen Sterns und der Bildung eines Neutronensterns im Zentrum der Explosion. Die Teilchenenergien der Neutrinos (im Mittel 15 Megaelektronenvolt[1] entsprechend einer spektralen Temperatur von etwa 50 Milliarden Grad) wie auch die Gesamtenergie (3×10^{46} J) und die Dauer des Neutrinosignals (10 Sekunden) stimmten im Rahmen der Messunsicherheiten gut mit den theoretischen Vorhersagen aus Computermodellen überein. Dies war ein grandioser Erfolg der Supernovatheorie!

1 Ein Elektronenvolt ist die Energie, die ein Teilchen mit der Ladung eines Elektrons beim Durchlaufen einer Spannung von einem Volt erreicht: $1\,\mathrm{eV} \approx 1{,}6 \times 10^{-19}\,\mathrm{J} = 1{,}6 \times 10^{-12}$ erg. Ein Megaelektronenvolt oder MeV ist eine Million Elektronenvolt.

Bis heute allerdings hat man kein weiteres Signal von dem kompakten Überrest am Ausgangspunkt der Explosion empfangen. Wenn es ein Neutronenstern ist, muss er eine recht schwache Strahlungsquelle sein, die sich im helleren Licht der noch heißen, expandierenden Sterngase unsichtbar verbergen kann. Solange der sich weiter verdünnende „Pulverdampf“ der Explosion den Blick auf die kompakte Sternleiche nicht freigibt, werden aber Spekulationen kein Ende nehmen, der Neutronenstern in der SN 1987A könnte nach der Emission seiner Neutrinos zum Schwarzen Loch kollabiert sein. Helle Aufregung verursachte knapp zwei Jahre nach der Explosion ein astronomisches Nachrichtentelegramm, das die Entdeckung von hochfrequenten Pulsationen mit etwa 2000 Schwingungen pro Sekunde in der optischen Strahlung der SN 1987A vermeldete. Das Signal schien sogar noch winzige Modulationen von acht Stunden Periode aufzuweisen. Weltweit stürzten sich Theoretiker auf die Erklärung dieser Messung, die definitiv einen Neutronenstern erforderte, der mit so rasender Geschwindigkeit rotierte, dass er von den Fliehkräften dabei fast zerrissen würde. Die Modulationen konnten ein Trümmerstück des explodierten Sterns als Ursache haben, das ähnlich einem Planeten den Neutronenstern in engem Abstand umkreiste. Aber wie konnte sich so ein System bilden, wie die Gewalt der Explosion überstehen? Modelle und Ideen wurden entwickelt und schnell veröffentlicht. Erste Kratzer bekamen diese Spekulationen, als andere Astronomen trotz intensiver Suche nach den Pulsationen keine Bestätigung der Messung liefern konnten. Dann schließlich, Monate später, musste die sensationelle Nachricht zurückgezogen werden. Es hatte sich herausgestellt, dass die empfindlichen elektronischen Geräte, die das Licht von der Supernova aufgezeichnet hatten, vom hochfrequenten Störsignal einer Fernsehkamera in einem Nachbarraum beeinflusst worden waren. Statt eines Neutronensterns war die Quelle also eine Fernsehkamera! Einmal mehr hatte kein theoretisches Modell eine Beobachtung bei dieser außergewöhnlichen Supernova richtig erklärt!

1.5 Bedeutung von Supernovae

Supernovae spielen in vielfacher Hinsicht eine wichtige Rolle bei der Entwicklung des Universums. Ihre Bedeutung reicht dabei weit über die Fragestellungen der Astrophysik hinaus in andere Gebiete der Physik. Wegen der extrem hohen Dichten, Temperaturen und Gravitationsfeldstärken, die in kollabierenden und explodierenden Sternen auftreten, sind Supernovae kosmische Labors für die Kernphysik, Teilchenphysik und Gravitationsphysik.

Die kosmische, astronomische und physikalische Bedeutung von Supernovae definiert sich über eine Vielzahl von Wirkungen und Phänomenen:

- Die gigantische Energiefreisetzung von Supernovae beeinflusst die Entstehung und Entwicklung von Galaxien. Supernovae sind riesige Gasmischer, sie verstärken die **Turbulenz** im interstellaren Medium und treiben Gasströme und Winde aus Galaxien.
- Die Stoßwellen von Sternexplosionen verdichten das interstellare Gas und regen die Bildung neuer Sterne an. Der Tod von Sternen in Supernovae wird so zum Geburtshelfer für die nächste Sterngeneration.
- Supernovae reichern das kosmische Gas mit chemischen Elementen schwerer als Helium an, die der sterbende Stern während seiner Entwicklung erbrütete (Kapitel 2) und die bei der Supernovaexplosion selbst erzeugt werden (Kapitel 5.1). Mit den ausgeschleuderten Sterngasen gelangen die Elemente ins interstellare Medium.
- Sternexplosionen sind die Geburtsorte von Neutronensternen und stellaren Schwarzen Löchern, den exotischsten Objekten im Universum.
- Supernovae, insbesondere Ereignisse des Typs Ia, sind **Standardkerzen**, die wegen ihrer extremen Helligkeit auch aus großen Entfernungen beobachtbar sind. Sie eignen sich daher als kosmischer Entfernungsmaßstab und dienen zur Bestimmung der Expansion des Weltalls.
- Kosmische Gammablitze, die Begleiterscheinungen besonderer Sternexplosionen, leuchten mit solcher Intensität, dass die Strahlung der entferntesten uns aus einem Abstand von mehr als 13 Milliarden Lichtjahren erreicht. Sie wurde nur wenige 100 Millionen Jahre nach dem **Urknall** ausgeschickt und bringt uns Botschaften aus dem frühen Universum mit den ersten Generationen von Sternen.
- In kollabierenden Sternen übersteigen die maximalen Dichten die von Atomkernen um das Zehnfache, und die Temperaturen klettern auf Spitzenwerte von über 700 Milliarden Grad. Solche Bedingungen machen kollabierende Sterne zu den stärksten bekannten Quellen von **Neutrinos**. Teilchenphysiker wollen bei einer nächsten galaktischen Supernova das Neutrinosignal wesentlich genauer aufzeichnen als bei der Supernova 1987A (Kapitel 5.2).

- Weil in Supernovae extremste Materiezustände herrschen, könnten exotische Teilchen erzeugt werden, die im Labor nicht existieren. Messungen des Neutrinosignals einer Supernova geben Auskunft über diese Möglichkeit und liefern Einschränkungen der Teilcheneigenschaften.

- Die Gewalt der Materiebewegungen beim Kollaps und der Explosion von Sternen verursacht Erschütterungen von Raum und Zeit, die sich als **Gravitationswellen** in alle Richtungen ausbreiten. Mit den empfindlichsten je gebauten Instrumenten suchen Wissenschaftler nach diesen Raumzeitschwingungen, deren Nachweis die Einstein'sche Allgemeine Relativitätstheorie bestätigen würde (Kapitel 5.3).

- Supernovaexplosionen und -überreste sind Quellen hochenergetischer kosmischer Strahlung. Die sich in die Sternumgebung ausbreitende Ex-

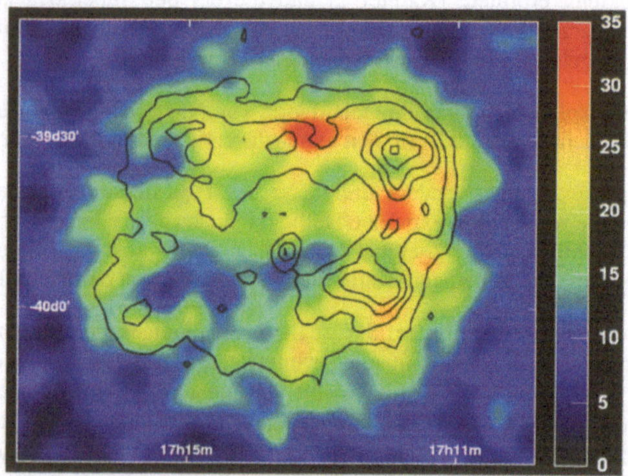

Abb. 1.9 Supernovaüberrest RX J1713.7-4946 im Licht extrem energiereicher Gammastrahlung, aufgenommen durch das *H.E.S.S.-Teleskop*. Die Photonen mit über einer Billion Mal höheren Energien als sichtbares Licht belegen, dass in der Gasschale des Supernovaüberrests Teilchen der kosmischen Strahlung zu solch hohen Energien beschleunigt werden. Die Farbwerte repräsentieren die Stärke der Gammastrahlung (Rot bedeutet hohe Werte, Blau und Schwarz niedrige). Die schwarzen Konturen geben eine Messung der Röntgenstrahlung des heißen Gases (bei milliardenfach geringeren Photonenenergien) durch den *ASCA*-Satelliten wieder.

plosionsfront beschleunigt geladene Teilchen zu extrem hohen Energien. Die dabei ebenfalls erzeugten energiereichen Gammaphotonen können Teilchenphysiker mit speziellen Teleskopen auffangen (Abbildung 1.9). Bis zur Hälfte der Bewegungsenergie der Supernovagase wird so über Jahrhunderte in kosmische Strahlung gepumpt, die den interstellaren Raum erfüllt.

Im **Urknall** entstanden nur die leichtesten chemischen Elemente, vor allem Wasserstoff und Helium (mit Massenanteilen von rund 75 und 25 Prozent) und winzige Mengen Lithium. Die schweren Elemente stammen aus Sternen und Supernovae. Die erste Generation von Sternen im frühen Universum bestand nur aus Wasserstoff und Helium. In ihrem Innern wurden aus diesen leichten Elementen schwere geschmiedet (siehe Kapitel 2), und die Sternexplosionen mischten diese Elemente ins interstellare Medium. Die nächste Sterngeneration, geformt aus solchem Gas, besaß bereits einen kleinen Anteil schwereren Materials und erbrütete weitere schwere Elemente. In einem viele Male wiederholten Kreislauf reicherten so viele Generationen von werdenden und vergehenden Sterne über Jahrmilliarden die Galaxien immer mehr mit schweren Elementen an. Dennoch enthält das Gas unserer Milchstraße auch heute kaum mehr als ein Prozent der schweren Stoffe.

In ihrer Funktion als chemische „Elementeschleudern“ und als Motoren des kosmischen Materiekreislaufs haben Sternexplosionen eine besondere Bedeutung für die Existenz von Planeten und des Lebens auf der Erde. Ohne sie gäbe es weder den Kohlenstoff in den Zellen der Organismen noch den Sauerstoff in Luft und Wasser, weder Silizium in Sand und Steinen noch Eisen für die roten Blutkörperchen. Die zerstörerischsten Explosionen des Universums werden so die Wegbereiter für eine kosmische Entwicklung zu immer höherer Komplexität.

Kapitel 2

Entwicklung massereicher Sterne

Bevor wir die Vorgänge beim stellaren Kollaps und der Explosion genauer beleuchten, wollen wir zunächst einen kurzen Exkurs in die Sternentwicklung unternehmen und uns dabei vor allem auf die Aspekte konzentrieren, die *massereiche Sterne* betreffen. Unter massereichen Sternen verstehen wir in diesem Zusammenhang solche Sterne, die mindestens die siebenfache Masse unserer Sonne besitzen. Dabei werden wir nur Einzelsterne betrachten und Effekte in Doppelsystemen ignorieren. Einige allgemeine Prinzipien der Sternphysik sind für ein tieferes Verständnis des Geschehens beim Sterntod unverzichtbar und sollen im Folgenden kurz zusammengefasst werden[1].

2.1 Strahlung von Sternen

Sterne sind riesige „Bälle" heißen Gases, die uns hell erscheinen, weil sie **elektromagnetische Strahlung** unter anderem im Spektralbereich des sichtbaren Lichts abgeben. Das Sterngas hat eine so hohe Temperatur, dass es ein **Plasma** bildet, in dem die negativ geladenen Elektronen der Atomhüllen von den positiv geladenen Atomkernen, den **Ionen**, ganz oder teilweise getrennt sind.

Bei den hohen Temperaturen im Stern besitzen nämlich die Gasatome eine so große Bewegungsenergie, dass durch Kollisionen die Elektronen in den Atomhüllen aus stärker gebundenen, energieärmeren Zuständen auf höhere Energieniveaus gehoben werden. Die schnellsten Gasteilchen stoßen sogar derart heftig zusammen, dass es die Elektronen aus den Atomhüllen herausreißt. Beim spontanen Rücksprung von einem höheren, gebundenen

1 Eine ausführlichere Besprechung der physikalischen Grundlagen, die die Sternentwicklung bestimmen, findet sich im Band *Sterne* dieser Reihe.

oder einem freien Zustand in einen niedrigeren Zustand entsteht ein Photon. Dieses Teilchen trägt nach quantenmechanischem Verständnis die Energie der elektromagnetischen Strahlung. Neben den freien Elektronen und positiven Ionen existieren somit im stellaren Plasma riesige Mengen von Photonen.

Im Sterninnern sind die Photonen gefangen: Sie kollidieren ständig mit den Elektronen und Ionen des stellaren Plasmas (man spricht dabei von „Streuungen“) und ändern bei jedem solchen Zusammenprall ihre Flugrichtung. Daher können sie nicht auf direktem Weg aus dem Stern entkommen. Andererseits werden sie in Reaktionen wie den oben beschriebenen eingefangen und meist mit anderer Energie wieder neu erzeugt. Diese Absorptions- und Reemissionsprozesse finden sehr oft statt, sodass sich ein thermodynamisches Gleichgewicht (oder „Temperaturgleichgewicht“) zwischen den Photonen und den Teilchen des Sternplasmas einstellt. Das Energiespektrum der Photonen an jedem Ort im Sterninnern entspricht dann einem *Schwarzkörperspektrum* zur lokalen Temperatur. Der Name kommt daher, dass ein solches **Strahlungsspektrum** von einem idealen **Schwarzen Körper** erzeugt wird. Im Labor lässt sich ein Schwarzer Körper durch einen Hohlraum, am besten mit innen matt geschwärzten Wänden, annähern. Ein Schwarzer Körper schluckt auftreffende Strahlung aller Wellenlängen (d. h. Licht aller Farben) vollständig. Zugleich gibt er die gleiche Menge Strahlung wieder ab (sonst würde er sich immer weiter aufheizen). Die Energieverteilung seiner Abstrahlung hängt in eindeutiger Weise von der Temperatur des Körpers ab[2].

Nun nimmt die Temperatur im Stern vom Zentrum zur Oberfläche hin ab. Deshalb stellen sich winzige Abweichungen von einem exakten, lokalen Gleichgewichtszustand ein: Statt einer isotropen Verteilung wie bei der Schwarzkörperstrahlung besitzen die Photonen, deren Flugrichtung vom Zentrum weg zeigt, die also aus einer heißeren Umgebung stammen, eine leicht höhere Energie als Photonen, die von den kühleren, weiter außen liegenden Regionen in Richtung Zentrum fliegen. Diese kleine Anisotropie führt zu einem Energiestrom aus den tieferen Schichten hin zur Oberfläche des Sterns. Nur dort, an der **Photosphäre**, können die Photonen entweichen. Dabei entziehen sie dem Stern die Energie, die wir als helle Strahlung wahrnehmen.

Bevor ein Photon aus dem Sternzentrum die Photosphäre erreicht hat, ist es viele Male mit den Elektronen im stellaren Plasma kollidiert und dabei jedes Mal aus seiner Flugrichtung abgelenkt worden. Man spricht bei so ei-

2 Im Band *Sterne* dieser Reihe ist die zugrunde liegende Physik genauer beschrieben.

nem Vorgang von **Diffusion** oder *diffusivem Transport* der Strahlung. Statt auf direktem Weg in nur wenigen Sekunden einen Stern wie die Sonne zu durchfliegen, benötigen Photonen aus dem Sonneninneren deshalb mehrere 10 000 Jahre dafür.

2.2 Sterne im Gleichgewicht

Ein Stern befindet sich die meiste Zeit seines Lebens im oder zumindest sehr nahe am *hydrostatischen Gleichgewicht*. Das bedeutet, dass der gravitativen Anziehung, die die Materie des Sterns bindet, durch den nach außen abnehmenden Gasdruck an jeder Stelle das Gleichgewicht gehalten wird (hier vernachlässigen wir einen möglichen Einfluss von Zentrifugalkräften, wenn wir annehmen, dass der Stern nicht schnell rotiert). Da die Gravitationskraft den Stern zusammenziehen möchte, muss der radial vom Sternzentrum zur Sternoberfläche abnehmende Druck eine gleich große, nach außen gerichtete Gegenkraft ausüben. Der dazu benötigte Gasdruck kommt durch die thermische Bewegung der Materieteilchen (Ionen und Elektronen) und Photonen zustande. Allein daraus folgt bereits, dass Sterne sehr heiß sein müssen. Sonst würde das Plasma nicht den Druck liefern, der zur gravitativen Stabilisierung des Gasballes nötig ist (siehe Kasten „Zustandsgleichung von Sterngasen I", Seite 30).

Um trotz der ständigen Verluste von Strahlung und Energie an der Sternoberfläche das Sterngas auf den notwendigen hohen Temperaturen zu halten, stehen dem Stern zwei sehr ergiebige Energiequellen zur Verfügung, die er je nach Entwicklungsphase anzapft. Die eine Quelle ist die gravitative Bindungsenergie, die verfügbar wird, wenn der Stern (oder sein Innenbereich) etwas kontrahiert. Steigt im Sternzentrum die Dichte, sinkt die Materie tiefer in den gravitativen Potenzialtopf; weil dabei die potenzielle Energie der Gravitation negativer wird, muss wegen des Energieerhaltungssatzes die innere, also thermische Energie im Sterngas ansteigen, d. h., der Stern wird heißer.

Die zweite Energiequelle ist der Vorrat an nuklearem Brennstoff, der die **Kernfusion** im Zentrum des Sterns speist. Dort sind die Temperaturen so extrem (bis mehrere Milliarden Grad), dass die thermische Bewegungsenergie der positiv geladenen Atomkerne ausreicht, die gegenseitige elektrostatische Abstoßung durch Coulombkräfte zu überwinden. Mit steigender Temperatur gelingt es einer zunehmenden Zahl von Atomkernen, die Coulombbarriere zu durchtunneln. Bei Kollisionen verschmelzen (fusionieren) dann diese leichteren Kerne zu schwereren, in denen die **Nukleonen** (Neutronen und Protonen) stärker gebunden sind. Ähnlich wie bei den bereits besprochenen Energieübergängen von Elektronen in Atomhüllen nehmen auch bei den Atomkernreaktionen Photonen die Energiedifferenz zwischen Anfangs- und Endzustand auf. Während jedoch die Vorgänge in den Atomhüllen typischerweise Photonen im Bereich des sichtbaren Lichts mit Energien von wenigen Elektronenvolt (eV) und Wellenlängen um 0,5 μm erzeu-

? Zustandsgleichung von Sterngasen I

Um den inneren Aufbau von Sternen, ihre Temperaturveränderung bei Aufheizung und Kühlung oder ihre Bewegung beim Gravitationskollaps berechnen zu können, müssen die thermodynamischen Eigenschaften des stellaren Gases bekannt sein. Diese werden durch die sogenannte *Zustandsgleichung* beschrieben. Dabei ist der Druck des Gases eine wichtige Größe. Er sorgt beispielsweise für die Gegenkraft, die Sterne gegen die anziehende Gravitationswirkung ihrer eigenen Materie stabilisiert.

Die Zustandsgleichung des stellaren Plasmas beschreibt den Druck P in Abhängigkeit von der Dichte ρ und der Temperatur T, was man durch die Funktion $P(\rho, T)$ ausdrückt. Im Allgemeinen spielt auch die Zusammensetzung des Sterngases aus den verschiedenen chemischen Elementen, die im Stern vorkommen, eine Rolle. Der Physiker misst mit der Größe Druck die Kraft, die ein Gas auf eine bestimmte Fläche ausübt. Wir können den Druck der Luft spüren, wenn wir mit großem Kraftaufwand eine Luftpumpe zusammenpressen, um die Luft in den Fahrradreifen zu quetschen und dabei zu verdichten.

Aber woher kommt dieser Druck? Würden wir ein Gas mit einem sehr leistungsstarken Mikroskop betrachten (und dabei eine Kamera mit Superzeitlupe verwenden), dann könnten wir die Gasteilchen in wilder, ungeordneter Bewegung durch den Raum sausen sehen. Der Druck des Gases wird durch den Impulsübertrag bei Stößen der Gaspartikel miteinander und mit den Teilchen einer Gefäßwand verursacht. Je höher die Temperatur des Gases ist, umso wilder ist die Bewegung seiner Teilchen und umso schneller flitzen diese durch die Gegend. Daher steigt der Gasdruck mit zunehmender Temperatur.

Der Druck steigt aber auch, wenn sich mehr Teilchen in dem Gefäß befinden, d. h. je dichter das Gas ist (wie der Druck im Fahrradreifen immer größer wird, je mehr Luft wir in den Reifen pressen). Dies ist plausibel, denn je zahlreicher die Teilchen sind, desto häufiger kolli- ►

▶ dieren sie miteinander und mit der Wand und üben dabei eine höhere Kraft aus. Dazu tragen alle verschiedenen Bestandteile bei, aus denen sich das Sterngas normalerweise zusammensetzt, Ionen (d. h. Atome, die Elektronen aus ihrer Hülle verloren haben), freie Elektronen und bei Temperaturen von über einer Milliarde Grad auch *Positronen* (die positiv geladenen Antiteilchen der Elektronen).

Diese Zusammenhänge können wir mit einer mathematischen Beziehung beschreiben, in der der Druck P_{gas} als proportional zur Gasdichte ρ und zur Bewegungsenergie der Gasteilchen, also zur Gastemperatur T, angesetzt wird:

$$P_{\mathrm{gas}} \propto \rho T \,. \tag{2.1}$$

Die Temperatur T wird üblicherweise in Kelvin (K) gemessen, wobei der Nullpunkt der absoluten Temperaturskala oder Kelvin-Skala bei −273,15 °C auf der Celsius-Skala liegt.

Auf ganz analoge Weise liefern neben den Gasteilchen auch die Teilchen der Strahlung im Stern, die Photonen, einen Beitrag zum Druck. Weil die Anzahldichte der Photonen mit der dritten Potenz der Temperatur und die Photonenenergie linear mit der Temperatur steigen, gilt für den Strahlungsdruck die Proportionalität:

$$P_\gamma \propto T^4 \,. \tag{2.2}$$

Der Gesamtdruck ergibt sich dann als Summe von Gasdruck und Strahlungsdruck:

$$P = P_{\mathrm{gas}} + P_\gamma \,. \tag{2.3}$$

Der Strahlungsdruck in Gleichung (2.2) wächst viel stärker mit der Temperatur als der Gasdruck in Gleichung (2.1). Im Gegensatz zu diesem hängt er aber nicht von der Dichte ab. Deshalb dominiert je nach Temperatur und Dichte entweder das Gas oder die Strahlung den Druck. Bei nicht zu hohen Temperaturen und Dichten ist der Gasdruck bestimmend, bei hinreichend hohen Temperaturen wird dagegen der Strahlungsdruck am wichtigsten. Diese unterschiedlichen Bereiche im Temperatur-Dichte-Raum sind in der Abbildung 2.5 als gelbe und blaue Flächen angedeutet.

Gleichung (2.1) für den Druck des stellaren Gases gilt aber nur, solange das Gas nicht in den Zustand der *Entartung* übergeht. Was dies bedeutet, wird in den Kästen „Entartete Fermionengase I, II“ auf den Seiten 35 und 36 erläutert.

gen, sind es bei Kernprozessen wesentlich energetischere **Gammaquanten**, d. h. Photonen mit Energien von Hunderten keV bis MeV und Wellenlängen unter 10^{-11} m. Dieser gewaltige Unterschied der Energieskalen ist der Grund, warum Kernreaktoren so viel mehr Energie aus wesentlich weniger Brennmaterial erzeugen als Kohle- oder Gaskraftwerke, und warum Atombomben die Sprengkraft von vielen Millionen Tonnen chemischen Sprengstoffs entwickeln können.

2.3 Späte Entwicklungsstadien der Sterne

Die unablässig voranschreitende Umwandlung von Kernbrennstoff in nukleare „Asche" im Sternzentrum führt zum allmählichen Altern der Sterne. In einer ersten Brennphase mit der längsten Dauer gewinnt ein junger Stern seinen zur stabilen Existenz nötigen Energienachschub aus der **nuklearen Fusion** von Wasserstoff zu Helium. Dies geschieht auch im Kernbereich der Sonne, wo unser Zentralgestirn seit rund 4,5 Milliarden Jahren seinen „Fusionsreaktor" bei einer Temperatur von rund 15 Millionen Kelvin am Glühen hält.

Nach einer gewissen Zeit jedoch ist der zentrale Wasserstoffvorrat erschöpft. Im Fall der Sonne liegt dieser Zeitpunkt etwa 5 Milliarden Jahre in der Zukunft. Massereiche Sterne dagegen durchlaufen das Wasserstoffbrennen in wenigen Millionen Jahren, weil in ihrem Innern deutlich höhere Temperaturen als in der Sonne herrschen und der Brennvorgang viel schneller abläuft. Solche Sterne gehen sehr verschwenderisch mit ihrem nuklearen Brennstoff um und sind daher wesentlich leuchtkräftiger als die Sonne. Doch auch nach dem Ende der Kernfusion im Zentrum erlischt das nukleare Feuer nicht komplett, sondern lodert in einer *Schalenquelle* um den erloschenen Kern weiter.

Dadurch, dass der Stern durch die abgegebene Strahlung ständig Energie verliert, beginnen sich seine zentralen Bereiche zusammenzuziehen, um diesen Verlust zu kompensieren: Der Stern zapft nun im Kerngebiet seinen Vorrat an gravitativer potenzieller Energie an. Durch die Kontraktion steigt die Temperatur im Zentrum. Trotz der Energieverluste durch Strahlung an der Oberfläche kühlt das Innere des Sterns also nicht ab, sondern wird heißer! Dieses zunächst merkwürdig erscheinende Verhalten erklärt sich durch das *Virialtheorem*, welches für Sterne im hydrostatischen Gleichgewicht gilt. Danach wandelt der Stern die Hälfte der durch Kontraktion freigesetz-

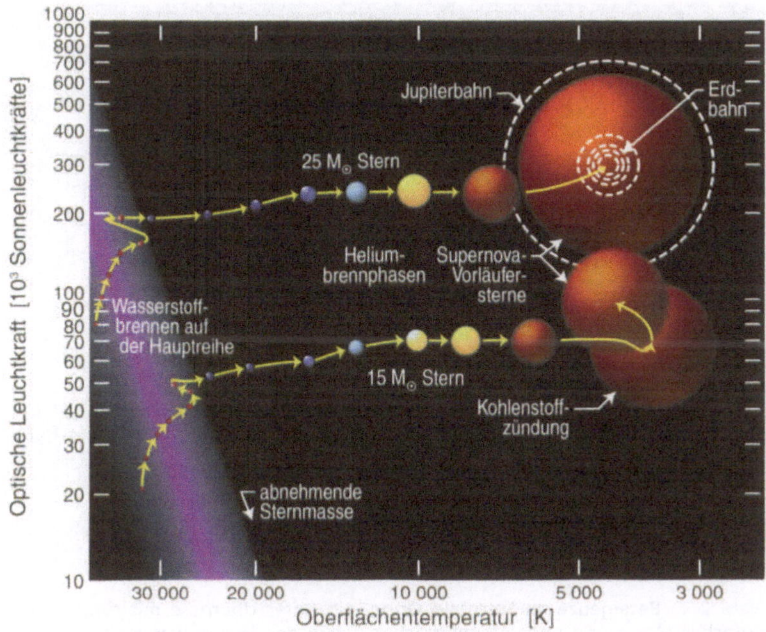

Abb. 2.1 Entwicklung von Supernova-Vorläufersternen mit 15 und 25 Sonnenmassen von der Wasserstoffbrennphase ins Rote-Riesen-Stadium. Die Leuchtkraft des Sterns im Wellenlängenbereich des sichtbaren Lichts ist gegen seine Oberflächentemperatur aufgetragen (*Temperatur-Leuchtkraft-Diagramm*). Während des zentralen Wasserstoffbrennens befindet sich der Stern auf der Hauptreihe. Dabei ist er relativ klein und an seiner Oberfläche heiß, wodurch er bläulich oder weiß erscheint. Nach Erlöschen des zentralen Fusionsofens kontrahiert der Heliumkern des Sterns, und Wasserstoffbrennen zündet in einer „Schalenquelle“ um den Heliumkern. Wegen der frei werdenden Reaktionswärme bläht sich die stellare Wasserstoffhülle gewaltig auf. Der Stern kühlt deshalb an seiner Oberfläche ab und wird röter.

ten gravitativen potenziellen Energie in innere (thermische) Energie um, nur die andere Hälfte wird abgestrahlt[3]. In dieser Phase dehnt sich die äußere Hülle des Sterns stark aus, und der Stern bläht sich zu einem Riesenstern mit hundert- bis tausendfachem Sonnenradius und bis zu millionenfacher **Leuchtkraft** der Sonne auf (Abbildungen 2.1 und 2.2).

3 Eine genauere Diskussion des Virialtheorems findet sich im Band *Sterne* dieser Reihe.

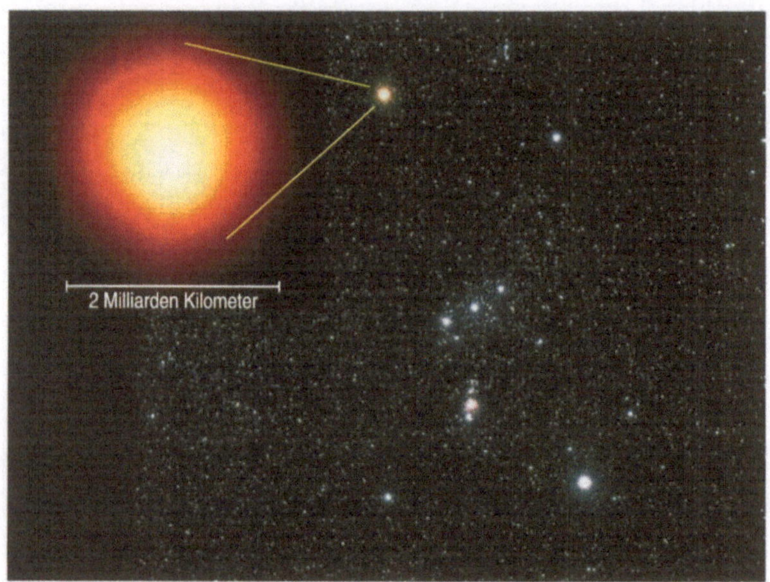

Abb. 2.2 Beteigeuze im Sternbild Orion, ein Roter Überriese mit rund zwanzigfacher Masse und etwa tausendfacher Größe der Sonne, was mehr als dem Durchmesser der Jupiterbahn entspricht. Beteigeuze befindet sich im Spätstadium seines Lebens und wird als Supernova sterben. Da der riesige Stern nur 600 Lichtjahre entfernt ist, kann er als ausgedehntes Objekt mit dem Weltraumteleskop *Hubble* wahrgenommen werden.

Nun entscheidet sich das weitere Schicksal des Sterns nach zwei Alternativen. Bleibt die Temperatur im stellaren Kern unter einer kritischen Grenze, kann eine nächste nukleare Brennstufe nicht erreicht werden. Dann übernimmt der quantenmechanische *Entartungsdruck* der Elektronen anstelle des thermischen Drucks der Gasteilchen (siehe Kästen „Entartete Fermionengase I, II“ und „Zustandsgleichung von Sterngasen II“ auf den Seiten 35 und 36 bzw. auf Seite 43) eine zunehmend wichtigere Rolle für die Stabilisierung des Sterns gegen die Schwerkraft. Der Kernbereich des Sterns wird in diesem Fall zu einem *Weißen Zwerg*, einer sehr kompakten stellaren Leiche, die ohne weitere Kontraktion langsam auskühlt und in der das Plasma vollständig entartet (von Weißen Zwergen werden wir in Kapitel 2.6 mehr erfahren). Wenn der Stern auf dem Weg zum Weißen Zwerg die Hüllen

? Entartete Fermionengase I

Der Quantenmechanik zufolge besitzen Teilchen keine kontinuierlichen Werte ihrer charakteristischen Eigenschaften wie Energie, Impuls (Masse mal Geschwindigkeit) oder Drehimpuls einer Rotation um die eigene Achse. Stattdessen sind diesen Größen diskrete Werte mit *Quantenzahlen* zugeordnet, die besetzbaren Zuständen im Raum der entsprechenden Größe, d. h. im Energieraum, Impulsraum, Drehimpulsraum usw. entsprechen. Dies kommt beispielsweise in der *Heisenberg'schen Unschärferelation* zum Ausdruck. Sie besagt, dass der Aufenthaltsort x und der Bewegungsimpuls p eines Quantenteilchens prinzipiell nicht gleichzeitig mit beliebiger Genauigkeit bestimmbar sind. Stattdessen unterliegen sie einer Unschärfe. Sind Δx und Δp die Unbestimmtheiten von Ort und Impuls, gilt für sie die Beziehung

$$\Delta x \cdot \Delta p \geq \frac{h}{4\pi} . \tag{2.4}$$

Auf der rechten Seite dieser Ungleichung steht das berühmte Planck'sche Wirkungsquantum (die „Planck-Konstante") $h = 6{,}626 \times 10^{-34}$ J s. Die Beziehung in Gleichung (2.4) bringt unmittelbar zum Ausdruck, dass ein Teilchen, das im Ortsraum sehr genau lokalisiert ist (Δx ist sehr klein), eine große Unschärfe Δp seines Impulses besitzt. Das hat zur Folge, dass Teilchen, die man in ein enges Raumvolumen sperrt, „verschmierte", d. h. stark ausgedehnte Impuls- und Energiezustände einnehmen.

Elektronen, Protonen, Neutronen und auch Neutrinos gehören zu einer Spezies von Teilchen, die *Fermionen* genannt werden. Fermionen, im Gegensatz zu den *Bosonen* (zu denen auch die Lichtquanten oder Photonen zählen), unterliegen dem von Wolfgang Pauli formulierten *Ausschließungsprinzip*. Dieses auch *Pauli-Verbot* genannte Prinzip besagt, dass keine zwei Fermionen den exakt gleichen, durch ihre Quantenzahlen festgelegten Zustand einnehmen können. Fermionen, z. B. Elektronen, sind demnach bestrebt, sich in mindestens einer Eigenschaft, einer Quantenzahl, von anderen Fermionen der gleichen Art zu unterscheiden. Sie gehen sich gewissermaßen aus dem Weg. Im Impulsraum bevölkern daher nicht alle Fermionen gleichzeitig den Grundzustand mit dem niedrigsten Impulswert, sondern jedes Fermion befindet sich in seinem eigenen Impulszustand.

Füllen die Fermionen alle verfügbaren Plätze bis zu einem maximalen Impulswert, dem *Fermiimpuls* p_F, lückenlos auf, spricht man von *Entartung*. Im Energieraum sind dann alle Zustände bis zur zugehörigen *Fermienergie* ε_F vollständig besetzt. Wegen der Unschärferelation (Gleichung 2.4) steigt der Fermiimpuls, wenn die Teilchen in ein kleineres Raumvolumen gepresst werden. Ebenso nimmt der Fermiimpuls zu, ▶

▶ wenn sich mehr Teilchen N in einem gegebenen Raum V befinden, denn jedes weitere Fermion kann nur einen bislang noch unbesetzten Zustand mit höherem Impulswert einnehmen. Die Teilchendichte $n = N/V$, die maximal möglich ist, bzw. die Zahl der verfügbaren Plätze im Impulsraum wächst dabei mit der dritten Potenz des Fermiimpulses,

$$n \propto p_F^3 , \tag{2.5}$$

entsprechend einem Kugelvolumen mit dem Fermiimpuls als Radius.

? Entartete Fermionengase II

Bei welchen Bedingungen ein Gas *entartet*, hängt vom Verhältnis der thermischen Bewegungsenergie seiner Teilchen zur Fermienergie ab. Ist das Verhältnis dieser beiden Größen sehr hoch, dann ist das Gas nicht entartet, im anderen Fall entartet. Da die thermische Teilchenenergie mit der Temperatur steigt, während die Fermienergie mit dem Fermiimpuls und deshalb mit der Gasdichte wächst, nähert sich ein Gas dem Zustand der Entartung, wenn es dichter wird und dabei relativ kühl bleibt. In der Abbildung 2.5 ist dies in den grünen und roten Bereichen im rechten unteren Teil der Dichte-Temperatur-Ebene der Fall.

In sonnenähnlichen Sternen ist das Plasma verdünnt und so heiß, dass die Fermienergie im Vergleich zur thermischen Teilchenbewegung sehr klein ist. Das Ausschließungsprinzip für die Quantenzustände spielt daher keine wichtige Rolle, denn die Partikel verteilen sich im Impulsraum auf einen Bereich, das weit ausgedehnter ist als die vom Fermiimpuls umschlossene Kugel. Ein stark verdichtetes und relativ kühles Plasma, wie es etwa im Kern entwickelter Sterne oder in kompakten Sternleichen existiert, nähert sich dagegen dem Zustand der Entartung. In diesem Fall ist der Fermiimpuls viel höher, und die Fermionen beginnen, die Zustände unterhalb dieses Wertes aufzufüllen. Sinkt die Temperatur gegen den absoluten Nullpunkt (−273,15 °C), sind schließlich alle verfügbaren Zustände in der Fermikugel lückenlos besetzt, und das Gas ist *vollständig entartet*. Trotz verschwindender Temperatur besitzen die Fermionen dann Bewegungsenergien aufgrund ihrer endlichen Impulswerte im quantenmechanischen Zustandsraum.

Wie hängt nun die Fermienergie vom Fermiimpuls ab? Hier sind zwei Extremfälle zu unterscheiden, je nachdem, ob die Bewegungsenergie ε der Teilchen sehr viel kleiner oder sehr viel größer ist als ihre Ruhemassenenergie E, die sich nach Einsteins berühmter Formel durch Multiplikation der Teilchenmasse m mit dem Quadrat der Lichtgeschwindigkeit $c = 2{,}9979 \times 10^{10}$ cm/s als $E = mc^2$ ergibt. Wenn ε viel kleiner ist als E ($\varepsilon \ll E$), bewegen sich die Teilchen viel langsamer als ▶

► die Lichtgeschwindigkeit und das Gas wird als *nicht relativistisch* bezeichnet. Es gilt dann für die Fermienergie und den Fermiimpuls die aus der klassischen Mechanik bekannte Energie-Impuls-Relation:

$$\varepsilon_F = \frac{p_F^2}{2m} . \qquad (2.6)$$

Weil die Fermienergie nach dieser Gleichung bei einer höheren Teilchenmasse m geringer ist, entarten schwere Fermionen bei höheren Dichten als leichte Fermionen. Fliegen dagegen die Teilchen mit Lichtgeschwindigkeit oder nahezu Lichtgeschwindigkeit, d. h., ist ihre Energie ε sehr viel höher als E ($\varepsilon \gg E$), muss die Energie-Impuls-Beziehung für relativistische Bewegungen angewendet werden:

$$\varepsilon_F = p_F c . \qquad (2.7)$$

Die Partikel werden in diesem Fall als *relativistische* Teilchen bezeichnet.

schichten um den erloschenen Kern abstößt, entsteht ein prachtvoller **planetarischer Nebel** aus leuchtendem Gas (dies geschieht bei Sternen mit zwei- bis achtfacher Masse der Sonne).

Klettert die Temperatur im stellaren Kern bei der Kontraktion dagegen hinreichend stark, kann die Asche der vergangenen Brennphase in einer nächsten Brennstufe zünden. Für Helium geschieht dies bei rund 200 Millionen Kelvin, was in Sternen mit einer Anfangsmasse von mindestens einer halben Sonnenmasse erreicht wird. Die kinetische Energie der Heliumionen (**Alphateilchen**) reicht dann aus, die im Vergleich zu Protonen wegen der doppelten Kernladung größere Coulombabstoßung zu überwinden. Die **Fusion** von Helium zu Kohlenstoff und Sauerstoff liefert nun dem Stern neue Energie, bis auch dieser Brennstoff im Zentrum zur Neige geht. Wiederum setzt Kontraktion ein, und der Stern steht abermals an einem Scheidepunkt seiner Entwicklung, die ihn entweder als Weißen Zwerg enden lässt oder in eine nächste Brennstufe bei noch höherer Zentraltemperatur führt.

In Sternen mit anfänglich mindestens sieben- bis achtfacher Sonnenmasse werden bei der zweiten Kontraktion über 800 Millionen Kelvin erreicht, und Kohlenstoff kann zu Neon und Magnesium verbrennen. Sterne mit einer Geburtsmasse, die neun- bis zehnmal höher ist als die der Sonne, durchlaufen alle nuklearen Brennstufen bis hin zum Siliziumbrennen, das bei Temperaturen jenseits von drei Milliarden Kelvin die Elemente der *Eisengruppe* (Nickel, Kobalt, Eisen) schmiedet (Tabelle 2.1). Eisengruppennuklide besitzen die höchste **Kernbindungsenergie** pro **Nukleon** (d. h. pro Neutron oder Proton) und definieren daher den Endpunkt der Reihe nuklea-

Tabelle 2.1 Brennphasen eines Sterns mit 15 Sonnenmassen. T_c und ρ_c bezeichnen die Zentraltemperatur und -dichte des Sterns. Die Energieverlustraten des Sterns durch Strahlung an seiner Oberfläche („Leuchtkraft") und durch Neutrinos aus dem Kern sind in Einheiten der Sonnenleuchtkraft ($L_\odot = 3{,}846 \times 10^{26}$ W) angegeben.

Brennphase	Dauer [Jahre]	Brennstoff	Asche	T_c [10^9 K]	ρ_c [g/cm^3]	Leuchtkraft [$L_\odot$]	Neutrinoverluste [$L_\odot$]
Wasserstoff	11×10^6	H	He	0,035	5,8	28 000	1 800
Helium	2×10^6	He	C, O	0,18	1 400	44 000	1 900
Kohlenstoff	2 000	C	Ne, Mg	0,81	$2{,}8 \times 10^5$	72 000	$3{,}7 \times 10^5$
Neon	0,7	Ne	O, Mg	1,6	$1{,}2 \times 10^7$	75 000	$1{,}4 \times 10^8$
Sauerstoff	2,6	O, Mg	Si, S, Ar, Ca	1,9	$8{,}8 \times 10^6$	75 000	$9{,}1 \times 10^8$
Silizium	0,05	Si, S, Ar, Ca	Fe, Ni, Cr, Ti, ...	3,3	$4{,}8 \times 10^7$	75 000	$1{,}3 \times 10^{11}$
Kollaps	$\sim 10^{-8}$	Fe, Ni, Cr, Ti, ...	Neutronenstern	$> 7{,}1$	$> 7{,}3 \times 10^9$	75 000	$> 3{,}6 \times 10^{15}$

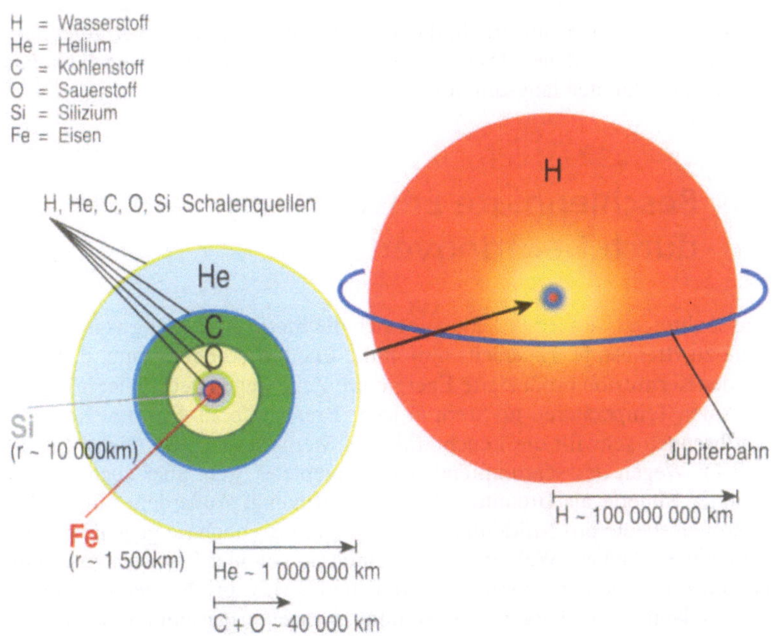

Abb. 2.3 Roter Überriese mit Zwiebelschalenstruktur kurz vor dem gravitativen Kollaps seines zentralen Eisenkerns. Die radiale Ausdehnung der verschiedenen Schalen ist nicht maßstabsgetreu wiedergegeben.

rer Brennzyklen. Weiterer Energiegewinn durch Kernfusion ist nicht mehr möglich, und diese Energiequelle des Sterns ist nun erschöpft.

Zu diesem Zeitpunkt hat ein massereicher Stern eine *Zwiebelschalenstruktur* entwickelt (Abbildung 2.3). Jede Brennstufe konnte nur in einem inneren Teilvolumen des Kerns zünden, der die Asche der vorhergehenden Brennphase enthielt. Als Folge umgibt am Ende den inneren Kern aus Eisen eine Schale mit Silizium, die wiederum von einer Sauerstoffschicht eingehüllt ist, dann folgt Neon, schließlich Kohlenstoff, dann Helium und ganz außen die Sternhülle mit ihrem dominanten, ursprünglichen Bestandteil Wasserstoff[4]. So schichten sich immer leichtere chemische Elemente in einer Folge von zwiebelähnlichen Schalen um den zentralen Kern, der

4 Natürlich enthält die Wasserstoffhülle auch mindestens etwa 25 Massenprozent Helium wie das interstellare Gas, aus dem sich der Stern gebildet hat.

die schwersten Elemente erhält, die der Stern in seinem Leben erbrütet hat. Schalenquellen, in denen das nukleare Feuer weiter brodelt, lassen die tiefer liegenden Schichten langsam in ihrer Masse wachsen.

2.4 Beschleunigte Entwicklung durch Neutrinoverluste

Aus mehreren Gründen beschleunigt sich die Sternentwicklung von Brennstufe zu Brennstufe. Einerseits nimmt die Energieerzeugungsrate, d. h. die bei der Kernfusion produzierte Energie pro Zeit, wegen der immer höheren zentralen Temperaturen im Stern in jeder Brennstufe zu. Bis zum Kohlenstoffbrennen schwillt die Leuchtkraft des Sterns deshalb an (siehe Tabelle 2.1). Wegen des schrumpfenden Brenngebietes steht aber auch immer weniger Materie als Brennmaterial zur Verfügung. Außerdem nimmt die Energieausbeute pro **Nukleon** in jeder späteren Brennphase gegenüber den früheren Stadien ab: Während die Vereinigung von vier Protonen zu einem Heliumkern eine Bindungsenergie von rund 7 MeV pro Nukleon freisetzt, sind es dann beim Übergang von Helium zu Eisen insgesamt nur noch rund 2 MeV pro gebundenem Nukleon.

Hinzu kommt ein weiterer Effekt, der mit fortschreitendem Alter des Sterns eine rasch wachsende Bedeutung gewinnt. Bei der Fusion von vier Wasserstoffkernen (Protonen) zu Heliumkernen, die aus zwei Neutronen und zwei Protonen aufgebaut sind, müssen sich zwei Protonen zu Neutronen umwandeln. Dieser Prozess erzeugt ein Elementarteilchen, das wegen seiner winzigen Masse und elektrischen Neutralität **Neutrino** genannt wird. Neutrinos reagieren nur extrem selten mit anderen Teilchen der Materie: Sie unterliegen allein der **schwachen Wechselwirkung**, welche nach der Gravitation die schwächste der vier fundamentalen Naturkräfte ist. Sie können daher den zentralen Kernbereich des Sterns ungehindert verlassen.

In den ersten Brennphasen ist der Energieverlust durch Neutrinos klein verglichen mit der Abstrahlung von Energie in Photonen. Beim Kohlenstoffbrennen und danach ändert sich dies dramatisch. Wenn sich die Temperaturen im Sterninnern einer Milliarde Kelvin nähern, werden Neutrinos nicht mehr allein bei Kernumwandlungen freigesetzt, sondern auch in großer Zahl über *thermische Prozesse* erzeugt. Dabei wandeln sich energiereiche Gammaquanten oder Paare von Elektronen und Positronen (die Antiteilchen der Elektronen, die bei hinreichend hohen Temperaturen aus

Gammaquanten entstehen) in Paare von Neutrinos und Antineutrinos um. Die Energie, die durch solche thermisch produzierten Neutrinopaare dem stellaren Medium entzogen wird, steigt mit der neunten Potenz der Temperatur. Entsprechend übertrifft sie die Photonenleuchtkraft des Sterns kurz vor dem finalen Kollaps um mehr als zehn Größenordnungen (Tabelle 2.1)!

Nach dem Heliumbrennen erhöht die durch beschleunigte **Kernreaktionen** erzeugte Wärme ausschließlich die Neutrinoproduktion, während die Oberflächenstrahlung des Sterns kaum auf die Veränderungen tief im Sterninnern reagiert (Tabelle 2.1). Durch den steilen Anstieg der Emission von Neutrinos, die die nuklear produzierte Energie viel schneller als irgendein anderer Mechanismus aus dem Sternzentrum abtransportieren, entkoppelt die Entwicklung im stellaren Kern von den Vorgängen in den äußeren Schichten des Sterns. Diese merken kaum etwas von dem rapide beschleunigten Alterungsprozess im Kern, und umgekehrt haben Veränderungen in der Sternhülle keinen entscheidenden Einfluss auf die Abläufe tief im Innern.

2.5 Todeszonen massereicher Sterne

Aus den Gleichungen, die die Sternstruktur beschreiben, folgt, dass während der Entwicklung durch die verschiedenen Brennphasen die zentrale Temperatur T_c und die zentrale Dichte ρ_c in Sternen einen Anstieg beschreiben, der in guter Näherung folgender Proportionalitätsbeziehung gehorcht:

$$\frac{T_c^3}{\rho_c} \propto M^2 , \qquad (2.8)$$

wobei M die Masse des Sterns bedeutet. Gleichung (2.8) macht zwei Aussagen:

1. Ein Stern mit gegebener Masse wird bei seiner Kontraktion im Zentrum immer dichter und heißer, wobei der Dichteanstieg wesentlich steiler als der Temperaturanstieg erfolgt. Für diese Betrachtung können wir die Tatsache ignorieren, dass massereiche Sterne im Laufe ihres Lebens Materie durch **Sternwinde** verlieren. Wegen der Entkopplung des Kerns von der Hülle ist in Gleichung (2.8) eigentlich die Masse des nach dem Wasserstoffbrennen entstandenen Heliumkerns entscheidend, die aber proportional zur Geburtsmasse des Sterns zunimmt, wenn der Massenverlust nicht zu extrem ist.

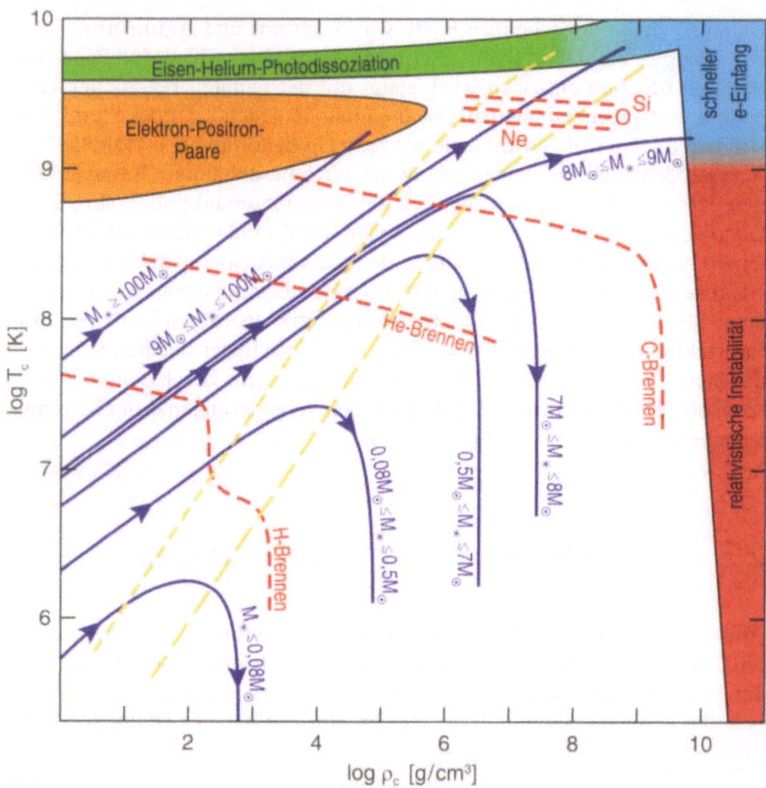

Abb. 2.4 Schematische Darstellung typischer Sternentwicklungswege anhand der zentralen Dichte ρ_c und der zentralen Temperatur T_c im Stern. In Wirklichkeit machen die Entwicklungslinien Schlaufen und Knicke, wenn verstärkte Kontraktionsphasen im Sterninneren einsetzen und damit die Zündung der nächsten Brennstufe eingeleitet und das Kontraktionsverhalten dann kurzfristig verzögert wird. Die Schwelltemperaturen für Wasserstoff-, Helium-, Kohlenstoff-, Neon-, Sauerstoff- und Siliziumbrennen sind im Bild markiert. Außerdem sind die Grenzlinien zwischen den Bereichen angedeutet, wo die Elektronen im stellaren Plasma den nicht entarteten Zustand verlassen und zu höheren Dichten hin zunächst zu entarten beginnen (linke diagonale, kurz gestrichelte Linie) und schließlich starke Entartung erreichen (diagonal, lang gestrichelt). Die farbigen Gebiete sind die „Todeszonen", in denen die Sterne durch gravitativen Kollaps ihr Leben beenden (siehe Text).

2. Bei jedem Wert der zentralen Dichte ist ein Stern mit größerer Masse heißer, eine Tatsache, die wir in Abschnitt 2.3 bereits als Grund für die schnellere Entwicklung und die höhere Leuchtkraft massereicherer Sterne erwähnten.

Damit lässt sich der Verlauf der Entwicklungspfade von Sternen, die in Abbildung 2.4 als Linien in einem ρ_C-T_C-Diagramm schematisch dargestellt sind, in grundsätzlichen Aspekten verstehen.

Der im Vergleich zur Temperatur stärkere Anstieg der Dichte im Zentrum hat weitreichende Folgen: Die Entwicklung des Sternplasmas strebt auf einen Zustand hin, in dem die Elektronen im Plasma quantenmechanisch entarten (siehe Kästen „Entartete Fermionengase I, II", Seiten 35 und 36). Der Druck, der den stellaren Kern gegen seine Gravitationskräfte stabilisiert, wird dann hauptsächlich vom Entartungsdruck der Elektronen geliefert (siehe Kasten „Zustandsgleichung von Sterngasen II"). Da dieser nicht von der thermischen Bewegung der Gasteilchen und damit nicht von der Temperatur abhängt, muss ein entarteter Stern nicht weiter kontrahieren, um sein hydrostatisches Gleichgewicht trotz der Strahlungsenergie-

? Zustandsgleichung von Sterngasen II

Während ein gewöhnliches Gas Druck erzeugt, weil die in thermischer Bewegung durcheinanderwirbelnden Teilchen bei Kollisionen Impuls übertragen, ist bei einem entarteten Gas der Druck mit den Impulsen und Energien verknüpft, welche die Fermionen selbst bei verschwindender Temperatur auf ihren Plätzen im Zustandsraum besitzen (siehe Kästen „Entartete Fermionengase I, II", Seiten 35 und 36). Statt dem Produkt aus Teilchendichte und Temperatur (als Maß für die mittlere Bewegungsenergie der Partikel) zu folgen (Gleichung 2.1), steigt der Druck eines vollständig entarteten Gases mit dem Produkt aus Teilchendichte und Fermienergie. Gemäß den Gleichungen (2.5), (2.6) und (2.7) hängt die Fermienergie in eindeutiger Weise vom Fermiimpuls und damit von der Teilchendichte n ab, sodass der Druck nur noch eine Funktion der Teilchendichte und somit der Massendichte ρ ist. Für nicht relativistische, entartete Fermionen ergibt sich die Beziehung

$$P_{\mathrm{nrf}} \propto \rho^{5/3} . \tag{2.9}$$

Danach wächst der Druck proportional zur Dichte hoch $\frac{5}{3}$. Ein entartetes, relativistisches Fermigas besitzt dagegen eine flachere Druckabhängigkeit von der Dichte:

$$P_{\mathrm{rf}} \propto \rho^{4/3} . \tag{2.10}$$

▶

▸ Weil der Entartungsdruck nach den Gleichungen (2.9) und (2.10) stärker mit der Dichte ansteigt als der Druck eines nicht entarteten Gases nach Gleichung (2.1), gibt es zu jeder Temperatur eine Grenzdichte, oberhalb der der Entartungsdruck dominiert (Abbildung 2.5). Dies erklärt, warum in Sternen trotz der riesig hohen Temperaturen von vielen Millionen oder sogar Milliarden Kelvin dennoch Entartung eintreten kann.

Wegen ihrer rund zweitausendmal geringeren Ruhemasse ($m_e c^2 \sim 0{,}5\,\mathrm{MeV}$) erreichen Elektronen bei wesentlich niedrigeren Dichten den Zustand der Entartung als Neutronen und Protonen. Der Entartungsdruck der Elektronen stabilisiert *Weiße Zwerge* gegen die anziehende Wirkung der Gravitationskraft, während die Entartung von Nukleonen (Neutronen und Protonen) in *Neutronensternen* eine Rolle spielt.

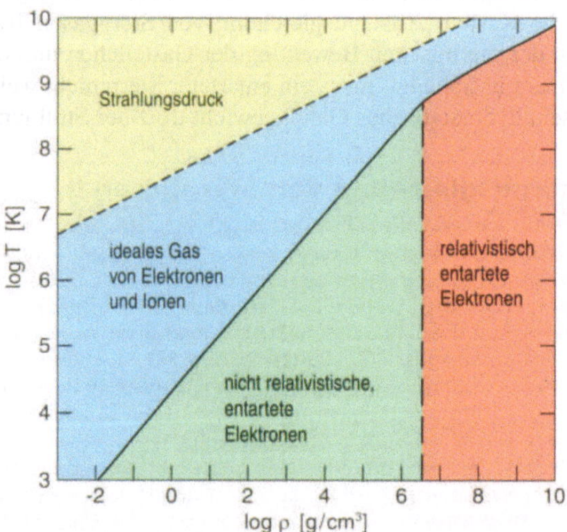

Abb. 2.5 Schematisches Phasendiagramm für Sternmaterie in Abhängigkeit von der Dichte ρ und Temperatur T. In verschiedenen Bereichen bestimmen unterschiedliche Teilchen im stellaren Plasma die Zustandsgleichung. Oberhalb der gestrichelten Linie, d. h. bei hohen Temperaturen, überwiegt der Strahlungs- bzw. Photonendruck (Gleichung 2.2), unterhalb dieser Linie ist es der ideale Gasdruck von Elektronen und Ionen (Gleichung 2.1). Rechts der diagonalen, durchgezogenen Linie sind entartete Elektronen hauptsächlich für den Druck verantwortlich (Gleichungen 2.9 und 2.10), wobei die vertikale Linie die Grenze zwischen dem nicht relativistischen (Gleichung 2.6) und relativistischen Regime (Gleichung 2.7) andeutet.

verluste aufrechtzuerhalten. Der zentrale Bereich des Sterns kann bei nahezu gleichbleibender Dichte allmählich abkühlen. Erreicht der Stern entartete Bedingungen, findet daher kein weiterer Temperaturanstieg mehr statt, und eine nächste Brennstufe wird nicht erreicht. Die Reihe aufeinanderfolgender thermonuklearer Brennphasen geht damit zu Ende.

! Durch die Gravitation kontrahieren Sterne und entwickeln sich zu höheren Dichten und Temperaturen auf einen Zustand der Entartung hin. Nach dem zentralen Heliumbrennen beschleunigt sich ihre Entwicklung durch Neutrinoverluste extrem.

Die in Abbildung 2.4 farblich markierten Gebiete kennzeichnen die „Todeszonen" massereicher Sterne. Bei den dort herrschenden Bedingungen nähern sich die stellaren Kerne einem Punkt, an dem der innere Druck die Schwerkraft nicht mehr ausgleichen kann und der Kernbereich des Sterns unter seiner eigenen Schwerkraft in sich zusammenbricht. Der finale Kollaps wird in den verschiedenen Regionen durch unterschiedliche physikalische Vorgänge ausgelöst. Allen gemeinsam ist, dass sie zu einer Abflachung des Druckanstiegs mit zunehmender Dichte führen. Kontrahiert das Sterninnere weiter, gewinnt dann die Schwerkraft die Überhand, weil der Druck nicht schnell genug anwächst.

Welches Schicksal den alternden Stern am Ende seines Lebens ereilt, hängt von seiner Geburtsmasse und damit nach Gleichung (2.8) von den Temperaturen ab, die in seinem Innern herrschen (wiederum ignorieren wir bei dieser Feststellung den möglichen Massenverlust des Sterns während seiner Entwicklung). Abbildung 2.4 zeigt dazu folgende Entwicklungslinien:

- Gasbälle mit weniger als etwa 0,08 Sonnenmassen ($M_\odot$) sind relativ kühl und erreichen bereits während ihrer proto-stellaren Kontraktion, also noch bevor Wasserstoffbrennen zünden kann, im Zentrum die Bedingungen, bei denen Elektronen entarten. Solche sternähnlichen Objekte nennt man *Braune Zwerge*. Gasplaneten haben unter 0,012 $M_\odot$.
- Sterne, deren Geburtsmasse über 0,08 $M_\odot$ und unter 7–8 $M_\odot$ liegt, sind heißer und gelangen bei ihrer Kontraktion in die Region der Elektronenentartung. Bei Sternen bis zu 0,5 $M_\odot$ passiert dies, nachdem im Kern Wasserstoff gebrannt hat. Sterne mit $M > 0{,}5\,M_\odot$ verbrennen in ihren Zentren auch Helium, aber die Temperatur dort übersteigt nicht die Schwelle zur Kohlenstofffusion. Während sich der dichte Kernbereich je nach zuletzt durchlaufener nuklearer Brennphase zu einem kompak-

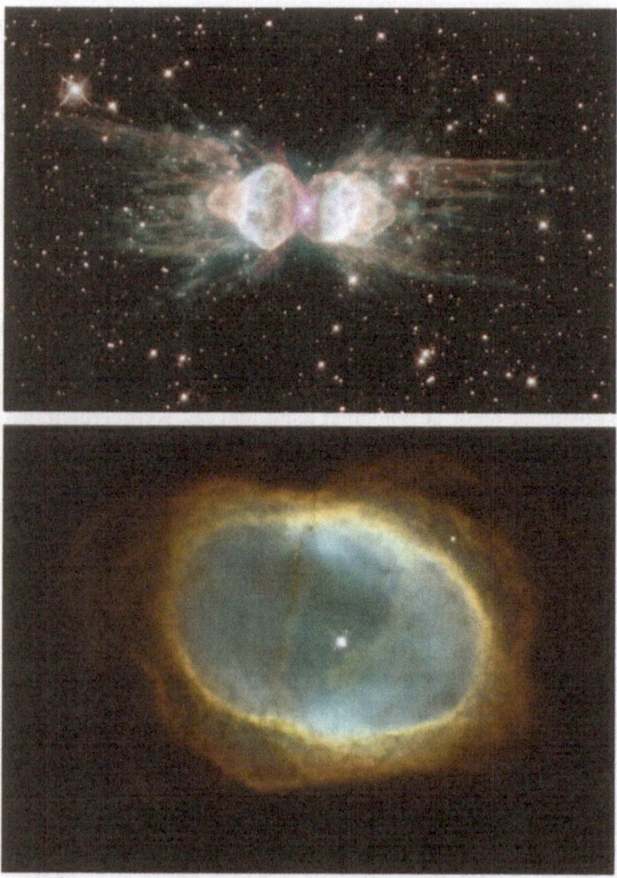

Abb. 2.6 Der Ameisennebel Mz3 (*oben*) und NGC 3132 (*unten*) sind zwei Beispiele für planetarische Nebel. Die sterbenden sonnenähnlichen Sterne im Zentrum blasen ihre Hülle als leuchtende Gaswolke in den umgebenden Raum, während ihr Kernbereich zu einem Weißen Zwerg schrumpft.

ten Weißen Zwerg aus Helium oder aus Kohlenstoff und Sauerstoff zusammenzieht, wird die äußere, dünne Hülle der Sterne als **planetarischer Nebel** weggeblasen (Abbildung 2.6). Beobachtete Weiße Zwerge besitzen eine breite Verteilung von Massen bis etwa 1,25 $M_{\odot}$, im Mittel kommen sie auf knapp 0,6 $M_\odot$. Ihre viel massereicheren Vorläufersterne haben also den Großteil ihrer Materie während der Entwicklung durch Winde und schließlich im planetarischen Nebel abgestoßen. **Akkretiert** ein Weißer Zwerg keine Materie von einem Begleiter (anders als in den Fällen, von denen im Kapitel 4 die Rede sein wird), kühlt er im Verlauf von Jahrmilliarden langsam aus und wird dabei allmählich lichtschwächer. Auch unserer Sonne steht in rund acht Milliarden Jahren dieses Schicksal bevor.

- Sterne mit einer Geburtsmasse zwischen etwa 7 $M_\odot$ und rund 9 $M_\odot$ erreichen im Zentrum die Zündbedingungen für Kohlenstoffbrennen, bevor starke Entartung der Elektronen eintritt. Im Massenfenster von 7 bis 8 $M_\odot$ können solche Sterne ihre Entwicklung als Sauerstoff-Neon (O-Ne) Weiße Zwerge beschließen. Etwas schwerere Sterne führt ihr Weg jedoch in die blaue Instabilitätszone am rechten oberen Rand der Abbildung 2.4. Dort beginnen Atomkerne, die sie umschwirrenden Elektronen einzufangen. Die dadurch verursachte Druckreduktion löst den Kollaps des stellaren Kerns zu einem *Neutronenstern* aus. Die umgebenden Sternschichten werden mit großer Wucht in einer Supernovaexplosion ausgeschleudert.
- Sterne mit einer Geburtsmasse zwischen 9–10 $M_\odot$ und ungefähr 100 $M_\odot$ durchlaufen alle nuklearen Brennstufen und entwickeln einen ausgebrannten Kern aus Eisen. Ihr Leben endet in der grünen Todesregion im oberen Bereich der Abbildung 2.4. Dort herrschen so gewaltige Temperaturen, dass die soeben entstandenen Eisennuklide durch energiereiche Photonen in Heliumatomkerne (Alphateilchen) zerlegt („*photodissoziiert*“) werden (Abbildung 2.7). Der entsprechende Druckverlust leitet den gravitativen Kollaps ein. Bei Sternen unter 20–25 $M_\odot$ (der exakte Wert der oberen Grenze ist unbekannt) führt dies zur Bildung eines Neutronensterns, begleitet von einer Supernovaexplosion. In massereicheren Sternen ist der ausgebrannte Kern dafür vermutlich zu schwer, und es entsteht ein *Schwarzes Loch* (Abbildung 2.8). Rotiert der sterbende Stern dabei sehr schnell, kann diese Schwerkraftfalle gewaltige Energiemengen freisetzen. Die Folge ist eine *Hypernovaexplosion* mit mehr als zehnfacher Supernovastärke, begleitet von einem *Gammastrahlenblitz*.
- Sterne jenseits von 100 $M_\odot$ bei ihrer Geburt besitzen so hohe Temperaturen, dass ihr Lebensweg weit vor dem Erreichen der Elektronenentartung endet. Sie kollabieren nach dem zentralen Kohlenstoffbrennen,

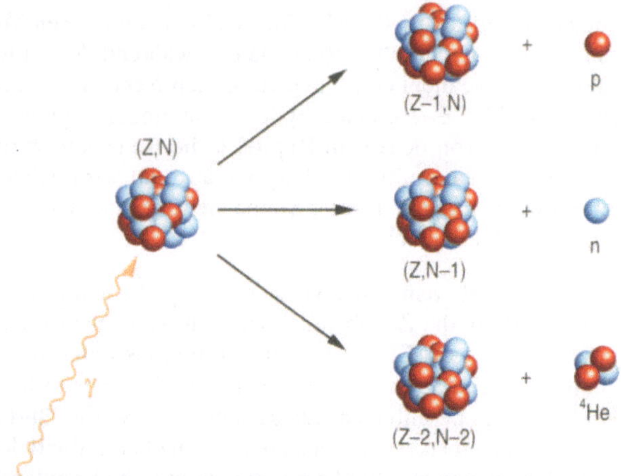

Abb. 2.7 Beispiele für Photodissoziationsreaktionen. Durch Absorption energiereicher Photonen (Gammaquanten) werden aus Atomkernen (eines oder mehrere) freie Protonen, Neutronen und α-Teilchen (Heliumionen) abgespalten. Z ist die Zahl der Protonen im Kern, N die der Neutronen. Beide verändern sich durch Abspaltung von Nukleonen. Der zerlegte Atomkern kann auch ein α-Teilchen ($Z = 2$, $N = 2$) sein.

wenn ihre Kernbedingungen die orange Todeszone im linken oberen Bereich der Abbildung 2.4 erreichen. Dort beginnen sich bei Temperaturen von rund einer Milliarde Kelvin spontan hochenergetische Photonen in Elektron-Positron-Paare umzuwandeln. Auch dies verursacht eine Delle im Druckanstieg und destabilisiert den stellaren Kern. Der gravitative Zusammenbruch führt entweder zur Bildung eines Schwarzen Lochs oder zu einer gigantischen *Paarinstabilitätssupernova*, die selbst Hypernovae in der Energiefreisetzung weit übertrifft.

Die Massengrenzen zwischen diesen unterschiedlichen Schicksalen sind nicht sehr genau bekannt. Bei der Interpretation von Beobachtungen sind die Astrophysiker stark auf theoretische Sternentwicklungsrechnungen angewiesen. Diese besitzen aber noch erhebliche Unsicherheiten in wichtigen Aspekten, z. B. bei der Behandlung von Mischströmungen zwischen heißeren und kühleren Sternschichten (**Konvektion**), bei Effekten durch die Rotation der Sterne, oder bei der Frage, wie viel Masse Sterne durch „Winde" im Laufe ihrer Entwicklung verlieren.

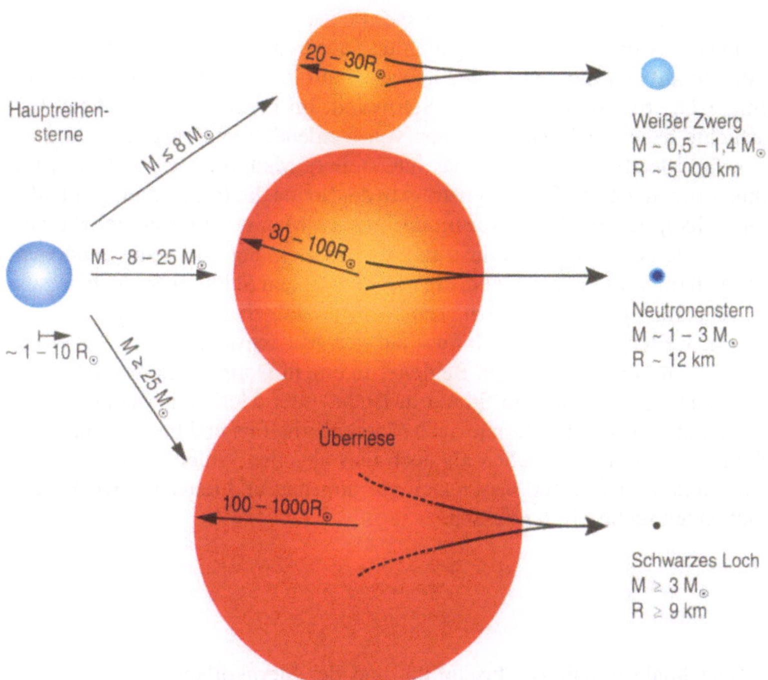

Abb. 2.8 Sterne und ihre kompakten Überreste. Während der dichte Innenbereich von Sternen, die weniger als etwa achtfache Sonnenmasse besitzen, am Ende der Entwicklung einen Weißen Zwerg bildet, kollabiert der zentrale Kern eines Sterns mit acht- bis ca. fünfundzwanzigfacher Sonnenmasse zu einem Neutronenstern. Dabei wird der größte Teil der Sternmasse in einer Supernovaexplosion ausgeschleudert. Noch massereichere Sterne enden meist in einem Schwarzen Loch. Auch in diesem Fall kann es zu einer Supernova kommen, durch die ein Teil des Sterns dem Sog des Schwarzen Lochs entkommt. Die Radien der Vorläufersterne sind in Einheiten des Sonnenradius angegeben: $1\,R_\odot = 6{,}96 \times 10^5$ km.

Für den Massenverlust spielt der sogenannte **Metallgehalt** (oder die **Metallizität**) des Sterns eine entscheidende Rolle. Darunter versteht man die Häufigkeit der chemischen Elemente, die schwerer als Helium sind und von denen kleine Mengen neben den dominierenden Bestandteilen Wasserstoff und Helium in der Sternhülle vorhanden sind. Je höher die Metallizität ist, desto stärker bläst der Wind, der Materie von der Sternoberfläche wegträgt. Denn wie ein enger Lattenzaun versperren die vielen Elektronenniveaus der schweren Atome den Weg der Strahlung aus dem Stern. Die Photonen kollidieren mit den Elektronen und heben sie auf höhere Energiezustände. Der Impulsübertrag treibt dabei den Sternwind. Im Laufe der kosmischen Geschichte haben viele Generationen von werdenden und vergehenden Sternen die Metalle erzeugt und das interstellare Medium nach und nach mit ihnen angereichert. Dennoch beträgt in der Sonne die Beimischung von Metallen lediglich rund ein Prozent der Masse. Man erwartet erhebliche Unterschiede beim Massenverlust und der Entwicklung von heute geborenen Sternen im Vergleich zu jenen, die in einem frühen Stadium der Milchstraße aus Gas mit einem wesentlich geringeren Metallgehalt entstanden.

Ein weiterer wichtiger Einfluss auf den Massenverlust kann die Wechselwirkung mit einem nahen Begleiter in einem Doppelsystem sein (in der Tat entstehen die meisten Sterne in Binär- oder Mehrfachsystemen). Der Begleiter kann einem Stern je nach Massenverhältnis und Entwicklungsstadium sowohl Gas entziehen als auch Gas abgeben. Solche Vorgänge sind extrem kompliziert und lassen sich nur ungenau und unter großen Vereinfachungen rechnerisch erfassen.

! Das Ende massereicher Sterne hängt von ihrer Anfangsmasse, ihrer Metallizität und dem damit zusammenhängenden Massenverlust, sowie ihrer Rotation ab.

Die finale gravitative Instabilität und der Sternkollaps hat in den verschiedenen Todeszonen der Abbildung 2.4 unterschiedliche physikalische Ursachen. Die genauen Vorgänge und der Ablauf von Kollaps und der Explosion massereicher Sterne werden uns in den anschließenden Kapiteln noch intensiv beschäftigen.

2.6 Kompakte Objekte als Endstadien der Sternentwicklung

In diesem Abschnitt wenden wir uns den kompakten Sternleichen zu, die beim stellaren Kollaps entstehen. Weiße Zwerge, Neutronensterne und Schwarze Löcher gehören mit Sicherheit zu den exotischsten Objekten, die das Universum nach dem Urknall hervorgebracht hat. In ihnen herrschen

Bedingungen, die in jeder Hinsicht als extrem zu bezeichnen sind. Die Teilchendichten, Temperaturen, Magnetfelder und Gravitationsfeldstärken übertreffen bei Weitem alles, was wir unter irdischen Bedingungen im Labor studieren können. Die Astrophysiker müssen deshalb zur Beschreibung dieser Gebilde tief in die Schatzkiste des physikalischen Grundlagenwissens greifen, von der Thermodynamik, Teilchen- und Quantenphysik, Elektrodynamik bis hin zur **Speziellen und Allgemeinen Relativitätstheorie**. Es ist daher klar, dass wir uns hier nur auf wenige Aspekte dieses umfangreichen Gebiets der astronomischen Forschung beschränken können, die von direkter Relevanz für das Thema des Buches sind.

2.6.1 Weiße Zwerge

Weiße Zwerge sind wie Neutronensterne kompakte Objekte in dem Sinn, dass in ihnen riesige Materiemengen in einen relativ kleinen Raum gepackt sind. Mit der Masse der Sonne besitzen Weiße Zwerge nur etwa das Volumen der Erde. Die Dichten in ihrem Innern sind deshalb gewaltig. Im Mittel liegen sie über 10^6 g/cm^3 und übersteigen damit das spezifische Gewicht von Wasser um das Millionenfache. Die zentrale Dichte kann sogar noch tausendmal höher sein. Die Stoffmenge einer Lokomotive ist dann auf das Volumen eines Zuckerwürfels zusammengequetscht!

Bereits kurz nach der Entdeckung des ersten und bekanntesten Weißen Zwergs, Sirius B, als Doppelsternpartner von Sirius wurde klar, dass das Objekt zwar etwa so massereich wie die Sonne ist, aber viel kleiner sein muss[5]. Trotz seiner hohen Strahlungstemperatur T von rund 8000 K, durch die sein Licht weiß erscheint, beträgt seine Leuchtkraft L nur 1/5000 der Sonne. Nach dem *Stefan-Boltzmann'schen-Strahlungsgesetz* gilt für sphärische Sterne mit der Oberfläche $4\pi R^2$, wenn sie Schwarzkörperstrahlung der Temperatur T abgeben:

$$L = 4\pi R^2 \sigma T^4 \tag{2.11}$$

mit $\sigma = 5{,}67 \times 10^{-12}\,\mathrm{W/(cm^2K^4)}$. Damit konnte durch Messung von L und T sein Radius R auf etwa 5 000 km geschätzt werden.

Wie ist es möglich, dass Sonnenmaterie, die eine Sphäre von über einer Million Kilometer Durchmesser füllt, in einem Weißen Zwerg auf die millionenfache Dichte von Blei komprimiert wird? Der Grund dafür ist die

5 Die Masse der um den gemeinsamen Schwerpunkt kreisenden Sterne lässt sich bei bekanntem oder geschätztem Abstand aus der Bahnperiode und der Bahnexzentrizität berechnen.

Tatsache, dass selbst in einem festen Körper unter irdischen Bedingungen noch sehr viel leerer Raum vorhanden ist, obwohl die Atome so dicht gepackt sind, dass sie sich gegenseitig berühren. Denn die Atomhüllen, in denen die Elektronen den Atomkern umschwirren, sind typischerweise hunderttausendmal ausgedehnter als der winzige Atomkern selbst. In Weißen Zwergen presst die Gravitationskraft die Materie so stark zusammen, dass die Abstände zwischen den Ionen auf weniger als ein Prozent ihres normalen Wertes schrumpfen. Gleichzeitig gehen die Elektronen in einen Zustand über, den man als „entartet“ bezeichnet und in dem die nach den Gesetzen der **Quantenmechanik** erlaubten Zustände im Orts- und Impulsraum so dicht wie möglich besetzt sind (siehe Kasten „Entartete Fermionengase I“, Seite 35). Dabei steigt ihre Entartungsenergie weit über ihre thermische Bewegungsenergie (Kasten „Entartete Fermionengase II“, Seite 36). Anstelle des normalen Gasdrucks liefert dann der Entartungsdruck der Elektronen (Kasten „Zustandsgleichung von Sterngasen II“, Seite 43) den Widerstand gegen weitere Kompression durch die Gravitationsanziehung und hält den Weißen Zwerg im hydrostatischen Gleichgewicht. Dem Entartungsdruck der Elektronen verdanken Weiße Zwerge also ihr stabiles Dasein. Die Sternleichen kühlen bei gleichbleibender Dichte über Jahrmilliarden durch die abgegebene Strahlung langsam aus.

Allerdings gilt dies nicht für beliebige Sternmassen. Weiße Zwerge besitzen eine obere Massengrenze. Wenn ein Großteil der entarteten Elektronen relativistische Energien erreicht (d. h., die Fermienergie muss die Ruhemassenenergie weit übersteigen; siehe Kasten „Entartete Fermionengase II“, Seite 36), flacht der Druckanstieg des Elektronengases mit der Dichte merklich ab ($P \propto \rho^{4/3}$ anstelle von $P \propto \rho^{5/3}$ im nicht relativistischen Fall, siehe Seite 43, Kasten „Zustandsgleichung von Sterngasen II“). Damit kann bei einer Kontraktion das Sterngleichgewicht nicht mehr aufrechterhalten bleiben: Weil der Druck mit wachsender Dichte nicht schnell genug zunimmt, gewinnt die Gravitation die Oberhand, und der Stern beginnt zu kollabieren. Die Existenz einer Grenzmasse für Weiße Zwerge wurde von dem großen indisch-amerikanischen Astrophysiker Subrahmanyan Chandrasekhar entdeckt, der zuerst die Bedeutung von Einsteins **Spezieller Relativitätstheorie** bei der Diskussion des entarteten Elektronengases in Weißen Zwergen erkannte. Für die nach ihm benannte *Chandrasekhar-Masse* gilt:

$$M_{\mathrm{Ch}} = 5{,}83\, Y_e^2\, M_\odot\,, \tag{2.12}$$

wobei Y_e die Anzahl der Elektronen pro **Nukleon** bedeutet. Für Helium, Kohlenstoff und Sauerstoff, deren Atomkerne jeweils genauso viele Neu-

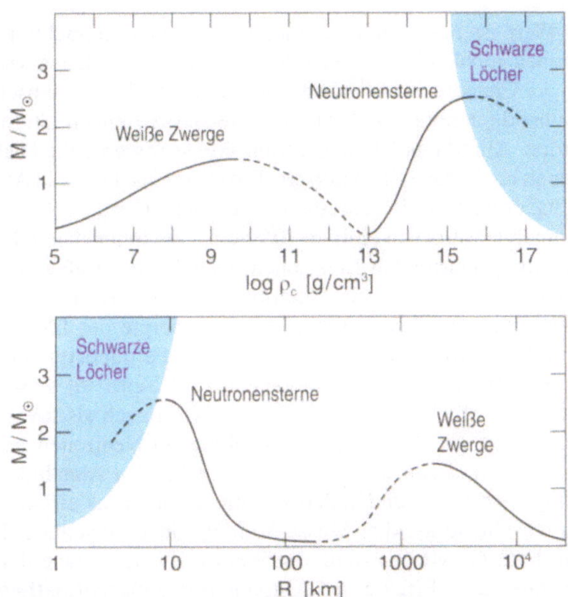

Abb. 2.9 Schematische Darstellung des Zusammenhangs zwischen Masse und Zentraldichte ρ_c (Bild oben) bzw. Sternradius R (Bild unten) von Weißen Zwergen und Neutronensternen. Ebenfalls markiert sind die Regionen, wo die Materie so stark komprimiert ist, dass sich ein Schwarzes Loch bildet. Im oberen Diagramm dringt die Kurve für Neutronensterne in diesen Bereich ein, weil die Zentraldichte des Sterns über der mittleren Dichte liegen kann, die einem Schwarzen Loch entspricht. Die Masse von Weißen Zwergen wird durch die Chandrasekhar-Masse begrenzt. Der genaue Verlauf der Kurve hängt von der Zustandsgleichung dichter Sternmaterie ab. Vor allem in Neutronensternen sind die Bedingungen jenseits von Atomkerndichte sehr unsicher. Aus diesem Grund ist die Maximalmasse von Neutronensternen nicht genau bekannt und könnte zwischen etwa 1,5 und 3 Sonnenmassen liegen. Die gestrichelten Linienstücke repräsentieren Abschnitte, in denen Sterne kein stabiles hydrostatisches Gleichgewicht besitzen und daher nicht existieren.

tronen wie Protonen enthalten, ist $Y_e = 0{,}5$. Damit ergibt sich der kanonische Wert der maximalen Masse eines He- oder C+O-Weißen-Zwerges zu $M_{\mathrm{Ch}} = 1{,}457\, M_\odot$.

! Die absolute Obergrenze für die Masse (nicht rotierender) Weißer Zwerge ist durch die Chandrasekhar-Masse von 1,457 $M_\odot$ gegeben.

Dieser Wert ist das Ergebnis einer idealisierten Betrachtung, bei der die Elektronen nicht miteinander oder mit anderen Teilchen wechselwirken. Nach der Chandrasekhar'schen Theorie würde die Massenschranke im Grenzfall unendlich hoher Dichte und bei verschwindendem Sternradius erreicht werden. Allerdings ist im Zentrum Weißer Zwerge die Dichte schon weit vorher so hoch, dass physikalische Prozesse einsetzen, die Abweichungen von Chandrasekhars Beschreibung nach sich ziehen.

So beginnen jenseits von einigen 10^9 g/cm^3, die Ionen des stellaren Plasmas die sie umschwirrenden Elektronen einzufangen. Dabei wandelt sich ein Proton im Atomkern in ein Neutron um, was wegen des energetisch höheren Zustands des Neutrons eine Mindestenergie des Elektrons erfordert. Der Prozess wird daher möglich, wenn die Fermienergie der Elektronen (siehe Kasten „Entartete Fermionengase II“, Seite 36) diese Schwelle überschreitet. Ein solcher Elektroneneinfang wird auch als **inverser Betazerfall** bezeichnet. Er führt zu einer Zunahme der Neutronenzahl (der sogenannten *Neutronisierung*) und einer entsprechenden Abnahme der Elektronenhäufigkeit relativ zur Nukleonenzahl, wodurch es effektiv zu einer Reduktion der Chandrasekhar-Masse kommt (siehe Gleichung 2.12). Außerdem wird das Gravitationsfeld von Weißen Zwergen nahe der Massengrenze so stark, dass Effekte der **Allgemeinen Relativitätstheorie** nicht mehr ganz vernachlässigt werden können. Auch die stärkere relativistische Gravitation wirkt destabilisierend und bewirkt, dass die maximale Masse Weißer Zwerge etwas geringer ist als der von Chandrasekhar berechnete Wert. Der Anstieg der Weißen-Zwerg-Masse bis zur Stabilitätsgrenze als Funktion zunehmender Zentraldichte und mit abnehmendem Sternradius ist in Abbildung 2.9 skizziert. In der Abbildung 2.4 markiert die rote Todeszone am rechten unteren Rand die Bedingungen, wo die Gravitationsinstabilität aufgrund der beschriebenen speziell- und allgemeinrelatistischen Effekte einsetzt.

2.6.2 Neutronensterne

Sind Weiße Zwerge bereits sehr exotische Objekte, stellen Neutronensterne unsere Vorstellungskraft vor noch größere Herausforderungen. Mit ähnlicher Masse wie Weiße Zwerge sind sie eine Million Mal dichter und hundertmal kleiner als diese. Bei einem Radius von zehn Kilometern und eineinhalb Sonnenmassen herrschen an ihrer Oberfläche zweihundertmilliardenfach höhere Gravitationskräfte als auf der Erde! Um von der Oberfläche eines Neutronensterns zu entkommen, müsste eine Rakete auf 200 000 km/s, also 2/3 der Lichtgeschwindigkeit, beschleunigt werden (auf

Abb. 2.10 Fritz Zwicky (1898–1974), ebenso launischer wie brillanter amerikanischer Astronom schweizer Herkunft, der zusammen mit seinem deutschen Kollegen Walter Baade (1893–1960) im Jahr 1933 die Existenz von Neutronensternen prophezeite und deren Entstehung als Sternruinen bei Supernovaexplosionen vermutete. Sein Lebenswerk umfasst nicht nur die erste Klassifizierung von Supernovae, sondern auch systematische Beobachtungen von Galaxien, die ihn zu der Hypothese führten, dass es unsichtbare „Dunkle Materie" geben müsse, deren Gravitationskraft für die Stabilität dieser kosmischen Strukturen sorgt.

der Erde beträgt die Fluchtgeschwindigkeit dagegen nur elf Kilometer pro Sekunde). Zur genauen Beschreibung von Körpern, bei denen so extreme Gravitationsfeldstärken herrschen, sind die von Albert Einstein entwickelten Gleichungen der **Allgemeinen Relativitätstheorie** unverzichtbar.

Schon unmittelbar nach der Entdeckung des Neutrons als Baustein von Atomkernen durch Chadwick im Jahr 1932 spekulierte Landau über die mögliche Existenz kalter, dichter Sterne aus Neutronen. Ohne von Landaus unpublizierter Idee zu wissen, äußerten Walter Baade und Fritz Zwicky (Abbildung 2.10) in einer Veröffentlichung in der Zeitschrift *Physical Review* aus dem Jahr 1934 einen ähnlichen Gedanken und vermuteten in genialer Weitsicht, dass Neutronensterne die kompakten Sternruinen sind, die eine Supernovaexplosion hinterlässt. Es dauerte dann aber noch mehr als 30 Jahre, bis 1967 eher aus Zufall mit einer neuen Riesenantenne nahe dem

Abb. 2.11 Krebsnebel mit Krebspulsar. Der Krebsnebel in rund 6500 Lichtjahren Entfernung ist der gasförmige Überrest eines Sterns, von dessen Supernovaexplosion das Licht die Erde im Jahr 1054 erreichte. Im Zentrum sitzt der Krebspulsar; *rechts* eine kombinierte Detailaufnahme des Pulsars mit seinem Windnebel im Röntgenbereich (blau) und im Optischen (rot) durch das Weltraumteleskop *Hubble*. Er dreht sich dreißigmal in der Sekunde um seine eigene Achse und schleudert dabei hochenergetische Teilchen aus, die das Innere des Supernovaüberrests zu bläulichem Leuchten anregen. Die äußeren, fransigen Filamente enthalten vor allem Wasserstoff und Helium des bei der Explosion zerstörten Sterns.

britischen Cambridge die ersten periodischen Radiosignale aus einer Quelle aufgefangen wurden, die ihre Entdecker **Pulsar** nannten. Jocelyn Bell und ihr Doktorvater Antony Hewish, der dafür später den Nobelpreis erhielt, hatten einen neuen Sterntypus aufgespürt, dessen beobachtete Eigenschaften sich nur durch einen schnell rotierenden Neutronenstern erklären ließen, welcher gebündelte Strahlung gleich dem Lichtkegel eines Leuchtturms regelmäßig zur Erde schickte. Die nahezu gleichzeitige Entdeckung der Pulsare im Krebsnebel (Abbildung 2.11) und im Velanebel, die beide die gasförmigen Überreste von Supernovae sind, war der endgültige Beleg für die Entstehung von Neutronensternen bei Sternexplosionen.

Wegen der außergewöhnlichen Bedingungen, die in ihnen herrschen müssen, zweifelten viele Forscher bis zu diesen bahnbrechenden Beobachtungen an der Existenz von Neutronensternen. Theoretische Modelle sagen, dass unter einer dünnen Atmosphäre, die von den brachialen Gravitationskräften auf wenige Zentimeter Höhe zusammengequetscht wird, eine feste Krustenschicht von rund einem Kilometer Dicke folgt. Diese umschließt einen flüssigen Sternkern, der so extrem verdichtet ist, dass sich die Atomkerne berühren und ihre Identität verlieren. Sie gehen in eine homogene Phase aus freien Neutronen über im Verbund mit einem geringen, verbleibenden Anteil von Protonen, deren positive Ladung durch eine gleich große Zahl negativer Elektronen ausgeglichen wird. Dieser *nukleare Phasenübergang* geschieht bei Dichten oberhalb von rund 2×10^{14} g/cm^3, also bei noch einmal hunderttausendfach höheren Dichten als im Zentrum der schwersten Weißen Zwerge (siehe Abbildung 2.13 und Kasten „Zustandsgleichung von Sterngasen III“ mit Abbildung 2.12). Ein Fingerhut voll Neutronenstern-

? Zustandsgleichung von Sterngasen III

Bei den Temperaturen und Dichten in gewöhnlichen Sternen und auch in Weißen Zwergen sind die Bausteine der Atomkerne, die positiven Protonen und elektrisch ungeladenen Neutronen, in den Ionen gebunden. Da das Sternplasma elektrisch neutral ist, werden diese schweren, positiven Ionen von einem Meer aus den viel leichteren, negativ geladenen Elektronen sowie den Photonen der Sternstrahlung umspült.

Der Zustand des Ionenmediums hängt dabei von der Dichte und Temperatur ab (Abbildung 2.12). Während unter normalen Sternbedingungen auch die Ionen einen gasförmigen Zustand einnehmen, organisieren sie sich bei hohen Dichten und gleichzeitig relativ niedrigen Temperaturen in eine kristallgitterartige Phase, wo sie nicht frei wie in einem Gas herumfliegen, sondern an festen Gitterplätzen wie in einem Kristall sitzen. Steigt die Temperatur auf Werte um 10^{10} K, gibt es unter den immer vorhandenen Strahlungsteilchen so energiereiche Gammaquanten, dass diese die schweren Ionen in sogenannten **Photodissoziationsreaktionen** zu α-Teilchen (Heliumatomkernen) zu zerlegen beginnen (Abbildung 2.7). Bei noch höheren Temperaturen reicht dann die Energie der Photonen aus, um die α-Teilchen in freie **Nukleonen** zu zertrümmern. Aus jedem α-Teilchen werden so zwei Neutronen und zwei Protonen erzeugt. Oberhalb von rund 2×10^{14} g/cm^3 erreicht die Dichte Werte wie in Atomkernen, und die Ionen sind so eng gepackt, dass sie sich berühren. Die Neutronen und Protonen bleiben dann nicht länger in den Ionen gebunden, sondern verlassen sie und gehen in eine homogene ►

▶ Nukleonenphase über. Sie wechselwirken miteinander durch die **starke Kernkraft**, die zunächst anziehend wirkt, bei sehr kleinen Abständen aber eine stark abstoßende Wirkung besitzt. Daher setzt das Nukleonenmedium einer weiteren Verdichtung starken Widerstand entgegen (man sagt, Atomkernmaterie besitzt eine sehr hohe *Inkompressibilität*).

Wird durch die gewaltige Gravitationsanziehung im Innern von Neutronensternen die Materie dennoch weiter zusammengequetscht, können neue, exotische Materieformen auftreten. Neben den Nukleonen können dann Teilchen entstehen, die unter Laborbedingungen nicht oder nur extrem kurzzeitig existieren. Bei ganz extremen Dichten von über 10^{15} g/cm^3 oder Temperaturen jenseits von einer Billion Kelvin (10^{12} K) vergehen die Nukleonen in einem **Quark-Gluonen-Plasma**. In diesem Zustand verlieren die Kernbausteine ihre Existenz als individuelle Teilchen, und die Bausteine der Nukleonen, die **Quarks**, bilden mit den Austauschteilchen der starken Kernwechselwirkung, den **Gluonen**, eine Art „Ursuppe". Außer im Innern von heißen Neutronensternen herrschte solch ein Zustand nur wenige millionstel Sekunden nach dem Urknall. Riesige Experimentiermaschinen wie der Large Hadron Collider (LHC) am europäischen Teilchenforschungsinstitut CERN bei Genf beschleunigen Protonen auf fast Lichtgeschwindigkeit und lassen sie dann zusammenstoßen, um auf solche Weise diesen exotischen Urzustand der Materie für einen winzigen Moment im Labor zu erzeugen.

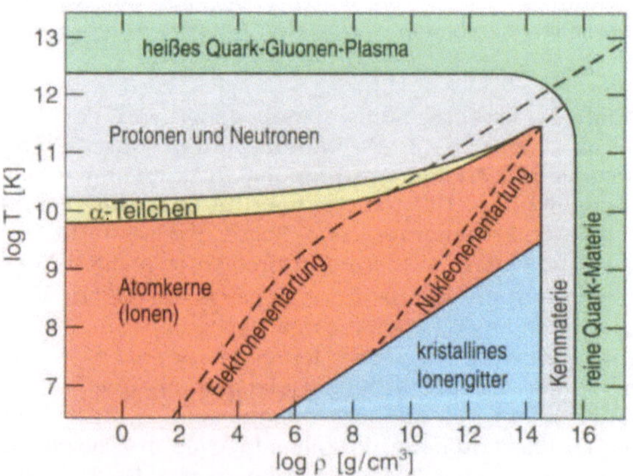

Abb. 2.12 Verschiedene Phasenzustände von Sternmaterie als Funktion der Dichte ρ und Temperatur T. Die gestrichelten Linien deuten die Bedingungen an, bei denen die Elektronen bzw. die Nukleonen (Neutronen und Protonen) zu entarten beginnen.

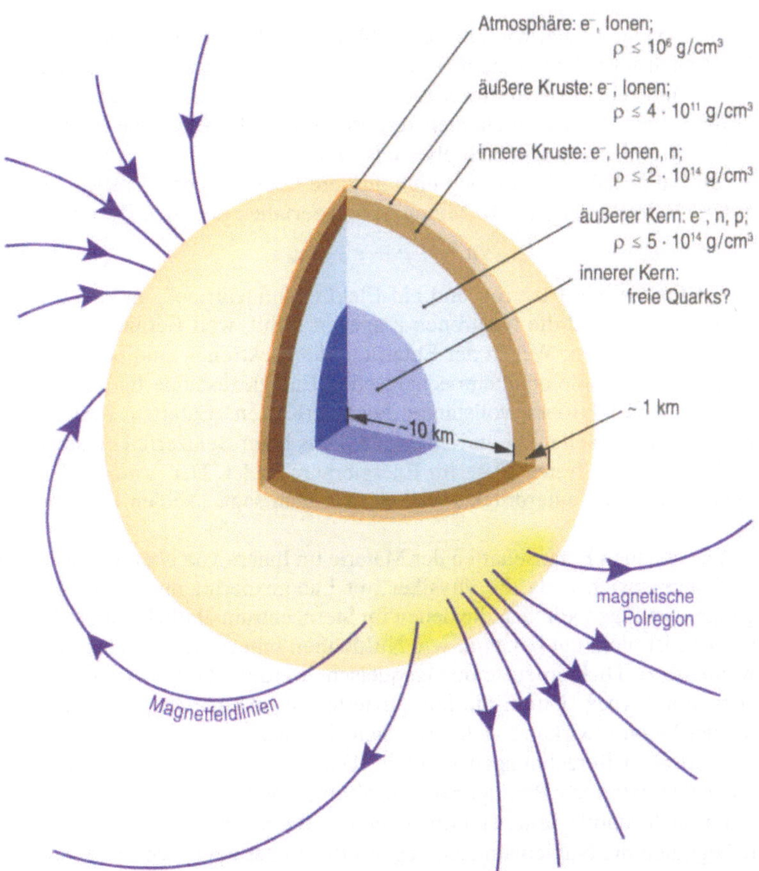

Abb. 2.13 Aufbau eines Neutronensterns. Unter der dünnen Atmosphäre aus Elektronen und Ionen, die eine Stärke von wenigen Zentimetern hat, sitzt eine feste, äußere Kruste, in der ein Kristallgitter aus schweren Atomkernen von einem entarteten Gas relativistischer Elektronen umgeben ist. In der folgenden inneren Kruste existieren außer sehr neutronenreichen Atomkernen und Elektronen auch freie Neutronen. Der Kern innerhalb der festen Kruste befindet sich im flüssigen Zustand. Im äußeren Kern sind die Atomkerne zu freien Neutronen und Protonen zerlegt. Protonen und in gleicher Zahl Elektronen kommen wesentlich seltener vor als Neutronen. Möglicherweise gibt es einen inneren Kern, dessen Zusammensetzung jedoch rätselhaft ist. Statt der Nukleonen könnten dort freie Quarks vorkommen oder exotische Teilchen, die unter Laborbedingungen nur für extrem kurze Zeiten stabil wären.

materie wiegt so viel wie alle sechs Milliarden Menschen zusammen! Ein Neutronenstern ähnelt einem riesigen Atomkern aus etwa 90 Prozent Neutronen und zehn Prozent Protonen, der durch die gigantischen Gravitationskräfte seiner Materie zu Dichten komprimiert wird, welche die in gewöhnlichen Atomkernen zehnfach übersteigen.

Im Labor haben Neutronen eine mittlere Lebensdauer von etwa 15 Minuten (Halbwertszeit ca. 10 Minuten) und zerfallen über den **Betaprozess**,

$$n \rightarrow p + e^- + \bar{\nu}_e \,, \tag{2.13}$$

in ein Proton, ein Elektron und ein Elektronantineutrino[6]. In kalten Neutronensternen sind die Neutronen hingegen stabil, weil **Betazerfälle** nicht stattfinden können. Wegen der Entartung der Elektronen sind bei der Temperatur $T = 0$ alle quantenmechanischen Energiezustände bis zur Fermienergie der Elektronen vollständig besetzt (Kästen „Entartete Fermionengase I und II“, Seiten 35 und 36), sodass das beim Betazerfall entstehende Elektron keinen freien Platz im Energieraum findet. Der prinzipiell mögliche Prozess ist unterdrückt, weil er, wie man sagt, „keinen Phasenraum hat“.

Die genauen Eigenschaften der Materie im Innern von Neutronensternen sind sehr unsicher, da die Physiker mit Laborexperimenten keine Bedingungen erzeugen können, die denen im Sternzentrum ähnlich wären. Insbesondere ist nicht gut bekannt, wie **Nukleonen** miteinander wechselwirken, wenn sie zu Dichten zusammengequetscht werden, die höher sind als die von Atomkernen. Durch die komplizierten quantenmechanischen Effekte bei der Wechselwirkung vieler Teilchen sind auch keine zuverlässigen mathematischen Berechnungen möglich. Daher ist nicht verstanden, ob sich unter den extremen Bedingungen in Neutronensternen vielleicht neue, im Labor nicht stabile Teilchen bilden können. Bei mehrfacher Atomkerndichte beginnen die Nukleonen sich gegenseitig zu berühren, weil ihre Abstände geringer werden als ihr charakteristischer Durchmesser von ca. 10^{-15} m. Es ist dann gut möglich, dass die Neutronen und Protonen trotz der starken abstoßenden Kräfte, die bei kleinen Distanzen ihrer weiteren Annäherung entgegenwirken, ihre Existenz als wohldefinierte Teilchen verlieren und in einem erneuten **Phasenübergang** zu einer „Suppe“ aus ihren Bausteinen, den **Quarks**, vergehen. Außer dem frühen Universum nur Bruchteile von Sekunden nach dem Urknall sind Neutronensterne der einzige Ort, an dem freie Quarks unter stabilen Bedingungen existieren könnten.

---

6 Es war dieser Prozess, der Wolfgang Pauli 1930 dazu führte, die Existenz von Neutrinos zu postulieren, da sonst wegen der kontinuierlichen Energieverteilung des erzeugten Elektrons die Energieerhaltung nicht gewährleistet wäre.

Da Neutronen ebenso wie Elektronen Fermionen sind, gilt die Chandrasekhar'sche Theorie für die Grenzmasse Weißer Zwerge analog auch für Sterne, die durch den Entartungsdruck der Neutronen stabilisiert werden. Wegen der rund zweitausendfach höheren Masse der Neutronen tritt deren Entartung aber erst bei viel höheren Dichten ein als die der Elektronen (siehe Kasten „Entartete Fermionengase II", Seite 36), sodass Neutronensterne viel kompakter und kleiner sind als Weiße Zwerge. Für extrem relativistische Neutronen im Grenzfall unendlicher Dichte berechnet sich nach Chandrasekhars Formeln eine Maximalmasse von 5,73 $M_{\odot}$. Allerdings ist bei Neutronensternen die von Chandrasekhar anwandte klassische Newton'sche Beschreibung der Schwerkraft nicht mehr gültig. Stattdessen muss die **Allgemeine Relativitätstheorie** mit ihren stärkeren Gravitationseffekten berücksichtigt werden. Außerdem verhalten sich Neutronen und Protonen im Innern von Neutronensternen anders als die Elektronen in Weißen Zwergen. Sie sind keine idealen Gase wechselwirkungsloser Teilchen, deren Zustandsgleichung je nach herrschender Dichte und Temperatur durch die Gleichungen (2.1), (2.9) oder (2.10) beschrieben wird. Stattdessen sind die Wechselwirkungen zwischen den **Nukleonen** mittels anziehender und abstoßender Kräfte für die Beschreibung von Neutronensternmaterie essenziell. Beide, allgemeinrelativistische Effekte und die Wechselwirkungen der Nukleonen, führen zu einer deutlich anderen Maximalmasse als die Chandrasekhar-Theorie.

Da jedoch wie oben erwähnt der genaue Zustand von Materie im Zentrum von Neutronensternen und die Wechselwirkungen der Teilchen dort sehr unsicher sind, gibt es keine theoretisch gesicherte Vorhersage für den genauen Wert dieser Grenzmasse. Er könnte irgendwo zwischen 1,5 $M_{\odot}$ und etwa 3 $M_{\odot}$ liegen. Die in Abbildung 2.9 skizzierte Beziehung von Masse und Radius bzw. Zentraldichte für Neutronensterne sowie die Lage des Kurvenmaximums sind für jedes theoretische Modell charakteristisch. Astronomen sind daher fieberhaft bemüht, möglichst schwere Neutronensterne aufzustöbern und ihre Masse so gut es geht zu messen, denn eine genauere Einschränkung der Maximalmasse kann wertvolle Erkenntnisse über die rätselhaften Eigenschaften der hochdichten Materie im Neutronensterninnern liefern.

Neutronensterne können auch keine beliebig kleine Masse haben. Wenn die Dichte zu weit abfällt, beginnen die freien und in neutronenreichen Atomkernen gebundenen Neutronen über den Betaprozess (Gleichung 2.13) zu zerfallen. Die absolute untere Grenzmasse liegt in der Nähe von 0,1 $M_{\odot}$. Allerdings erwartet man für Neutronensterne, die bei Supernovaexplosionen entstehen, Massen von mehr als einer Sonnenmasse. Entsprechend wurden in allen Fällen, bei denen bis jetzt (meist nur mit erheblichen Fehlern) die Masse bestimmt werden konnte, Werte zwischen etwa 1,25 $M_\odot$ und rund 2 $M_\odot$ gefunden.

Schätzungsweise gibt es eine Milliarde Neutronensterne in der Milchstraße, von denen allerdings bislang erst einige Tausend entdeckt wurden. Astronomisch treten rotierende Neutronensterne als Quellen von Radiostrahlung in Erscheinung. Die riesigen kosmischen Kreisel schleudern mit ihren Magnetfeldern, die billionenfach stärker als das irdische sind, geladene Teilchen mit nahezu Lichtgewindigkeit in den interstellaren Raum (Abbildung 2.11). Dabei erzeugen die Teilchen die erwähnten periodischen Radiopulse und bringen Gas in der Umgebung der Neutronensterne durch Kollisionen zum Glühen. Nach der Entstehung beim Kollaps eines Sterns sind Neutronensterne viele Milliarden Grad heiß und bleiben über hunderttausend Jahre durch ihre hochenergetische Röntgenstrahlung sichtbar.

In engen Doppelsternen können sie dem Begleitstern Materie entreißen, die dann auf Spiralbahnen dem Neutronenstern entgegenstürzt, um sich in einer *Akkretionsscheibe* um die Sternruine zu sammeln. Das Gas heizt sich dabei auf über zehn Millionen Grad auf und leuchtet hell im Röntgenlicht. Einige Neutronensterne haben einen anderen Neutronenstern als Partner in einem Binärsystem. Solche Objekte sind besonders interessant, weil die sehr kompakten Sterne sich extrem nahe kommen können und sich mit rasender Geschwindigkeit umwirbeln. Die Astrophysiker können an diesen Systemen in höchster Präzision Effekte messen, die von der Einstein'schen Gravitationstheorie vorhergesagt werden und nirgendwo sonst in solcher Stärke beobachtbar sind. Wir werden in Kapitel 3.9.3 noch mehr von Doppelneutronensternen erfahren.

2.6.3 Schwarze Löcher

Sowohl Weiße Zwerge als auch Neutronensterne besitzen eine maximale Masse. Wenn ein Neutronenstern darüber hinaus Materie **akkretiert** oder wenn ein zusammenstürzender stellarer Kern zu schwer ist, um einen Neutronenstern zu bilden, gibt es keine bekannte Physik, die seinen Kollaps verhindern könnte. Verdichtet sich die Materie immer mehr, wird schließlich die Gravitation so gewaltig, dass selbst Licht ihr nicht mehr entkommen kann – ein *Schwarzes Loch* entsteht.

Die Möglichkeit Schwarzer Löcher ist eine der spektakulärsten Implikationen der **Allgemeinen Relativitätstheorie**. Bereits wenige Monate nach deren Veröffentlichung durch Albert Einstein gelang es Karl Schwarzschild, die analytische Lösung für das Gravitationsfeld um eine kugelförmige Masse aus dieser Theorie abzuleiten. Doch weder er noch Einstein erkannten, dass diese Schwarzschild-Lösung bereits die vollständige Beschreibung des Feldes im Außenbereich eines nicht rotierenden Schwarzen Loches enthielt. Die Bildung Schwarzer Löcher wurde über viele Jahrzehnte hinweg nicht ernst genommen oder sogar vehement angezweifelt, obwohl Chandrasekhars Berechnungen eine obere Massengrenze für Sterne vorhersagten, bei denen der Druck durch ein relativistisches, entartetes Fermionengas erzeugt wird. Nach der exakten Chandrasekhar-Theorie soll die Grenzkonfiguration sogar einen beliebig kleinen Radius und eine unendlich hohe Dichte besitzen. Die Existenz Schwarzer Löcher gilt aber als nahezu sicher, wenngleich sie nicht endgültig bewiesen ist[7].

Schwarze Löcher sind die ultimativen Extremisten im Universum. Sie sind Bereiche in der **Raumzeit**, die nicht mit der Außenwelt kommunizieren können, weil aus ihnen keine Signale, insbesondere auch nicht mehr die Photonen des Lichts, nach außen dringen. Der Rand solcher Regionen stellt die „Oberfläche“ des Schwarzen Lochs dar, auch *Ereignishorizont* oder *Schwarzschildradius* genannt. Für eine (nicht rotierende) Masse M ergibt sich dieser Radius zu

$$R_\mathrm{s} = \frac{2GM}{c^2} \approx 3\,\mathrm{km}\,\frac{M}{M_\odot}\,, \tag{2.14}$$

wobei $G = 6{,}67 \times 10^{-8}\,\mathrm{cm}^3/(\mathrm{g\,s}^2)$ die Gravitationskonstante und $c = 2{,}9979 \times 10^{10}\,\mathrm{cm/s}$ die Lichtgeschwindigkeit ist. Für die Masse der Sonne beträgt der Schwarzschildradius rund drei Kilometer. Man müsste die Sonne also von ihrem Durchmesser von rund 1,4 Millionen Kilometern auf nur 6 Kilometer komprimieren, um sie in ein Schwarzes Loch zu verwandeln.

Es ist interessant, dass das Ergebnis der Gleichung (2.14) ganz ohne **Spezielle und Allgemeine Relativitätstheorie** mit einer rein klassischen Betrachtung motiviert werden kann. Der Radius R_s ergibt sich, wenn an der Oberfläche einer kugelförmigen Masse M die gravitative Bindungsenergie für eine Testmasse m so groß ist, dass die Testmasse den höchsten möglichen Wert der klassischen kinetischen Energie besitzen muss, um dem Gravitationsfeld gerade noch zu entkommen. Akzeptiert man, dass die maximal mögliche Geschwindigkeit die des Lichts ist, erhält man die Beziehung:

$$\frac{1}{2}mc^2 = \frac{GMm}{R_\mathrm{s}}\,. \tag{2.15}$$

7 Genaueres hierzu kann der Leser im Band *Schwarze Löcher* dieser Reihe erfahren.

Die rechte Seite gibt dabei die gravitative Bindungsenergie der Masse m im Feld der Masse M an. Löst man nach R_s auf, folgt als Resultat Gleichung (2.14). Natürlich darf man diese „Herleitung“ des Schwarzschildradius nicht wirklich ernst nehmen. Weder darf bei den angenommenen starken Feldern das Newton'sche Gravitationsgesetz angewendet werden, noch gilt die klassische Relation $\frac{1}{2}mv^2$ für die kinetische Energie, wenn die Geschwindigkeit v in die Nähe der Lichtgeschwindigkeit kommt. Dennoch kann Gleichung (2.15) gut als Merkhilfe für die Größe Schwarzer Löcher dienen.

Ein Objekt wird also zum Schwarzen Loch, wenn sein Radius unter den seiner Masse entsprechenden Ereignishorizont schrumpft. Dabei müssen Schwarze Löcher nicht unbedingt sehr schwer sein. Im Zentrum der Milchstraße befindet sich so ein Schwerkraftmonster mit rund vier Millionen Sonnenmassen, und Beobachtungen legen nahe, dass die meisten, wenn nicht alle, Galaxien ebenso um zentrale *supermassereiche Schwarze Löcher* rotieren. Die größten davon besitzen sogar mehrere Milliarden Sonnenmassen. Beim Kollaps schwerer Sterne entstehen dagegen *stellare Schwarze Löcher* mit vielleicht drei bis über 100 Sonnenmassen. In dichten Sternhaufen entreißen solche Materiefallen vorbeiziehenden Sternen weiteres Gas und dürften durch ihre Gefräßigkeit noch deutlich wachsen. Der *Large Hadron Collider* am Europäischen Teilchenforschungszentrum CERN bei Genf, das gigantischste jemals von Menschen geschaffene Beschleunigerexperiment, könnte bei brachialen Kollisionen fast lichtschneller Kernbauteilchen Schwarze Löcher im Miniaturformat erzeugen, mit Massen ähnlich denen subatomarer Partikel. Diese würden jedoch nur extrem kurze Zeit existieren, denn kein Schwarzes Loch lebt ewig. Auch Schwarze Löcher geben Strahlung ab, die nach ihrem Entdecker (besser: „Erdenker“), dem britischen Physiker Stephen Hawking, benannt ist. Sie wird in unmittelbarer Nähe des Ereignishorizonts erzeugt und ist für stellare oder supermassereiche Schwarze Löcher unmessbar schwach. Bei Mini-Schwarzen-Löchern wäre dies jedoch anders, und durch die Hawking-Strahlung würde deren Lebensdauer auf winzigste Bruchteile einer Sekunde beschränkt.

Was mit Materie geschieht, wenn sie von einem Schwarzen Loch verschlungen wird, ist nicht bekannt. Hat sie den Ereignishorizont erst überschritten, gibt es kein Halten mehr. Keine bekannte Kraft kann ihren weiteren Kollaps stoppen. Würde ein Raumschiff sich dem Schwarzschildradius eines stellaren Schwarzen Lochs nähern, würden gewaltige Gezeitenkräfte an ihm zerren. Es würde zu einem langen, dünnen Stab gedehnt und zerfetzt, *spaghettifiziert*, wie Stephen Hawking es beschrieb. Im Gegensatz dazu könnte das Schiff den Ereignishorizont eines sehr ausgedehnten und damit massereichen Schwarzen Lochs passieren, ohne dabei nennenswert gezerrt oder gequetscht zu werden. Anders als ihre stellaren Geschwister üben supermassereiche Schwarze Löcher nur harmlose Gezeitenkräfte auf Körper solcher Größe aus, und das Raumschiff könnte das Eintauchen in den Ereignishorizont unbeschadet überstehen. Allerdings würde den Raumfahrern auch hier auffallen, dass sie jeden Kontakt zur Außenwelt verlieren. Zunächst würde beim (langsamen) Anflug ans Schwarze Loch ihre Sicht auf das Universum zu einem immer enger werdenden „Guckloch" zusammenschrumpfen, das sich am Ereignishorizont schließlich zu einem hellen, vom Schwarzen Loch weggerichteten Punkt verdichtet[8]. Ab diesem Moment könnte umgekehrt keine Funkbotschaft der Astronauten mehr dem Sog des Schwerkraftstrudels entkommen, und sie könnten uns ihr weiteres Schicksal nicht mitteilen. Allerdings könnten wir ihre Botschaften ohnehin nicht erwarten. Ein entfernter Beobachter würde das Raumschiff am Ereignishorizont gleichsam „einfrieren" sehen, wobei die von ihm stammenden Signale zunehmend schwächer und in der Frequenz rotverschoben würden.

Der Innenbereich Schwarzer Löcher ist damit einer Beobachtung komplett entzogen. Nach den Gleichungen der Allgemeinen Relativitätstheorie sitzt im Zentrum eine physikalische *Singularität* mit unendlich hoher Gravitationsfeldstärke. In diesem Punkt wäre die Materie unendlich stark verdichtet, eine Tatsache, die den Zusammenbruch der zugrunde liegenden Theorie signalisiert. Auf kleinstem, subatomarem Raum herrschen jedoch die Gesetze der **Quantenmechanik**, und deren Konzepte müssten mit denen der Allgemeinen Relativitätstheorie in Einklang gebracht werden. Nach solch einer vereinheitlichten Beschreibung von Quanteneffekten und Gravitationsphysik, der sogenannten *Quantengravitation*, suchen die Theoretiker fieberhaft, ohne jedoch bislang den entscheidenden Durchbruch erzielt zu haben. Ob sich im Zentrum eines Schwarzen Loches tatsächlich eine Singularität befindet, wissen wir demnach nicht. Solange diese sich jedoch innerhalb des Ereignishorizonts verbirgt, ist sie von der Außenwelt kausal entkoppelt und hat auf sie keinen Einfluss. Zur Beschreibung des beobachtbaren Universums können wir daher weiterhin die Allgemeine Relativitätsheorie anwenden, obwohl diese Theorie im Innern Schwarzer Löcher ihre Gültigkeit verliert.

Schwarze Löcher lassen sich nicht direkt beobachten, sondern nur durch ihre Wirkung auf die Umgebung. Materie, die in den Gravitationsstrudel eines Schwarzen Lochs gerät, heizt sich bei ihrer spiralförmigen Annähe-

8 Schöne Visualisierungen zu diesem Thema finden sich unter der Internet-Adresse http://www.tempolimit-lichtgeschwindigkeit.de/reiseziel/reiseziel.html.

rung sehr stark auf, da die Kompression und innere Reibungskräfte (mittels der Wirkung von Magnetfeldern) gravitative Energie in thermische Energie umwandeln. Kurz bevor das heiße Plasma für immer im Schwarzen Loch verschwindet, sendet es intensive Strahlung aus.

! Schwarze Löcher machen sich durch ihre Gravitationswirkung bemerkbar. Gas, das von einem Schwarzen Loch verschluckt wird, wird kurz zuvor sehr heiß und beginnt dadurch zu leuchten.

So werden Schwarze Löcher, wenn sie in den Zentren sich entwickelnder Galaxien Gas an sich reißen, als Quasare und aktive galaktische Kerne sichtbar, und stellare Schwarze Löcher, von einem Begleitstern gefüttert, erstrahlen als helle Quellen von Röntgenlicht. Kosmische Gammablitze, so vermuten die Astronomen, markieren die Geburtsereignisse stellarer Schwarzer Löcher. Dabei führt die **Akkretion** großer Materiemengen innerhalb von Sekunden zu einer gigantischen Freisetzung von Energie. Diese ist Ursache der gleißend hellen Ausbrüche von Gammastrahlung, die wir sogar aus der Frühzeit des Universums und Distanzen von mehr als 13 Milliarden Lichtjahren mit Messgeräten auffangen können. Kosmische Gammablitze werden wir in Kapitel 3.9 noch genauer betrachten.

Kapitel 3

Sternkollaps und Supernovaexplosion

Wir wenden uns nun dem physikalischen Geschehen zu, das sich beim Tod massereicher Sterne abspielt. Sterne, die bei ihrer Geburt schwerer sind als die achtfache Masse der Sonne, sterben in einem viel dramatischeren Todeskampf als leichtere Sterne. Während diese als Weiße Zwerge enden, kollabiert der innere Kern eines massereichen Sterns, der die Asche aller Brennzyklen enthält, in weniger als einer Sekunde zu einem Neutronenstern oder einem Schwarzen Loch (siehe Kapitel 2.6). Dabei werden gewaltige Mengen gravitativer potenzieller Energie frei. Ein kleiner Bruchteil dieser Energie treibt eine Explosionswelle, die den Vorläuferstern mit Spitzengeschwindigkeiten bis zu 50 000 Kilometer pro Sekunde (das sind fast 17 Prozent der Lichtgeschwindigkeit!) zerfetzt und seine Materie in den interstellaren Raum schleudert. Im Zentrum der auseinanderstiebenden Sterngase bleibt das kompakte Objekt als Überrest zurück (Abbildung 3.1).

Warum es zum Gravitationskollaps kommt und was die dann folgende Supernovaexplosion auslöst, soll Thema dieses Kapitels sein.

3.1 Zunehmende Entartung und Gravitationskollaps

Der Druck, der den ausgebrannten stellaren Kern gegen seine Gravitation im Gleichgewicht hält, wird wie in einem Weißen Zwerg hauptsächlich vom Entartungsdruck der Elektronen geliefert (siehe Kasten „Zustandsgleichung von Sterngasen II“ auf Seite 43). Aus Kapitel 2 wissen wir, dass dieser Elektronendruck einen kompakten Stern nur dann im Schwerkraftfeld seiner eigenen Materie stabilisieren kann, wenn die Sternmasse die Chandrasekhargrenze von rund 1,4 Sonnenmassen nicht überschreitet. Erlischt das nukleare Feuer im Zentrum eines massereichen Sterns, kommt der ausge-

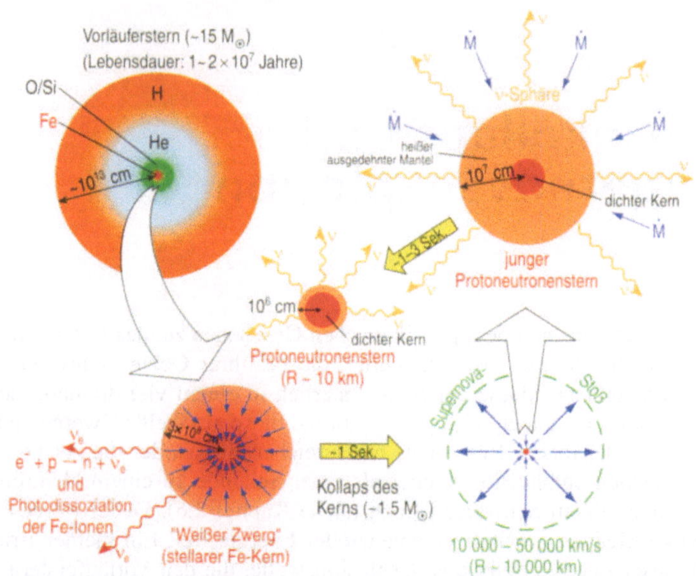

Abb. 3.1 Entwicklungsweg vom Kollaps des stellaren Kerns zum Neutronenstern. Der einem heißen Weißen Zwerg ähnelnde Eisenkern eines Sterns mit 15 Sonnenmassen (links unten vergrößert) kollabiert im Bruchteil einer Sekunde zu einem Protoneutronenstern, dem heißen Vorläufer eines Neutronensterns. Dabei kommt es zur Bildung einer Stoßwelle, die die äußeren Schichten des sterbenden Sterns in einer Supernovaexplosion ausschleudert. Der Protoneutronenstern, auf den anfangs weiter Materie des kollabierenden stellaren Kerns „regnet" (die Pfeile mit dem Symbol $\dot{M}$ deuten diesen Materiestrom an), kühlt durch Abstrahlung von Neutrinos und kontrahiert zu einem kompakten Objekt. Danach entwickelt er sich innerhalb etlicher zehn Sekunden durch weitere Neutrinoverluste zum kalten Neutronenstern.

brannte Kern dieser kritischen Grenze bereits gefährlich nahe. Die Situation verschärft sich kontinuierlich, weil die den Kern umgebende Schalenquelle (siehe Abbildung 2.3) weitere Fusionsasche produziert und seine Masse stetig wachsen lässt.

Allerdings gilt Chandrasekhars Theorie für kalte Weiße Zwerge bei den Bedingungen im Sterninnern nur näherungsweise. Immerhin herrschen im Zentrum eines stellaren Eisenkerns Temperaturen bis zu zehn Milliarden Kelvin! Elektronen und Ionen vollführen daher wilde thermische Bewegungen und erzeugen zusätzlichen Druck. Deshalb kann die Chandrasekhargrenze sogar überschritten und die finale Katastrophe eine gewisse Zeit hinausgezögert werden.

Am Ende einer langsam voranschreitenden Kontraktion des stellaren Kerns ist der Kollaps jedoch unausweichlich. Mit zunehmender Dichte steigt die Fermienergie der entarteten Elektronen (e^-) auf Werte, die die Ruhemassenenergie der Elektronen (0,5 MeV) um ein Vielfaches übertreffen. Die relativistischen Elektronen (Kasten „Entartete Fermionen II" auf Seite 36) besitzten schließlich so hohe Energien, dass es ihnen energetisch möglich ist, mit den Ionen zu reagieren. Beim *Elektroneneinfang* oder **inversen Betaprozess** kann sich dann ein Proton in einem Ion in ein Neutron umwandeln, wobei auch ein Elektronneutrino ν_e entsteht. Die Ladungszahl (bzw. Protonenzahl) Z des Ions erniedrigt sich dabei um eine Einheit, während die Neutronenzahl N um eine ansteigt. Das Ion (Z,N) wandelt sich also in ein Ion $(Z-1,N+1)$ um:

$$e^- + (Z,N) \rightarrow (Z-1,N+1) + \nu_e \,. \tag{3.1}$$

Das erzeugte Neutrino verlässt das Sterninnere ohne Wechselwirkung und entzieht dem stellaren Plasma Energie. Infolgedessen steigt der Druck zu langsam, um die fortschreitende Kontraktion des stellaren Kerns aufzuhalten. Bei Sternen mit einer Geburtsmasse von etwa 8–10 Sonnenmassen sind die Neutrinoverluste und die damit verbundene Druckreduktion der wichtigste Auslöser für die finale Gravitationsinstabilität (siehe Abbildung 2.4).

Schwerere Sterne mit Anfangsmassen zwischen zirka 10 und 100 Sonnenmassen besitzen im Zentrum höhere Temperaturen (Kapitel 2.5). In solchen Sternen spielen **Photodissoziationsreaktionen** die Hauptrolle für die Destabilisierung. Dabei prallen Gammaquanten mit Energien von mehreren Megaelektronenvolt (entsprechend einer Temperatur von über 10 Milliarden Kelvin) auf Eisenionen und schlagen aus ihnen Alphateilchen (α), Neutronen (n) und Protonen (p) heraus (siehe Abbildung 2.7). Auch das kostet Energie, die von den Gammaquanten geliefert und dem stellaren Plasma entzogen wird, abermals mit einem druckreduzierenden Effekt. Hinzu kommt, dass die erzeugten freien Protonen sehr schnell Elektronen einfangen und in einer Reaktion analog zu (3.1) Neutrinos erzeugen:

$$e^- + p \rightarrow n + \nu_e \,. \tag{3.2}$$

Die Reaktionen (3.1) und (3.2) können ablaufen, wenn die Elektronen mindestens die Energie besitzen, um den Energieunterschied zwischen anfänglichem Proton und entstehendem Neutron zu überwinden. Bei freien Protonen ist dies nur der Massenunterschied zwischen dem schwereren Neu-

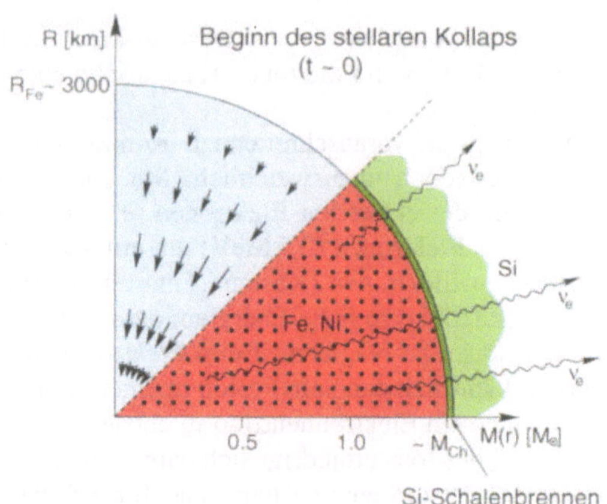

Abb. 3.2 Situation im stellaren Kern zu Beginn der Gravitationsinstabilität. Der Stern beginnt zu kontrahieren, und durch Elektroneneinfänge werden Neutrinos produziert. Zu diesem Zeitpunkt beträgt die Dichte im Sternzentrum $\rho_c \approx 10^{10}\,\mathrm{g/cm^3}$. In der oberen Hälfte der Abbildung ist durch Pfeile die Bewegung des Gases angedeutet, in der unteren Hälfte sind die Zusammensetzung des Plasmas (Si, Fe, Ni = Silizium-, Eisen-, Nickelionen) und die ablaufenden Teilchenprozesse skizziert. Die senkrechte Achse gibt radiale Entfernungen in Kilometer an (R_{Fe} bezeichnet den Rand des Eisenkerns), die waagrechte Achse die innerhalb einer Position befindliche Materiemenge in Einheiten der Sonnenmasse.

tron und dem leichteren Proton (der Ruhmassenunterschied entspricht einer Energie von rund 1,3 MeV). Wenn Protonen und Neutronen in Ionen gebunden sind, ist die benötigte Energie höher.

Durch die Neutrinoemission verstärkt sich die Kontraktion des stellaren Kerns, worauf die ständig wachsende Zahl freier Protonen für einen weiteren Anstieg der Elektroneneinfänge sorgt. Die Energieverluste über entweichende Neutrinos nehmen daher noch rascher zu, und die Kontraktion des stellaren Kerns beschleunigt sich immer mehr. Diese Situation ist ein klassisches Beispiel für einen *sich selbst verstärkenden Prozess, eine Instabilität*, die ein katastrophales Ende unausweichlich macht: Die Kontraktion schlägt zum dynamischen Kollaps um, und der stellare Kern bricht unter seiner eigenen Schwerkraft in sich zusammen (Abbildung 3.2).

Die Implosion vollzieht sich mit rasendem Tempo, nahezu mit der Geschwindigkeit des freien Falls. Die *Freifallzeit* aus einer radialen Distanz *r* beträgt etwa

$$t_{ff}(r) \approx \frac{2100}{\sqrt{\rho(r)}} \text{ s} , \qquad (3.3)$$

wobei $\rho(r)$ die *mittlere Dichte* innerhalb des Radius r bedeutet und in g/cm^3 gemessen wird. In nur einer zehntel Sekunde schrumpft der stellare Kern von anfangs rund tausend Kilometer Ausdehnung (mittlere Dichte: einige 10^8 g/cm^3) auf wenige zehn Kilometer. Dabei entwickelt sich ein innerer Bereich, in dem die Einfallgeschwindigkeit fast proportional zum Radius steigt, und ein äußerer Bereich, wo sie wieder abnimmt. Während im äußeren Kern die Bewegung schneller als die lokale Schallgeschwindigkeit („supersonisch") ist, fällt der innere Kern stets mit Unterschall („subsonisch").

3.2 Neutrinos

Neutrinos, die geisterhaftesten aller experimentell nachgewiesenen Elementarteilchen, spielen beim Geschehen in sterbenden Sternen eine zentrale Rolle. Wir konnten ihre Bekanntschaft bereits in Kapitel 2 machen, wo sie uns als „Energiesenke" der sich entwickelnden Sterne begegneten. Der Grund für diese Rolle ist ihre extreme Flüchtigkeit. Sie wechselwirken mit Materie rund 10^{20}-mal schwächer als Photonen und entweichen daher nach ihrer Erzeugung im zentralen Fusionsofen ungehindert aus dem Stern. Von der Sonne treffen auf die Fläche einer Zweieuromünze auf der Erde pro Sekunde rund 300 Milliarden Neutrinos, von denen im Mittel aber höchstens ein einziges in der Erde stecken bleibt. Alle anderen durchströmen den Erdkörper (und uns) ohne jede Wechselwirkung.

Neutrinos entstehen in Sternen bei Kernfusionsreaktionen und **(inversen) Betazerfällen**, bei denen sich Protonen in Neutronen umwandeln, oder wenn Elektron-Positron-Paare miteinander reagieren (siehe Kapitel 2.4 und Kasten „Neutrinos in Supernovae" auf Seite 72). Für solche Umwandlungen verantwortlich ist die **schwache Wechselwirkungskraft**.

Auch im stellaren Kern an der Grenze zur Gravitationsinstabilität werden Neutrinos emittiert, wenn Protonen durch Elektroneneinfang über die Prozesse (3.1) und (3.2) zu Neutronen reagieren. Dabei schwillt die Neutrinoerzeugung bei der einsetzenden Kontraktion und dem anschließenden Kollaps durch die zunehmenden Dichten und Temperaturen um das Millionenfache an (vgl. Tabelle 2.1), so stark, dass es wegen der Neutrinoverluste

? Neutrinos in Supernovae

Neutrinos sind subatomare Teilchen. Sie spielen eine zentrale Rolle bei den Abläufen in einer Supernova. Sie unterliegen nur zwei der vier fundamentalen Naturkräfte, nämlich neben der Gravitation nur der schwachen Wechselwirkung. Elektronen und Photonen dagegen üben auch elektromagnetische Kräfte aus, und Neutronen und Protonen (und somit die Ionen) gehorchen zusätzlich der starken Kernkraft. Neutrinos sind also von allen Teilchen am schwächsten an das stellare Plasma gekoppelt, rund 100 Milliarden Milliarden (10^{20}) Mal schwächer als etwa die Photonen. Der kollabierende Kern eines sterbenden Sterns verliert daher vor allem über Neutrinos Energie. Dies ist der Vorgang, der seine Entwicklung vorantreibt.

Wie die Elektronen gehören die Neutrinos zu den Fermionen, für die das Pauli-Prinzip gilt (siehe Kasten „Entartete Fermionengase I“ auf Seite 35) und werden als *Leptonen* bezeichnet, da sie nicht an der starken Wechselwirkung teilnehmen. Das Standardmodell der Teilchenphysik kennt sechs verschiedene Leptonen, deren Existenz experimentell auch nachgewiesen ist. Neben dem Elektron sind dies das Myon und das Tauon, die alle eine negative elektrische Ladung tragen, sowie die elektrisch neutralen Elektron-, Myon- und Tau-Neutrinos. Das geladene Lepton und sein zugehöriges Neutrino werden jeweils einer von drei *Leptonfamilien* (oder *Leptongenerationen*) zugeordnet. Zu jedem dieser Teilchen gibt es auch ein entsprechendes Antiteilchen mit gleicher Masse, aber entgegengesetztem Vorzeichen der Ladung; das Antiteilchen des Elektrons, das Positron, haben wir bereits kennengelernt.

Elektronneutrinos (ν_e) und -antineutrinos ($\bar{\nu}_e$) sind beteiligt, wenn sich Neutronen (n) und Protonen (p) (als freie oder in Ionen gebundene Teilchen) mittels der schwachen Wechselwirkungskraft in den *Betaprozessen* ineinander umwandeln:

$$p + e^- \longleftrightarrow n + \nu_e , \quad n + e^+ \longleftrightarrow p + \bar{\nu}_e . \tag{3.4}$$

Dabei muss wegen der Ladungs- und Leptonenzahlerhaltung auch ein geladenes Lepton bei der Reaktion beteilt sein. Die Reaktionsrichtungen von links nach rechts heißen Elektronen- bzw. Positroneneinfang und führen zur *Neutrino-(bzw. Antineutrino-)emission*. Neutrinos können umgekehrt auch von den im Supernovakern vorhandenen Neutronen und Protonen *absorbiert* werden (Reaktionsrichtungen von rechts nach links). Bei diesen Prozessen können aber nur Neutrinos der Elektronenfamilie erzeugt oder vernichtet werden. Prinzipiell sind analoge Reaktionen auch mit Leptonen der beiden anderen Familien möglich. Allerdings besitzen Myonen und Tauonen im Gegensatz zu Elektronen so hohe Ruhemassen, dass diese schweren Leptonen bei den Temperaturen im Zentrum kollabierender Sterne nicht in nennenswerter Zahl auftreten. ▶

▸ Daher sind es nur *Paarerzeugungsprozesse* wie beispielsweise die *Zerstrahlung* bzw. *Annihilation* von Elektronen mit ihren Antiteilchen, den Positronen,

$$e^- + e^+ \longleftrightarrow \nu + \bar{\nu}, \tag{3.5}$$

bei denen neben den elektronischen Neutrinos auch Neutrino-Antineutrino-Paare der beiden anderen Familien gebildet werden. Solche Reaktionen, deren Raten extrem empfindlich mit der Temperatur ansteigen, werden auch als *thermische Erzeugungsprozesse* bezeichnet. Bei der Reaktionsrichtung von rechts nach links vernichten sich Neutrinos mit ihren Antineutrinos durch Annihilation. Wenn statt des e^+e^--Paars ein zweites $\nu\bar{\nu}$-Paar beteiligt ist, können sich auch Neutrino-Antineutrino-Paare verschiedener Familien direkt ineinander verwandeln.

Jenseits einer Dichte von rund 10^{12} g/cm^3 werden Neutrinos im kollabierenden stellaren Kern eingesperrt („Neutrinotrapping"). Wie dichter Nebel für Licht wird das hochdichte Plasma für Neutrinos undurchsichtig („opak"), wenn Neutrinos mit den Teilchen im Stern sehr häufig wechselwirken und dabei aus ihren Flugbahnen abgelenkt oder sogar absorbiert werden. Neben den Neutrinoabsorptions- und Annihilationsprozessen (3.4) und (3.5) bewirken insbesondere auch die Streureaktionen

$$\nu + X \longleftrightarrow \nu + X, \tag{3.6}$$

dass die Sternmaterie mit steigender Dichte für Neutrinos zunehmend intransparent wird. Als Streupartner X fungieren alle vorhandenen, schwach wechselwirkenden Teilchen: Ionen, Neutronen, Protonen, Elektronen, Positronen und Neutrinos.

und der dadurch verursachten Reduktion des Elektronendrucks erst recht zur Beschleunigung des Zusammensturzes kommt. Neben dieser dynamischen Bedeutung führt die Abstrahlung der Elektronneutrinos auch zu einer *Neutronisierung* des stellaren Plasmas, weil die Häufigkeit der Neutronen auf Kosten der Protonenzahl ansteigt. Außerdem *„deleptonisiert"* das Plasma, wenn sich Elektronen in Neutrinos – beide Teilchen gehören zu den **Leptonen** – verwandeln und die Neutrinos aus dem Stern entweichen. Die Vorgänge von Neutronisierung und Deleptonisierung beginnen im stellaren Kollaps und setzen sich bei der folgenden Entwicklung des *Protoneutronensterns*, des heißen „Baby-Neutronensterns", zum ausgekühlten Neutronenstern fort. Dann kann die Neutrinoabstrahlung die Sonnenleuchtkraft um bis zu zwanzig Größenordnungen übersteigen (Kapitel 3.8)!

Als wenn solche Superlative nicht bereits genug Herausforderung für unsere Vorstellungskraft wären, wartet die Supernova mit einer weiteren Extremsituation auf. Während zu Beginn des Kollapses die Neutrinos das Sternzentrum ungehindert verlassen können, ändert sich dies radikal, sobald die Dichte im stellaren Kern von anfänglich knapp 10^{10} g/cm^3 um einen Faktor 100 angestiegen ist. Dann ist die Wechselwirkung der Neutrinos mit den Teilchen im stellaren Plasma nicht mehr vernachlässigbar. Wie ein Slalomläufer den Wald von Hindernisstangen umkurvt, müssen auch die Neutrinos den immer dichter stehenden Ionen ausweichen. Bisweilen kollidieren sie dabei mit einem Ion und werden aus ihrer direkten Bahn geworfen. Ab etwa 10^{12} g/cm^3 sind diese Streuungen so häufig, dass die meisten Neutrinos im Stern gefangen und mit der kollabierenden Sternmaterie mitgerissen werden (Abbildung 3.3). Diesen Zustand bezeichnen die Astrophysiker als *Neutrinotrapping*, der englische Begriff für Neutrinogefangenschaft. Die ab diesem Moment entweichenden Neutrinos haben es nur nach einer mehr oder weniger mühsamen **Diffusion** geschafft, aus dem hochdichten Innern des sterbenden Sterns zu entkommen. Dennoch bleiben Neutrinos auch dann der effizienteste Weg, über den das Supernovazentrum Energie abgeben kann.

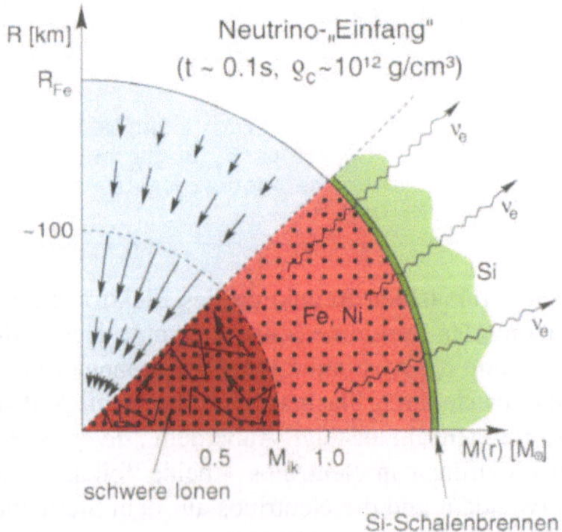

Abb. 3.3 Einsetzen der Neutrinogefangenschaft im kollabierenden stellaren Kern. In einem inneren Bereich, der schneller zusammenbricht, sind die Dichten bereits um das Hundertfache der Anfangswerte angestiegen. Die Eisen- und Nickelionen haben sich dort zu viel schwereren Atomkernen zusammengelagert, was die Materie für Neutrinos undurchdringlicher macht. In den erst allmählich nachfallenden äußeren Schichten dagegen können die Neutrinos nach wie vor entweichen. (Für weitere Erläuterungen siehe Abbildung 3.2.)

3.3 Rückprall und Bildung einer Stoßwelle

Der Kollaps wird erst abrupt gestoppt, wenn die Dichte im Zentrum um fast das Hunderttausendfache gestiegen ist und die Temperatur über 150 Milliarden Kelvin erreicht. Dann ändern sich die Bedingungen im stellaren Plasma schlagartig. Bei Dichten von mehr als 10^{14} g/cm^3 – das sind 100 Millionen Tonnen bzw. ein ganzer Berg verdichtet auf das Volumen eines Zuckerwürfels! – sind die Ionen so dicht gepackt, dass sie sich zu berühren beginnen. Sie verlieren ihre Identität und vergehen zu einer homogenen „Suppe" aus Neutronen und Protonen, umschwirrt von den für elektrische Neutralität sorgenden Elektronen und den bei hohen Temperaturen immer vorhandenen Gammaquanten. Diese schlagartige Änderung der Zusammensetzung des stellaren Plasmas wird *nuklearer Phasenübergang* genannt. Jenseits des Phasenübergangs übersteigt die Dichte die von Atomkernen. Wie in einem riesigen, durch die Schwerkraft gebundenen Atomkern wirkt dann die bei kleinen Distanzen abstoßende **starke Kernkraft** zwischen den subatomaren Bausteinen und stemmt sich einer weiteren Kompression entgegen. Ein

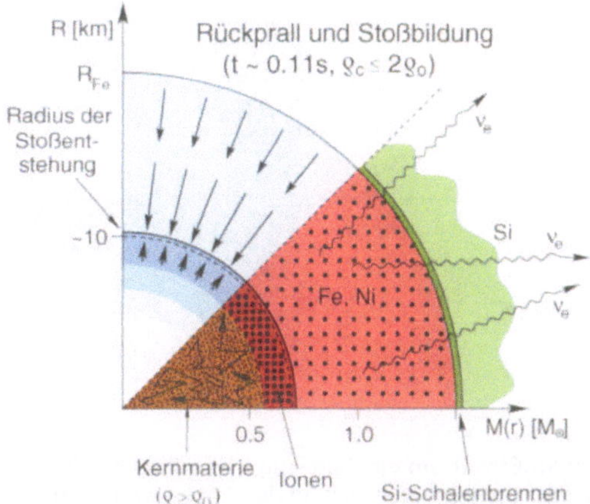

Abb. 3.4 Bildung des Protoneutronensterns und der Supernovastoßwelle. Wenn der innere Bereich bei fast doppelter Atomkerndichte ($\rho_0 \approx 2.7 \times 10^{14}$ g/cm^3) abrupt abstoppt und zurückprallt, entsteht an der Grenze zu den nach wie vor mit Überschallgeschwindigkeit kollabierenden äußeren Schichten eine Stoßfront. Im Zentrum beginnt sich Materie aus freien Neutronen und Protonen zu einem jungen Neutronenstern zu sammeln. (Für weitere Erläuterungen siehe Abbildung 3.2.)

Protonneutronenstern, der heiße Vorläufer des späteren Neutronensterns, beginnt sich im Zentrum des sterbenden Sterns zu bilden (Abbildung 3.4).

Trotz der gewaltigen repulsiven Kräfte zwischen den Nukleonen überschießt der innere Kern im Kollaps seine spätere Gleichgewichtslage und schnellt dann gleich einer zusammengedrückten Spiralfeder mit Gewalt gegen die mit Überschallgeschwindigkeit aufprallenden äußeren Schichten zurück. An der Grenze zwischen dem zum Stillstand gekommenen zentralen Bereich und der immer noch supersonisch kollabierenden Umgebung steilt sich deshalb eine **Stoßwelle** auf. Eine Stoßwelle ist ein Drucksprung im Gas, an dem auch die Dichte und Geschwindigkeit plötzlich ansteigen. So eine starke Verdichtungswelle bildet sich beispielsweise um den Bug eines Geschoßes oder eines Flugzeugs, wenn sie mit Überschallgeschwindigkeit die Luft durchschneiden. Sie löst sich von der Geschoßspitze ab und breitet sich kegelförmig aus (Abbildung 3.5). Im Moment, wo die Stoßwelle unser Ohr erreicht, nehmen wir ihren Drucksprung als Überschallknall wahr. Auch die Sprengung eines Feuerwerkskörpers verursacht eine Stoßfront, die durch ihren plötzlichen Druckanstieg als berstender Knall empfunden wird.

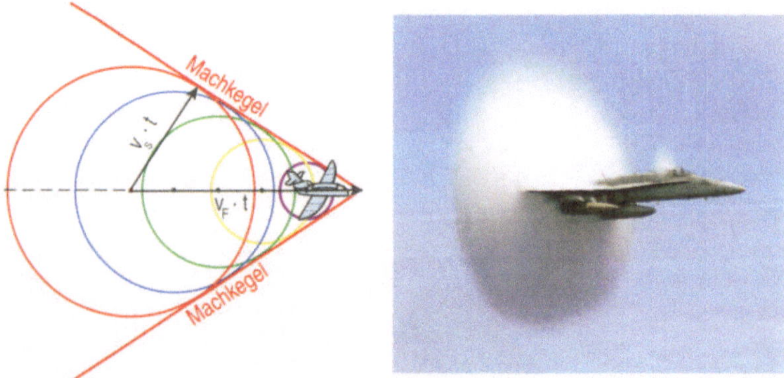

Abb. 3.5 *Links*: Stoßfront um ein Flugzeug, das schneller fliegt als die Schallgeschwindigkeit in der umgebenden Luft. In der Zeit t legt das Flugzeug eine größere Stecke ($v_F t$) zurück als die Schallwellen des Fluglärms ($v_S t$). Die Kreise deuten die Fronten der Schallwellen an, die sich zur Stoßfläche, dem sogenannten Machkegel (benannt nach dem österreichischen Physiker Ernst Mach (1838–1916)), überlagern. *Rechts*: Ein F/A-18-Hornet-Düsenflugzeug der United States Navy (USN) beim Durchbrechen der „Schallmauer". Die Ausbildung der Stoßfront wird durch Wasserdampf sichtbar. Er kondensiert in einer dem Stoß folgenden Verdünnungsregion wegen des dort abfallenden Luftdrucks.

Im Innern des kollabierenden Sterns beginnt die Stoßfront sich radial auszubreiten und mit großer Wucht gegen die zum Zentrum stürzenden Gasschichten anzurennen (Abbildung 3.4). Lange Zeit vermuteten die Astrophysiker, dass sie wegen der nach außen abnehmenden Dichte stark beschleunigen und auf direktem Wege den Stern durchqueren könnte. Dadurch würde dieser in einer gewaltigen Explosion zerstört. Doch obwohl eine solche Vorstellung plausibel erscheint, erwies sie sich als Trugschluss. Detaillierte Computersimulationen zeigen, dass die Vorgänge, welche zur Supernova führen, weit komplizierter sind.

3.4 Das Supernovarätsel

Wie also gelingt es dem Stern, seine anfängliche Implosion zur Explosion zu verkehren? Dies erscheint nicht unbedingt als leichte Aufgabe, wenn man sich vergegenwärtigt, dass die äußeren Schichten des zusammenbrechenden stellaren Kerns zunächst in das tiefe Gravitationspotenzial eines im Zentrum entstehenden Neutronensterns eintauchen. Was hebt die Materie wieder aus diesem sich immer weiter absenkenden Potenzialtopf?

Der in Kapitel 3.3 erwähnte Vergleich mit der Spiralfeder suggeriert eine mögliche Lösung: Das überkomprimierte innere Gebiet des stellaren Kerns überträgt beim Zurückschnellen wie die Feder seine Energie auf die äußeren Bereiche. In der Tat hat die Stoßwelle anfangs ziemlich genau den Schwung, den man in diesem Bild erwarten würde, nämlich die Bewegungsenergie des inneren Kerns beim Überschießen seiner späteren Gleichgewichtslage. Diese Energie beträgt mehrere 10^{44} J und ist um ein Vielfaches höher als die typische Explosionsenergie einer Supernova. Sie sollte im Idealfall daher leicht ausreichen, die beobachtete Sternexplosion zu erklären.

Die tatsächlichen Gegebenheiten im kollabierenden Kern sind jedoch alles andere als ideal. Die Stoßfront entsteht tief im Innern des stellaren Kernbereichs und schließt anfangs nur etwa eine halbe Sonnenmasse an Sternmaterie ein. Sie muss daher auf ihrem Weg nach außen rund eine Sonnenmasse dichter Schichten aus Eisen- und Nickelionen durchqueren (Abbildung 3.6). Der Stoß heizt dabei das stellare Plasma stark auf und erzeugt hochenergetische, thermische Gammaquanten in großer Zahl. Durch das intensive Bombardement dieser Gammaquanten werden die Eisennuklide in kürzester Zeit in freie Neutronen und Protonen gespalten (Abbildung 3.6). Dieser bereits als *Photodissoziation* eingeführte Prozess (Abbildung 2.7) verzehrt enorme Energiemengen, etwa 9 MeV pro Nukleon, also die ge-

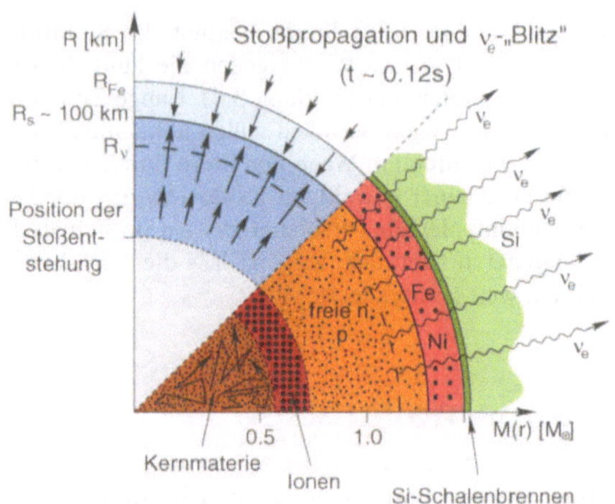

Abb. 3.6 Ausbreitung der Supernovastoßfront vom Entstehungsort in die supersonisch kollabierenden äußeren Schichten des stellaren Kerns. Dabei werden die Eisenionen durch hochenergetische Gammaquanten in freie Neutronen (n) und Protonen (p) zerlegt. Der enorme Energieaufwand schwächt die Stoßwelle (deren Position mit R_s bezeichnet ist). Kurz danach sind die Dichten vor dem Stoß so weit abgefallen, dass die Materie neutrinodurchlässig wird (R_ν gibt den Radius der Neutrinosphäre an) und ein extrem intensiver Blitz von Neutrinos dem stellaren Kern zusätzliche Energie entzieht. Beides bringt die Expansion des Gases hinter dem Stoß schließlich zum Erliegen. (Für weitere Erläuterungen siehe Abbildung 3.2.)

samte **Kernbindungsenergie**, die zuvor in den vielen Fusionsstufen vom Wasserstoff zum Eisen gewonnen wurde. Dadurch verliert der Stoß rund $1{,}7 \times 10^{44}$ J seiner anfänglichen Energie je zehntel Sonnenmasse Eisenmaterie, das er durchpflügt.

Hinzu kommt ein zweiter, die Stoßausbreitung schwächender Effekt. Das von der gerade entstandenen Stoßwelle stark geheizte Plasma produziert durch Elektroneneinfänge auf Protonen eine große Zahl Elektronneutrinos (Reaktion 3.2). Diese sind zunächst im dichten Medium gefangen. Sobald der Stoß aber in die äußeren Schichten des Eisenkerns vordringt, wird die Dichte immer geringer und die Materie für Neutrinos schließlich durchlässig. Die Neutrinos erhalten plötzlich freie Bahn und können in einem extrem intensiven „Blitz“ aus dem stellaren Kern entweichen (Abbildung 3.6). Dieser Neutrinoausbruch flaut zwar bereits nach einer hundertstel Sekunde wieder ab, sein Energieentzug reduziert den Druck hinter der Stoßfront aber so nachhaltig, dass die radiale Ausdehnung der Materie endgültig zum Erliegen kommt, lange bevor der Stoß den Rand des stellaren Eisenkerns erreicht hat. Statt sich in explosiver Bewegung auszudehnen, fällt das Gas zurück auf den Neutronenstern. Der Supernovastoß führt nicht zu einer *prompten Explosion*. Er verwandelt sich stattdessen in eine *Akkretionsfront*, durch die hindurch die Materie des kollabierenden Sterns „regnet" und sich im Protoneutronenstern sammelt.

Was danach geschieht und was die Supernovaexplosion dann schließlich doch auszulöst, ist trotz vier Jahrzehnten intensiver Forschung bis heute nicht befriedigend geklärt. Das Rätsel um den Explosionsmechanismus ist zur zentralen Frage geworden, wenn es um ein besseres Verständnis vieler Aspekte dieser astrophysikalischen Ereignisse geht, z. B. den Zusammenhang zwischen Vorläufersternen und Eigenschaften von Supernovae, etwa ihrer Explosionsenergie, ihrer Erzeugung radioaktiver Elemente oder der Masse ihres kompakten Überrests.

Bei der Suche nach Antworten müssen sich die Astrophysiker in hohem Maß auf Computersimulationen verlassen, da es kaum Wege gibt, empirische Erkenntnisse über die physikalischen Vorgänge im Zentrum der Explosion zu erhalten. Dies wird nur durch zukünftige Messungen von **Neutrinos** und **Gravitationswellen** möglich sein, denn deren Signale hängen direkt vom Geschehen im stellaren Kern und entstehenden Neutronenstern ab. Leider haben die wenigen Neutrinos, die bei der Supernova 1987A aufgefangen wurden, keine entscheidenden Hinweise zum Explosionsmechanismus gebracht. Deshalb ruhen die Hoffnungen ganz auf einem nächsten Ereignis in unserer Milchstraße (darüber werden wir im Kapitel 5 noch mehr erfahren). Auch die Menge und räumliche Verteilung der radioaktiven Elemente, die tief im Innern einer Supernova erzeugt werden, erlauben Rückschlüsse auf die Frühphase der Explosion. Andere Größen wie Explosionsenergien oder Neutronensternmassen sind schwierig zu messen und liefern nur wesentlich indirektere Informationen. So muss die Explosionsenergie mittels komplizierter Modellrechnungen aus dem beobachteten zeitlichen Verlauf der Lichtemission einer Supernova abgeleitet werden. Die dazu notwendigen guten Beobachtungsdaten über einen langen Zeitraum liegen bislang nur für wenige Ereignisse vor. Außerdem ist das Ergebnis der Rechnungen von Unsicherheiten in der Masse und Struktur der Sternhülle beeinträchtigt. Da deren Entwicklung in den späten Phasen des Sternlebens von den Veränderungen im tiefen Innern abgekoppelt ist, gibt es keinen eindeutigen Zusammenhang zwischen den Eigenschaften des stellaren Kerns und denen der äußeren Schichten. Nur sehr langsam wächst die Zahl der bekannten Supernova-Vorläufer-Assoziationen, durch die sich solche Unsicherheiten einschränken lassen.

3.5 Computermodelle in der Supernovaphysik

Die *Simulation* von zeitabhängigen Vorgängen auf Computern ist in der Supernovaphysik wie auch in vielen anderen Gebieten der modernen Astrophysik zu einer unverzichtbaren Erkenntnisquelle geworden. Dafür gibt es eine Reihe von Gründen.

Viele Ereignisse in astronomischen Objekten lassen sich durch Experimente in irdischen Laboratorien nicht nachvollziehen. Mit Ausnahme der Körper unseres Sonnensystems ist es auch unmöglich, Raumschiffe hinzuschicken, um Untersuchungen vorzunehmen. Zwar können in manchen Fällen einzelne Aspekte gezielt durch Laborversuche studiert werden; häufig sind die Phänomene im Kosmos aber so extrem, die dabei auftretenden Energien (Temperaturen), Dichten, Magnetfeldstärken oder Geschwindigkeiten so hoch, dass sie mit Versuchsaufbauten nicht erreichbar sind. Die in experimentell zugänglichen Bereichen und unter irdischen Bedingungen gesicherten Grundgesetze der Physik müssen dann oft über viele Größenordnungen extrapoliert und nicht zuletzt auch an den entfernten Orten des Universums als gültig angenommen werden.

Detaillierte Beobachtungen und Messungen von astronomischen Quellen können durch Vergleich mit theoretischen Vorhersagen helfen, eine gewisse Sicherheit in dieses Vorgehen zu bringen. Wenn die hinter einem Phänomen steckenden Abläufe aber verborgen sind, extrem schnell oder unerwartbar langsam vonstatten gehen, dann hilft auch genaues Hinsehen mit den besten Teleskopen allein nicht weiter. Um etwa sich ähnelnde oder in gewissen Eigenschaften verwandte Erscheinungen als möglicherweise verschiedene Entwicklungsstadien ein und desselben astronomischen Objekts zu verstehen, braucht man ein detailliertes Verständnis der zeitlichen Veränderungen eines Objekts.

Dieses lässt sich in vielen Fällen nur mit Computerberechnungen gewinnen, weil die den Vorgängen zugrunde liegenden physikalischen Gesetze zu komplex und die beschreibenden mathematischen Gleichungen zu kompliziert sind, um sie auf dem Papier geschlossen zu lösen. Wichtige von unwichtigen Aspekten zu unterscheiden, eine notwendige Voraussetzung für etwaige Vereinfachungen, gelingt oft erst nach einer genauen und systematischen Untersuchung des allgemeinen Problems mittels detaillierter Computermodelle.

Um ein Problem numerisch mit dem Computer zu berechnen, d. h. einen Vorgang zu „simulieren“, wird das System mathematischer Beziehungen, welche die für das Problem relevanten physikalischen Effekte beschreiben, örtlich und zeitlich *diskretisiert*. Das bedeutet, dass die Zeit in definierten Schritten abgegangen und der Raum in Gitterzellen eingeteilt wird, deren Form z. B. von den gewählten Koordinaten (kartesisch, sphärisch, etc.) abhängt. Volumen und Anzahl dieser Zellen werden durch die gewünschte bzw. notwendige Auflösung bestimmt und sind oft durch die verfügbare Rechenzeit limitiert. Je kleiner und zahlreicher die Zellen sind, desto besser ist die numerische Auflösung und damit meist auch die Genauigkeit der berechneten Lösung, desto länger dauert die Simulation aber auch. Die physikalischen Gleichungen werden dabei so umformuliert (ebenso „diskretisiert"), dass sie die Entwicklung der physikalischen Größen in den Zellen unter Einfluss aller auf diese Zelle wirkenden Orte (im einfachsten Fall nur der benachbarten Zellen) beschreiben. Für die kontinuierlichen physikalischen Größen werden somit in den Gitterzellen diskrete Werte ermittelt, deren räumlicher und zeitlicher Verlauf die exakte Lösung der physikalischen Gleichungen nähert.

Zur Modellierung von Supernovaexplosionen muss man ein sehr umfangreiches System von Gleichungen mit dem Computer knacken. Die Bewegung des stellaren Plasmas wird durch die Erhaltungssätze der (relativistischen) **Hydrodynamik** beschrieben, wobei der Druck und die Zusammensetzung des Sterngases durch eine komplizierte Zustandsgleichung gegeben sind. Noch aufwendiger ist die Berechnung des Verhaltens der Neutrinos, die durch das Sternmedium hindurchströmen und deren Effekte daher in sogenannten Transportgleichungen erfasst werden. Dabei müssen die Wechselwirkungen der Neutrinos mit den Gasteilchen berücksichtigt werden. Für den Einfluss des starken Gravitationsfeldes des entstehenden Neutronensterns sind die Gleichungen der **Allgemeinen Relativitätstheorie** zu lösen. Eine weitere Schwierigkeit ergibt sich aus dem extremen Größenunterschied zwischen dem Neutronenstern mit rund zwanzig Kilometer Durchmesser und dem gesamten Stern, der hundert Millionen Kilometer oder mehr im Querschnitt messen kann (Abbildung 3.7). Solche *Skalenunterschiede* zu handhaben erfordert eine Reihe von numerischen Kniffen und besonders strukturierte Raumgitter.

Es ist klar, dass enorme Rechenzeiten erforderlich sind, um Supernovamodelle mit aller relevanten Physik und über alle Entwicklungsphasen zu verfolgen. Dazu werden die größten verfügbaren Supercomputer benötigt und rechnen an den ausgefeiltesten aktuellen Modellen viele Monate. Trotz dieses Einsatzes können viele Aspekte bislang nur durch trickreiche Vereinfachungen und Approximationen behandelt werden. Für manche Fragen werden beispielsweise Modelle statt in drei Raumdimensionen le-

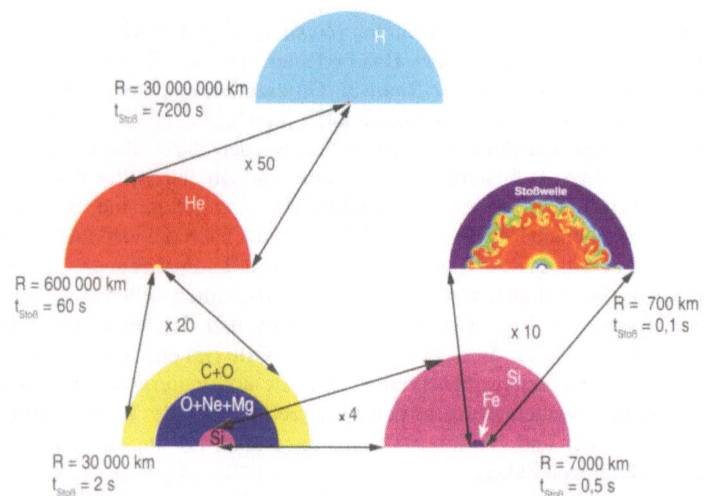

Abb. 3.7 Skalenunterschiede in einer Supernova. Die Explosion des Sterns beginnt in einem Bereich von etwa hundert Kilometern um den entstehenden Neutronenstern, der selbst nur rund dreißig Kilometer im Durchmesser misst. Dagegen hat der sterbende Stern mit seinen zwiebelartigen Schichten aus der Asche der vergangenen nuklearen Brennphasen eine Ausdehnung von vielen zehn oder hundert Millionen Kilometern. Die Radien der in der Abbildung dargestellten Schichten beziehen sich auf einen Vorläuferstern mit fünfzehnfacher Sonnenmasse, der als Blauer Riese für den bei der Supernova 1987A zerstörten Stern errechnet wurde. Die Zeiten sind von der Stoßentstehung an gemessen.

diglich mit Kugelsymmetrie („eindimensional"; 1-D) oder Rotationssymmetrie um eine Achse („zweidimensional"; 2-D) gerechnet, oder die sehr komplizierte Neutrinophysik wird nur näherungsweise behandelt, oder es werden relativistische Effekte vernachlässigt. In mehr als 40 Jahren Entwicklungsgeschichte sind die Supernovasimulationen immer weiter verfeinert und mit enormen Fortschritten der Wirklichkeit nähergerückt worden. Dennoch dürfte es noch etliche Jahre dauern, bis dreidimensionale (3-D) Computermodelle die ganze Bandbreite der potenziell relevanten Physik in ausreichender Genauigkeit berücksichtigen.

Die Anfänge der Computermodellierung von Supernovae fußen auf dem theoretischen Wissen, das insbesondere in den US-amerikanischen Kernwaffenlabors von Los Alamos und Livermore über die stärksten irdischen Explosionen bei vielen Tests gewonnen wurde. Bereits beim Bau der ersten Atombombe im Rahmen des Manhattan-Projekts in den 1940er-Jahren wurden Rechenmaschinen entworfen und eingesetzt, um bestimmte Probleme der Waffenkonstruktion quantitativ zu beleuchten. In den 1950er-Jahren wurden dann Computerprogramme geschrieben, die die noch deutlich komplizierteren Vorgänge bei der Zündung von Wasserstoffbomben erfassen konnten. Es ist nicht allzu erstaunlich, dass das Interesse etlicher Forscher in den Nuklearwaffenschmieden sich dann auch den gewaltigsten kosmischen Explosionen, den Supernovae, zuwandte. So begannen Stirling Colgate und Jim Wilson bereits in den 1960er- und frühen 1970er-Jahren, numerische Verfahren, die zur Simulation von Nuklearexplosionen entwickelt worden waren, auf die ersten Computerberechnungen von Supernovae anzuwenden. Auch Hans Bethe, der beim Manhattan-Projekt die Theoriegruppe am Los Alamos National Laboratory geleitet hatte, lieferte in den folgenden Jahrzehnten bis zu seinem Tod im Jahr 2005 in einer Reihe theoretischer Arbeiten wichtige Beiträge zum besseren Verständnis der grundlegenden Physik kollabierender stellarer Kerne.

3.6 Der Explosionsmechanismus

Kehren wir nach diesem thematischen Ausflug nun wieder zum Schicksal des kollabierenden Sterns und zur Frage zurück, was der im stellaren Eisenkern stecken gebliebenen Stoßwelle zu einem zweiten Anlauf verhilft. Solange der Stoß im Stillstand verharrt, bricht der stellare Kern weiter in sich zusammen. Die Materie, die durch den Akkretionsstoß fällt, wird stark abgebremst und strömt dann auf den Protoneutronenstern, dessen Masse kontinuierlich zunimmt (siehe Abbildungen 3.1 und 3.8). Um eine Explosion auszulösen, d. h. den Kollaps der Sternmaterie in eine überschallschnelle Expansion umzukehren, muss die Stoßfront neuen Schwung bekommen. Dazu benötigt sie frische Energie. Was könnte dem Stoß diese Energie zuführen, und woher könnte sie stammen?

Energie ist im stellaren Kern reichlich vorhanden, schließlich werden beim Kollaps riesige Mengen gravitativer potenzieller Energie frei. Mithilfe des Newton'schen Schwerkraftgesetzes ergibt sich für die Gravitationsenergie einer homogenen Kugel mit Masse M und Radius R:

$$E_{\mathrm{g}} = -\frac{3}{5}\frac{GM^2}{R} = -3{,}60 \times 10^{46}\,\mathrm{J}\left(\frac{M}{1{,}5\,M_{\odot}}\right)^2\left(\frac{R}{10\,\mathrm{km}}\right)^{-1} . \qquad (3.7)$$

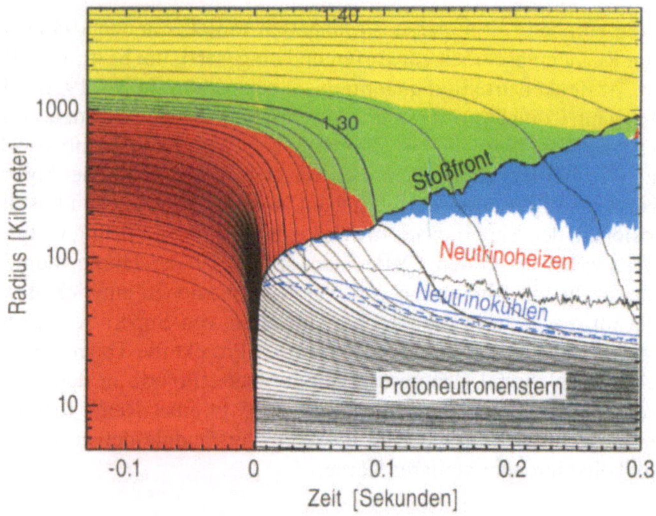

Abb. 3.8 Entwicklung des kollabierenden Kerns eines 11-$M_\odot$-Sterns in einer Computersimulation. Das sogenannte „Massenschalendiagramm" stellt den zeitlichen Verlauf anhand ausgewählter Schichten dar, die in der Zeit verfolgt werden. Jede der schwarzen Linien markiert so eine radiale Schicht (die Schalen, die eine Masse von 1,3 $M_\odot$ bzw. 1,4 $M_\odot$ einschließen, sind durch Zahlen bezeichnet). Horizontal ist die Zeit aufgetragen (normiert auf den Moment der Entstehung des Supernovastoßes), vertikal ist (logarithmisch) die radiale Position angegeben. Der Eisenkern des sterbenden Sterns ist rot unterlegt, Grün bedeutet die Siliziumschale und Gelb die Sauerstoffschale. Die blaue Region gibt an, dass Photodissoziation hinter der Stoßfront die Ionen vorwiegend zu Alphateilchen zerlegt hat, während in den weißen Gebieten freie Neutronen und Protonen dominieren. Fallende Linien zeigen den Kollaps von Massenschalen an. Im Moment des Kernrückpralls entsteht der Supernovastoß, der sich zunächst schnell ausdehnt (dicke aufsteigende Linie). Bereits eine hundertstel Sekunde später sind jedoch die Materiegeschwindigkeiten hinter dem Stoß schon wieder negativ: Die Massenschalen dort kontrahieren weiter, und die Materie fällt auf den sich bildenden Neutronenstern (unterer Bildbereich). Erst nach etwa 0,1 Sekunden wird die stehende Stoßwelle durch Neutrinoheizen zu neuerlicher Expansion „wiederbelebt". Die blauen Linien kennzeichnen die Neutrinosphären, die dünne, fast waagrechte Linie zwischen den Neutrinospären und dem Stoß gibt die Grenze zwischen den Regionen mit Neutrinoheizen und -kühlen an.

Diese einfache Formel liefert eine recht brauchbare Abschätzung, obwohl der Neutronenstern keine homogene Dichte besitzt und eine genaue Rechnung allgemein relativistische Effekte berücksichtigen müsste. Wegen seiner viel größeren Ausdehnung ist die anfängliche Bindungsenergie des stellaren Eisenkerns relativ gering und kann bei den Betrachtungen vernachlässigt werden. Der Energiewert in Gleichung (3.7) ist wahrhaft gigantisch, dreihundertmal höher als die Explosionsenergie einer typischen Supernova. Er entspricht rund einem Zehntel der Ruhemassenenergie Mc^2 des Neutronensterns. *Damit ist der gravitative Kollaps von Materie die bei Weitem effizienteste kosmische Energiequelle, noch zehnmal ergiebiger als die Kernfusion*, mittels der sich bis zu knapp einem Prozent der Ruhemassenenergie von Nukleonen durch die Bindung in Atomkernen gewinnen lässt (siehe Kapitel 2.2).

Wenn sich die kollabierende Materie im Neutronenstern sammelt, wird die gravitative Energie zunächst in innere Energie umgewandelt, d. h. als Entartungsenergie von Elektronen und gefangenen Neutrinos sowie als thermische Energie des Nukleonengases gespeichert. Beim weiteren Verlauf des Geschehens spielen wie schon in den vorhergehenden Phasen Neutrinos eine zentrale Rolle, denn wiederum sind sie es, die die im Protoneutronenstern gespeicherte innere Energie (bis auf einen kleinen Rest) abtransportieren können.

! Beim gravitativen Kollaps des stellaren Kerns zum Neutronenstern wird hundertmal mehr Energie in Neutrinos abgestrahlt, als für die Supernovaexplosion erforderlich ist.

Während der Akkretionsstoß bei nahezu konstantem Radius in 100–200 Kilometer Abstand vom Zentrum verharrt (Abbildung 3.8), nimmt die Dichte der Materie ab, die von immer weiter außen kommend auf den Stoß fällt. Dadurch sinken die Dichten und Temperaturen hinter dem Stoß. Gleichzeitig kontrahiert der junge Neutronenstern und wird dabei immer heißer. Die Neutrinos, die von der **Neutrinosphäre** (analog zur Photosphäre von Sternen die Region der letzten Neutrinowechselwirkung, siehe Kapitel 2.1) abströmen, kommen mit zunehmend höheren Energien aus dem Innern.

Durch diese Veränderungen stellt sich eine neue Lage ein: Statt dem stellaren Plasma Energie zu entziehen, beginnen Neutrinos nun, das Gebiet hinter der Stoßfront zu heizen. Auch außerhalb der Neutrinosphäre fällt die Wahrscheinlichkeit, dass Neutrinos mit Gasteilchen wechselwirken, nicht abrupt auf null, sondern nimmt mit der Dichte nur allmählich ab[1]. Vor allem hochenergetische Elektronneutrinos und -antineutrinos werden von

1 Die Neutrinosphäre (Photosphäre) ist präzise betrachtet die „Oberfläche“, außerhalb der die Wahrscheinlichkeit der Wechselwirkung für ein Neutrino (Photon) nur noch etwa 50 Prozent beträgt. Oder, anders formuliert: Noch jedes zweite diese Oberfläche verlassende Neutrino (Photon) wird auf seinem weiteren Weg von einem Gasteilchen gestreut oder absorbiert.

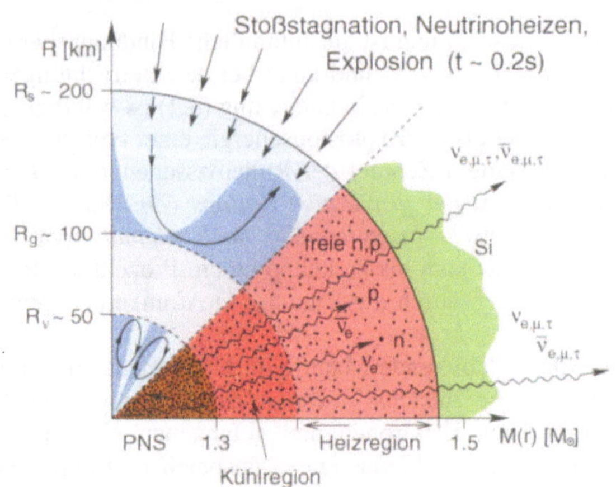

Abb. 3.9 Stoßstagnation und Neutrinoheizen. Das Gas hinter dem stehenden Akkretionsstoß (R_S) fällt in Richtung Neutronenstern und absorbiert durch freie Neutronen und Protonen etwa zehn Prozent der von der Neutrinosphäre (R_ν) abgestrahlten Elektronneutrinos und -antineutrinos. Dieses Neutrinoheizen führt zu heftigem Kochen und Brodeln der Materie (angedeutet durch den ab- und aufsteigenden Pfeil in der oberen Diagrammhälfte). Der wachsende Druck treibt die Expansion der geheizten Schicht, sodass der Supernovastoß neu beschleunigt. (Für weitere Erläuterungen siehe Abbildung 3.2.)

freien Neutronen und Protonen eingefangen (Reaktion 3.4 von rechts nach links) und übertragen dadurch ihre Energie auf die Sternmaterie. Mit dem Einsetzen des *Neutrinoheizens* dominieren hinter dem Stoß solche Reaktionen über die umgekehrten Elektroneneinfänge, die nur in der unmittelbaren Umgebung des Protoneutronensterns nach wie vor kühlen (Abbildungen 3.8 und 3.9).

Ähnlich einer Suppe im Kochtopf beginnt das erhitzte Plasma zu blubbern und zu brodeln. Heißes Material ist spezifisch leichter und steigt in Blasen auf. Gleichzeitig sinkt kühleres und damit schwereres Gas zwischen den sich ausdehnenden Blasen tiefer im Gravitationsfeld ab. Näher am Neutronenstern „tankt" es dann Energie durch Absorption von Neutrinos. Der intensive Neutrinofluss aus dem Neutronenstern speist wie die Heizplatte eines Herds immer mehr Wärme ins Gas und bringt es in immer heftigere Wallung (Abbildung 3.10). Wer genau hinsieht, kann die Atompilzen gleichenden typischen Strukturen von *Rayleigh-Taylor-Instabilität* erkennen (siehe Kasten „Die Rayleigh-Taylor-Instabilität" auf Seite 88). Ist

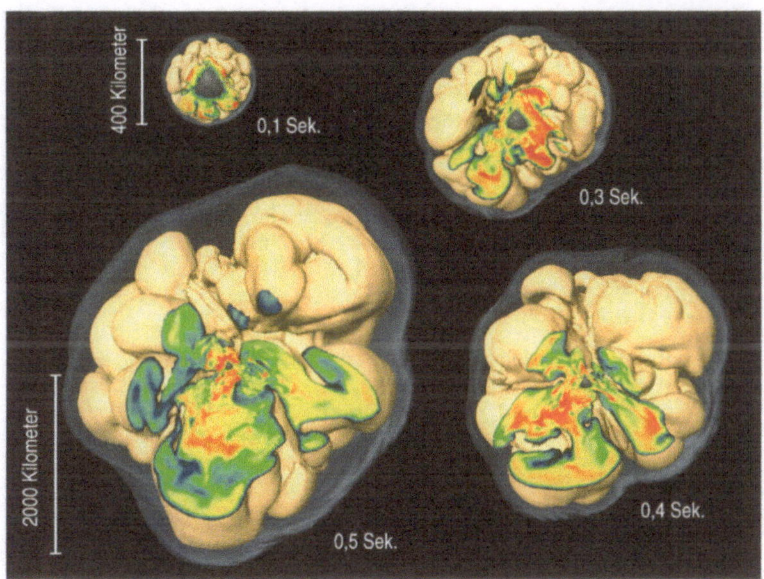

Abb. 3.10 Beginn der Supernovaexplosion eines Sterns mit 15 Sonnenmassen in einer 3-D-Computersimulation. Bei der Bildfolge (im Uhrzeigersinn, links oben beginnend) ist die Zeit ab der Entstehung des Supernovastoßes gemessen. Ein Teil der Neutrinos, die den heißen Neutronenstern (im Zentrum als kugelförmiges Objekt erkennbar) verlassen, heizen die umgebende Materie und bringen sie in heftige Wallung. Das von Neutrinos erhitzte Plasma dehnt sich in aufsteigenden Blasen aus, zwischen denen kühleres Gas zum Neutronenstern absinkt und weitere Energie von den Neutrinos aufnimmt (besonders heiße Materie erscheint im aufgeschnittenen Oktanten in roten, orangen und gelben Farben). Schließlich beschleunigen die expandierenden Blasen die Supernovastoßfront (als transparente, einhüllende Fläche erkennbar).

das Heizen stark genug, setzt eine kraftvolle Expansion der Blasen ein, die den Akkretionsstoß zu größeren Radien treibt. Schließlich beschleunigt diese Ausdehnung, der Stoß gewinnt zunehmend neuen Schwung und zwingt die vormals Richtung Zentrum stürzenden Schichten in eine mächtige Auswärtsbewegung mit Geschwindigkeiten bis weit über 10 000 Kilometer pro Sekunde. Die Supernovaexplosion nimmt ihren Anfang.

Neben der Rayleigh-Taylor-Auftriebsinstabilität unterstützt eine weitere hydrodynamische Instabilität die „Wiederbelebung" des Supernovastoßes. Der Akkretionsstoß beginnt nach einiger Zeit, Schwipp-schwapp-

? Die Rayleigh-Taylor-Instabilität

Jeder, der schon Schwitzwasser von der Decke einer kühlen Höhle hat tropfen sehen hat, weiß, dass ein dichteres Medium (Wasser) nicht stabil über einem dünneren Medium (Luft) geschichtet bleibt.

Unter einem instabilen Zustand bzw. einer Instabilität versteht man allgemein eine Situation, bei der eine kleine Anfangsstörung im Lauf der Zeit immer weiter anwächst, sodass der Ausgangszustand zerstört wird. Die Strömungslehre (Hydrodynamik), die Wissenschaft von den Bewegungsgesetzen von Flüssigkeiten und Gasen, kennt eine Vielzahl von Instabilitäten, die zu starken Veränderungen der Struktur und des Verhaltens einer Strömung oder Schichtung führen können.

Von besonderer Bedeutung bei Supernovaexplosionen ist die nach ihren ersten Erforschern benannte Rayleigh-Taylor-Instabilität. Ist unter dem Einfluss einer beschleunigenden Kraft, z. B. der Schwerkraft, eine spezifisch dichtere Flüssigkeit über eine spezifisch leichtere geschichtet, dann ist diese Situation instabil: Kleine Dellen der Grenzfläche beginnen rasch zu fingerartigen Ausbuchtungen zu wachsen und formen dann charakteristische, pilzförmige Strukturen. Die schwerere Flüssigkeit sinkt nach unten, die leichtere steigt auf, ein Vorgang, der gravitative potenzielle Energie freisetzt. Solche Effekte lassen sich beispielsweise beobachten, wenn man sehr vorsichtig kühle, dichte Kondensmilch in ein Glas heißen, klaren Schwarztees gibt. Das linke Bild in Abbildung 3.11 zeigt den Zerfall einer derartigen Flüssigkeitsschichtung in einer Computersimulation. Bevor die Flüssigkeiten auf kleinen Skalen miteinander mischen, dringen sie in großräumigen Ausbeulungen ineinander ein.

Die spektakulärsten irdischen Phänomene, bei denen die Pilzstrukturen der Rayleigh-Taylor-Instabilität auftreten, sind große Explosionen in der Erdatmosphäre, etwa durch einen Vulkanausbruch oder die Zündung einer Atombombe. Die Explosion erzeugt eine große Menge sehr heißen Gases, das durch seine geringere Dichte leichter ist als die umgebende kühle Luft, sodass es rasch im Gravitationsfeld der Erde zu steigen beginnt und dabei die berühmten Pilzwolken formt (Abbildung 3.11 rechts).

Bei Supernovae ist es nicht nur die Gravitation, die das Mischen von Flüssigkeitsschichten durch die Rayleigh-Taylor-Instabilität treiben kann. Stattdessen kann dies auch durch Druckgefälle geschehen, welche von der Explosion erzeugt werden. Solche Druckunterschiede können dichtere und leichtere Plasmaschichten aufeinander zu beschleunigen, ein Effekt, der außerhalb des stellaren Kerns viel wichtiger ist als die Schwerkraftbeschleunigung. ▶

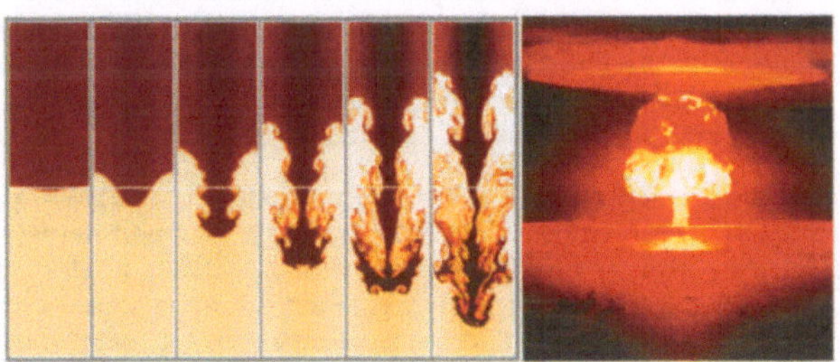

Abb. 3.11 *Links:* Rayleigh-Taylor-Instabilität in einer Computersimulation. Eine Flüssigkeit mit doppelt so hoher Dichte ist anfangs über einer leichteren Flüssigkeit geschichtet und an der horizontalen Grenzfläche (weiße Linie) mit kleiner Amplitude sinusförmig gestört. Auf beide wirkt eine konstante, senkrecht nach unten gerichtetete Beschleunigung (Schwerkraft). *Rechts:* Die von dieser Auftriebsinstabilität verursachte pilzförmige Wolke der Explosion einer Wasserstoffbombe, welche die Amerikaner am 26. März 1954 nahe dem Bikini-Atoll in der Südsee auf einem Schiff zündeten.

? Die Akkretionsstoßinstabilität

Man stelle sich eine Person unter der Dusche vor, und den von ihr nicht erreichbaren Regler für die Wassertemperatur bedient eine zweite Person. Ist der Wasserfluss zu kühl, ruft die duschende Person „wärmer!". Bei einem sehr empfindlichen Regler ist es leicht möglich, dass der Bedienende dann überreguliert. Die schon etwas genervte Person unter der Brause meldet sich daraufhin lauter zurück mit „kälter!!", worauf der hilfreiche Partner schnell in die andere Richtung dreht und natürlich wieder über den Idealwert hinausschießt, was prompt mit einem noch lauteren „wärmer!!!!" panisch quittiert wird. Dies ist ein Beispiel für einen *sich verstärkenden Rückkopplungsprozess*, in dem sich ein *Strömungs-Schallwellen-Zyklus* aufschaukelt. Ein analoger Vorgang findet im Zentrum einer Supernova statt.

Ein Akkretionsstoß, d.h. ein in der Radialbewegung zum Stillstand gekommener Stoß, durch den Materie einem akkretierenden Objekt (Neutronenstern oder Schwarzen Loch) entgegenfällt, bleibt nicht kugelsymmetrisch, sondern entwickelt durch eine Instabilität wachsende Deformationen. Kleine, in jeder realen Situation unvermeidbare Störungen, z. B. Dichteschwankungen, verursachen Wirbel und Temperatur-Dichte-Fluktuationen, wenn sie den Stoß passieren. Diese Wirbel und Fluktuationen werden im sich verengenden Materiefluss zum Zentralobjekt hin transportiert und verursachen Schallwellen (Druckwellen, „Geräusche"), die gegen die Unterschallströmung zurück zum Stoß laufen. Die dort eintreffenden Schallwellen rufen neue Störungen her- ►

► vor, die wiederum neue Wirbel im Akkretionsfluss zur Folge haben. Unter geeigneten Bedingungen verstärken sich diese Variationen bei jedem Hin- und Herlaufen der Signale und regen Deformationsschwingungen des Stoßes an, deren Amplitude zunimmt.

Am schnellsten wachsen die Schwingungszustände mit den größten Wellenlängen. Dies sind einerseits Schwipp-schwapp-Bewegungen, bei denen der Stoß in einer Hemisphäre expandiert, in der anderen kontrahiert, und andererseits bipolare, hantelförmige Pulsationen, bei denen der Stoß an beiden Polen ausbeult/kontrahiert, während er sich gleichzeitig am Äquator einschnürt/expandiert. Die starken Änderungen im Stoßradius bei den immer wilder werdenden Schwingungen führen dann sekundär auch zu Rayleigh-Taylor-Instabilität im Akkretionsfluss (siehe vorhergehenden Kasten „Die Rayleigh-Taylor-Instabilität"). Als Folge dieser kombinierten Effekte entwickelt die Stoßfront eine globale, manchmal extreme Asphärizität (Abbildungen 3.12 und 3.13).

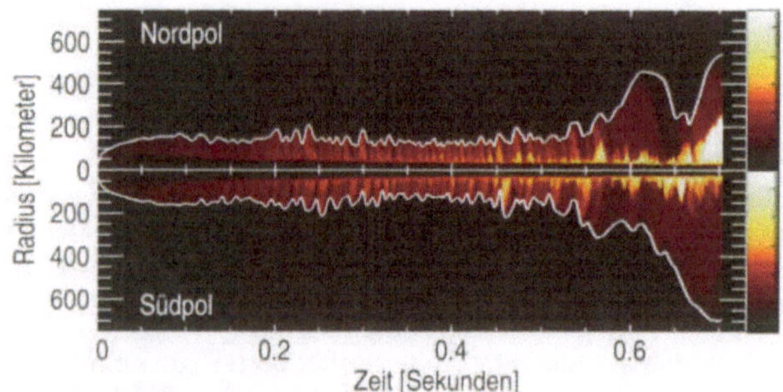

Abb. 3.12 Schwipp-schwapp-Bewegungen des Supernovastoßes bis zum Einsetzen der Explosion eines 15-$M_\odot$-Sterns in einer Computersimulation. Etwa 0,1 Sekunden nach der Stoßentstehung erreichen die Schwingungen aufgrund der Akkretionsstoßinstabilität sichtbare Amplituden. Mehrere zehntel Sekunden lang pulsiert dann die Stoßfront (dünne weiße Linien) mit phasenweise anschwellender Aktivität abwechselnd stärker in die Nord- oder Südhalbkugel. Ab etwa 0,5 Sekunden nimmt die Heftigkeit der Ausschläge dramatisch zu und leitet schließlich die verzögerte Supernovaexplosion ein (siehe auch rechtes Bild in Abbildung 3.13). Hellere Farben bedeuten stärker von Neutrinos erhitztes Plasma.

Auch im Alltag begegnen wir dem sich verstärkenden Rückkopplungsprozess, der für das Aufschaukeln der Stoßschwingungen ursächlich ist. So ist das schrille Pfeifen der Düse eines Teekessels, durch die Wasserdampf schnell strömt, unsere Wahrnehmung von Luftdruckwellen als Folge der hochfrequenten Gasschwingungen, welche ein anschwellender Wirbel-Schallwellen-Wirbel-Zyklus in der Düse auslöst.

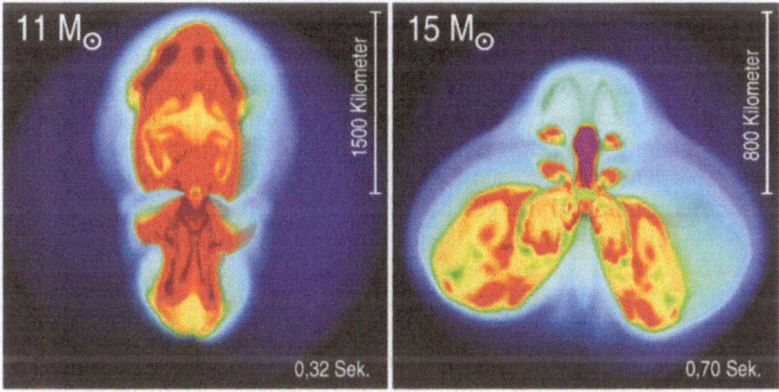

Abb. 3.13 Beginnende Explosionen eines 11-$M_\odot$-Sterns (*links*; siehe auch Abbildung 3.8) und eines 15-$M_\odot$-Sterns (*rechts*; siehe auch Abbildung 3.12) in Computersimulationen. Die angegebenen Zeiten sind vom Moment der Stoßentstehung beim Kernrückprall an gemessen. Aufgrund der Akkretionsstoßinstabilität, die den neutrinogetriebenen Mechanismus unterstützt, besitzt der Stoß zu Beginn seiner explosiven Expansion eine extrem starke, globale Asymmetrie. Obwohl der 11-$M_\odot$-Stern (*links*) nicht rotiert, entwickelt sich eine keulenförmig deformierte Explosionsfront. Im Fall des 15-$M_\odot$-Stern (*rechts*) setzt die Explosion erst bei 0,70 Sekunden kurz vor dem Ende der in Abbildung 3.12 dargestellten Simulation ein. In beiden Bildern befindet sich der Protoneutronenstern im Zentrum, und der Übergang von Hellblau zu Dunkelblau markiert die Position der expandierenden Stoßfront. Hellblau, Grün, Gelb und Rot bedeuten zunehmend stärker (stoß- und neutrino-)geheiztes Gas, die dunkelblauen bis schwarzen Gebiete kennzeichnen immer noch kollabierendes, relativ kühles Plasma der inneren Sternschichten. Die Drehsymmetrie der Strukturen um die vertikale Achse ist durch die angenommene Zweidimensionalität der Simulationen bedingt.

Bewegungen mit wachsender Amplitude auszuführen und immer wilder zu schwingen. Dieses als *Akkretionsstoßinstabilität* bekannte Phänomen (siehe Kasten „Die Akkretionsstoßinstabilität" auf Seite 89) produziert sehr große Deformationen des Stoßes und verstärkt das Brodeln und Kochen der Materie im Neutrinoheizgebiet. Wenn es zu einer Explosion kommt, setzt diese aufgrund der wilden Stoßpulsationen mit starker globaler Asphärizität ein (vgl. Abbildungen 3.12 und 3.13).

Trotz der vorübergehenden „Rast" des Stoßes ist seit Beginn der Gravitationsinstabilität bis zu dieser *verzögerten Explosion* nicht einmal eine Sekunde vergangen. Es ist ein zäher Ringkampf um das Schicksal des kollabierenden stellaren Kerns, der sich im Supernovazentrum bis zu diesem

Zeitpunkt abgespielt hat. Neutrinoverluste in den heißeren Schichten am Protoneutronenstern, Neutrinoheizen und brodelndes Aufbäumen des geheizten Gases am Stoß, und der die Stoßexpansion dämpfende Aufprall einstürzender Materie liefern sich einen erbitterten Wettstreit und zerren viele zehntel Sekunden an der Stoßfront. Sind die treibenden Kräfte zu schwach, hält nichts den fortwährenden Kollaps auf. Der gerade entstandene Neutronenstern und mit ihm der gesamte Stern kollabiert dann zum Schwarzen Loch. Nur ein sekundenlanges Neutrinosignal, begleitet von einer Gravitationswelle, kündet von so einem „stillen" Sterntod.

In der Tat war dies immer wieder das Ergebnis von Computersimulationen, insbesondere wenn die entscheidende Neutrinophysik in den Modellen verbessert wurde, nachdem Stirling Colgate und Richard White vom Lawrence Radiation Laboratory im kalifornischen Livermore Mitte der 1960er-Jahre die grundlegende Idee von Neutrinos als Ursache für die Explosion hatten und Jim Wilson und Hans Bethe diese Idee als *verzögerten Neutrinoheizmechanismus* fast 20 Jahre später im bis dahin stark gewandelten Bild vom stellaren Kollaps wiederbelebten. Der genaue Ablauf des Geschehens ist jedoch immer noch nicht endgültig geklärt. Zu kompliziert sind viele Aspekte der Physik, zu aufwendig die Simulationen, um alle Einzelheiten mit höchster Genauigkeit zu berücksichtigen.

Ergebnisse aus vielen Generationen immer detaillierterer Modellrechnungen kristallisieren sich aber zu folgendem aktuellen Bild:

1. Der prompte Explosionsmechanismus funktioniert nicht.

2. Der Neutrinoheizmechanismus kann die Explosion von Vorläufersternen mit O-Ne Kern beim Kollaps erklären, wobei die Energie und Helligkeit der Explosion aber relativ gering sind. Sie werden „Elektroneneinfang-Supernovae" genannt, weil beschleunigte Elektroneneinfänge den Kollaps einleiten (siehe Kapitel 2.5 und 3.1). Die Supernova von 1054, die den Krebsnebel und -pulsar hinterlassen hat (Abbildung 2.11), könnte so ein Fall sein, und jüngste, systematische Suchkampagnen, insbesondere nach lichtschwachen, transienten optischen Quellen, haben Hinweise auf weitere mögliche Ereignisse dieser Art gebracht.

3. Bei Vorläufersternen mit mehr als 9–10 $M_\odot$, die einen Eisenkern beim Kollaps besitzen, spielen neben dem Neutrinoheizen mehrdimensionale hydrodynamische Strömungsvorgänge wie die erwähnten Rayleigh-Taylor- und Akkretionsstoßinstabilitäten eine entscheidende Rolle. Die heftigen Wallungen verlängern den Aufenthalt der Materie im Neutrinoheizgebiet. Dies erhöht die Energie, die Neutrinos in die Explosion

pumpen können, und stärkt den Heizmechanismus. In der Tat wurden so in den momentan besten Computersimulationen für einige Sterne zwischen 11 und 15 Sonnenmassen erfolgreiche Explosionen gefunden (ein Beispiel ist in Abbildung 3.8 dargestellt).

Diese Resultate legen also folgenden Schluss nahe:

! Die bei der Neutronensternbildung abgestrahlten Neutrinos können durch ihren Energieübertrag eine neutrinogetriebene Supernovaexplosion auslösen.

Dennoch fehlt insbesondere beim Punkt 3 noch die klare Bestätigung durch mehrere, unabhängig voneinander arbeitende Theoriegruppen. Daher wird eine Reihe alternativer oder zusätzlicher Wege diskutiert, über die sich der Akkretionsstoß das riesige Energiereservoir im kollabierenden Kern für die Supernovaexplosion zunutze machen könnte. Vielleicht werden im stellaren Kern extrem starke Magnetfelder aufgebaut, die mithelfen, das Plasma explosiv zu beschleunigen (*magnetohydrodynamischer Mechanismus*)? Oder die Neutrinos wirken durch Eigenschaften, die nicht vom Standardmodell der Teilchenphysik vorhergesagt werden, im Protoneutronenstern und seiner Umgebung anders als bislang vermutet? Vielleicht verhält sich auch die hochdichte Materie im Innern des Neutronensterns ganz anders als normalerweise angenommen, z. B. indem sich aus Neutronen und Protonen in einem abrupten Phasenübergang viel dichtere Quarkmaterie bildet (siehe Kasten „Zustandsgleichung von Sterngasen III“ auf Seite 57) und dadurch ein zweiter Kollaps und Rückprall dem ersten Stoß einen noch stärkeren, zweiten folgen lässt (*Quarkphasenübergangs-* oder *Doppelstoßmechanismus*)? Oder, ein Szenario in neueren Computersimulationen einer Gruppe aus Arizona, der entstehende Neutronenstern beginnt durch das auf ihn aufprallende Gas des kollabierenden stellaren Kerns wie eine angeschlagene Glocke heftig zu vibrieren, und die von seinen Oszillationen ausgehenden Schallwellen füttern frische Energie in den Akkretionsstoß (*akustischer Mechanismus*)?

Wohl gibt es Unterschiede in der Qualität der zugrunde liegenden Rechnungen, auch kann man Wahrscheinlichkeiten und Plausibilitäten für den einen oder anderen Vorschlag abwägen. Solange aber die Modelle verschiedener Forschergruppen nicht in den wesentlichsten Aspekten des Neutrinoheizszenarios übereinstimmen, sind solche alternativen, nicht kategorisch ausgeschlossenen Möglichkeiten durchaus ernst zu nehmen. Trotz beachtlicher Fortschritte mit immer besseren Computermodellen bleibt also noch ein gewaltiger Berg von Arbeit und offenen Fragen für die Theoretiker, die sich auf den mühsamen Weg gemacht haben, das Rätsel der Sternexplosionen zu lüften. Weil der Explosionsmechanismus nicht endgültig verstanden ist, ist beispielsweise bislang auch nicht geklärt, ab welcher Masse kollabierende Sterne keinen Neutronenstern mehr gebären, sondern ihre schweren Eisenkerne zu einem Schwarzen Loch implodieren.

3.7 Die Sternexplosion

Nachdem der Supernovastoß neuen Schub bekommen hat, rast er durch die Zwiebelschichten der Sternstruktur in Richtung Oberfläche. Je nach Ausdehnung des Sterns und Explosionsenergie kann es Stunden (bei Blauen Riesensternen mit Radien von etlichen 10 Millionen Kilometern) bis Tage (bei **Roten Riesen** mit Milliarden Kilometern im Radius) dauern, bevor der Stoß aus dem Stern ausbricht und die Supernovaexplosion hell aufzuleuchten beginnt. Vorher weiß der Beobachter nicht – es sei denn, er verfügt über Messgeräte, die den Neutrinopuls und das Gravitationswellensignal registriert haben –, dass der Stern im Zentrum kollabiert ist und dann eine Explosionswelle losgetreten hat.

Auf ihrem Weg nach außen heizt die Explosionswelle das Sternplasma kräftig auf. Beim Durchgang durch die Siliziumschicht, die den kollabierten Eisenkern umgibt, werden Temperaturen von mehr als 5 Milliarden Kelvin erreicht, und auch in der folgenden Sauerstoffschale können es noch über 3 Milliarden Kelvin sein. Bei solchen Temperaturen verbrennen Silizium und Sauerstoff explosiv vorwiegend zu Eisengruppenelementen (Fe, Ni, Co) bzw. zu Si, Ar, Ca (vgl. Tabelle 2.1). Größtenteils entstehen ähnliche Elemente wie bei der hydrostatischen Kernfusion während der Sternentwicklung. Besonders wichtig sind aber die erzeugten radioaktiven **Isotope** (z. B. von Nickel und Titan), deren Zerfallsenergie später das expandierende Supernovagas heizt und dadurch leuchten lässt.

Insbesondere das reichlich produzierte ^{56}Ni Isotop (56 gibt die Zahl der Nukleonen im Nickelatomkern an, der 28 Protonen enthält) bildet nach den ersten Wochen bis Monaten über die radioaktive Zerfallskette $^{56}\mathrm{Ni}\to{}^{56}\mathrm{Co}\to{}^{56}\mathrm{Fe}$ für Jahre die wichtigste Energiequelle der Supernovalichtkurve. Die Menge Nickel, einige tausendstel bis über eine zehntel Sonnenmasse, steigt mit der Explosionsenergie und damit der Geschwindigkeit der Stoßwelle. Sie ist eine bedeutende diagnostische Größe für die Explosionsphysik. Das beim Zerfall übrig bleibende stabile Eisen geht nur auf

Kernreaktionen bei der Supernova zurück, weil alles im Voräuferstern erbrütete Eisenmaterial in den Neutronenstern kollabiert ist.

Aber nicht nur die Menge, auch die räumliche Verteilung des ausgeschleuderten Nickels bzw. Eisens liefert interessante Aufschlüsse über den Verlauf der Explosion. Wenn der Stoß die Grenzen zwischen den verschiedenen Zwiebelschichten passiert, durchläuft er abwechselnd Regionen mit steilerem oder flacherem Dichteabfall und beschleunigt oder bremst entsprechend in seiner radialen Bewegung. Dies führt dazu, dass an den Schichtgrenzen dichteres und spezifisch schwereres Material auf leichteres Gas mit anderer chemischer Zusammensetzung zu beschleu-

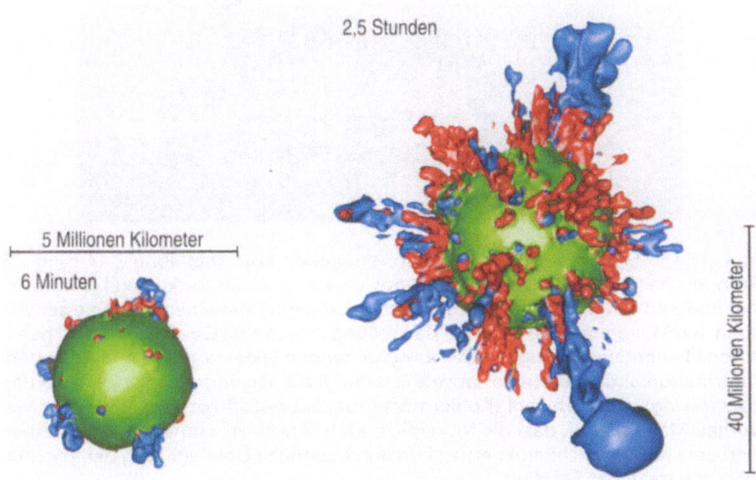

Abb. 3.14 Mischinstabilitäten während der Supernovaexplosion eines Sterns mit 15 Sonnenmassen in einer 3-D-Computersimulation. Kohlenstoff ist grün wiedergegeben, Sauerstoff rot und Elemente der Eisengruppe, vor allem Nickel, sind blau dargestellt. Aus den Asymmetrien zu Beginn der Explosion (siehe Abbildung 3.10) wachsen durch Rayleigh-Taylor-Instabilität pilzförmige Strukturen, in denen die schwereren chemischen Elemente (Ni, O) aus den tieferen Schichten nach außen vordringen und klumpenförmig im Stern verteilt werden. Man muss sich die sichtbaren „Finger" und Klumpen von Helium und Wasserstoff umgeben vorstellen. Sie fliegen viel schneller als der Großteil dieser Materie radial vom Zentrum des Explosion weg. *Links* ist die Situation rund sechs Minuten, *rechts* etwa 2,5 Stunden nach Beginn der Explosion abgebildet.

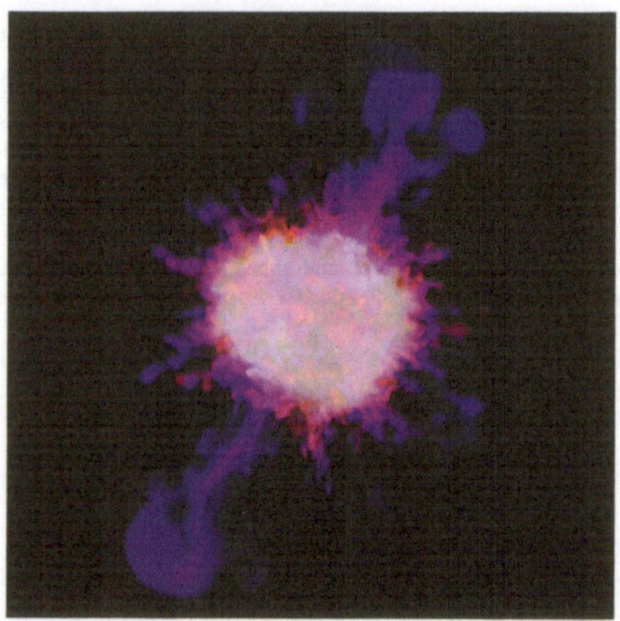

Abb. 3.15 Das Ergebnis der Computersimulation von Abbildung 3.14 rund 2,5 Stunden nach Beginn der Explosion aus einem anderen Blickwinkel und in einer anderen Visualisierung. Das gezeigte Raumgebiet hat einen Durchmesser von rund 100 Millionen Kilometer. Die Darstellung zeigt keine Oberflächen der chemischen Elementeverteilung wie die vorhergehenden Bilder, sondern enthält Tiefeninformation, indem einzelne Sehstrahlen durch die Sternmaterie verfolgt wurden (*ray tracing*). Die Farbwahl (Kohlenstoff grün, Sauerstoff rot, Nickel blau) ist wie vorher. Man erkennt, dass die Nickelpilze auch Sauerstoff enthalten. Mischfarben und der weißliche Schimmer entstehen durch optische Überlagerung der Information entlang einer Sichtlinie.

nigt wird, eine klassische Rayleigh-Taylor-instabile Situation (siehe Kasten „Die Rayleigh-Taylor-Instabilität“ auf Seite 88).

Die bereits in der ersten Sekunde der Explosion auftretenden Asymmetrien (Abbildung 3.10) verursachen Störungen, die wie in den Beispielen der Abbildung 3.11 das Wachstum der Instabilität an den Schichtgrenzen auslösen. Dadurch beginnen sich die aneinandergrenzenden Sternschalen mit unterschiedlichen chemischen Elementen zu mischen. In den Abbildungen 3.14 und 3.15 erkennt man, wie schwere chemische Elemente aus den

? Die Kelvin-Helmholtz-Instabilität

Auch die Kelvin-Helmholtz-Instabilität, benannt nach dem deutschen Physiker Hermann von Helmholtz (1821–1894), ist für Mischvorgänge bei Sternexplosionen bedeutsam. Diese Instabilität tritt auf, wenn in einer Flüssigkeit ein starkes Geschwindigkeitsgefälle senkrecht zur Richtung der Bewegung existiert, oder wenn sich zwei Flüssigkeiten parallel zu ihrer Grenzfläche mit einer hinreichend großen Geschwindigkeitsdifferenz relativ zueinander bewegen (Scherströmung). Sie zeigt sich im Wachsen von rollen- und wirbelförmigen Strukturen, die bei geringer innerer Reibung (Zähigkeit) des Mediums in turbulente Bewegungen übergehen. Das aus dem Alltag vertrauteste Beispiel sind die vom Wind auf der Wasseroberfläche erzeugten Wellen. Bisweilen kann man auch faszinierend schöne Kelvin-Helmholtz-Muster an Wolkenbändern beobachten, wenn in den übereinanderliegenden Luftschichten entlang der Wolkengrenze große Unterschiede der Windgeschwindigkeit herrschen (Abbildung 3.16). Ähnliche Effekte zeigen sich an den Rändern von Wolken- und Farbbändern in den Atmosphären der großen Gasplaneten Jupiter und Saturn.

Abb. 3.16 Kelvin-Helmholtz-Instabilität in einem Wolkenband längs der östlichen Rocky Mountains über der Stadt Monument in Colorado. Die Wellenstruktur wird durch starke Schwerwinde der Luftschichten entlang der Wolkengrenze verursacht.

Wenn Rayleigh-Taylor-Finger mit hoher Geschwindigkeit in die umgebende Flüssigkeit eindringen, kann es auch an der Grenzfläche der zwei Medien zur Kelvin-Helmholtz-Instabilität kommen. Dies fördert die Ausbildung des Pilzkopfes an der Spitze der Rayleigh-Taylor-Finger und verursacht das Ausfransen und Verwirbeln von Pilzstamm und -kopf, wie es in Abbildung 3.11 zu sehen ist.

tieferen Regionen in typischen Rayleigh-Taylor-Pilzen nach weiter außen durchbrechen. Innerhalb der ersten Stunden der Explosion werden aus den anfänglich kleinen Pilzchen riesige, viele Millionen Kilometer lange radiale „Finger", immer noch mit erkennbaren Pilzstämmen und -kappen. *Kelvin-Helmholtz-Instabilität* (siehe Kasten „Die Kelvin-Helmholtz-Instabilität", Seite 97) bewirkt, dass die Pilze anfangen, zu zerfransen und sich mit dem sie einhüllenden Material zu mischen. Durch die Kelvin-Helmholtz-Instabilität trennen sich auch größere und kleinere Klumpen von den Rayleigh-Taylor-Fingern ab und verfrachten vor allem Nickel, Silizium und Sauerstoff bis in die äußersten Schalen des explodierenden Sterns. Diese Klumpen fliegen mit mehreren Tausend Kilometern pro Sekunde vom Zentrum weg, viel schneller als ein großer Teil des sie umgebenden Wasserstoff- und Heliumgases der Sternhülle.

Tief im Innern des Vorläufers entstandene Fusionsprodukte ebenso wie das bei der Explosion nah am Ursprung erzeugte Nickel gelangen durch solche Mischvorgänge bis in oberflächennahe Regionen des zerstörten Sterns. Seine ursprüngliche Zwiebelschalenstruktur wird in der Supernova also gleichsam von innen nach außen verkehrt.

Zum ersten Mal konnten die Folgen solcher Mischvorgänge bei der Supernova 1987A (Abbildung 1.8) beobachtet werden, dem erdnächsten Ereignis der Gegenwart, das mit modernen Geräten bei allen Wellenlängenbereichen des elektromagnetischen Spektrums ins Visier genommen werden konnte. Erwartet hatte man, die Wasserstoffhülle ganz außen mit den höchsten Geschwindigkeiten expandieren zu sehen, und erst zuletzt tief im Innern, wenn alle umhüllenden Schichten durch ihre Ausdehnung durchsichtig geworden sind, die radioaktiven Elemente mit den niedrigsten Expansionsgeschwindigkeiten. Statt erst nach einem Jahr wurde aber bereits wenige Monate nach Beginn der Explosion energiereiche Röntgen- und Gammastrahlung aus radioaktiven Zerfällen mit Satelliteninstrumenten registriert. Außerdem konnten die besondere Form der Lichtkurve und bestimmte Eigenschaften der Strahlungsspektren nur erklärt werden, wenn bei der Explosion radioaktives Material in Klumpen und mit hohen Geschwindigkeiten weit in die Wasserstoffhülle gelangt war und Wasserstoff umgekehrt tief in den Stern gemischt wurde. Neben der historischen Messung von Supernovaneutrinos und der Erkenntnis, dass auch Blaue und nicht nur Rote Riesensterne als Supernovae sterben können, war dies die dritte grundlegende Einsicht im Zusammenhang mit der Supernova 1987A. Dadurch wandelte sich unser Bild vom Ablauf dieser Sterneexplosionen radikal, und die Notwendigkeit mehrdimensionaler Computersimulationen zu ihrer Modellierung wurde offensichtlich.

Seither fanden sich auch bei anderen, gut beobachteten Kernkollapssupernovae Hinweise auf Anisotopien und klumpiges Mischen im ausgeschleuderten Gas. Junge Überreste solcher Ereignisse wie der Krebsnebel (Abbildung 2.11) und Kassiopeia A (Abbildung 1.1) zeigen Filamente und Inhomogenitäten und sind deformiert statt kugelförmig. Bei Kassiopeia A lassen Messungen von Röntgenstrahlung den Schluss zu, dass große Regionen mit hoher Eisenhäufigkeit asymmetrisch verteilt und nicht identisch mit den siliziumreichsten Strukturen sind. Sie befinden sich am Rand des Überrests und expandieren schneller als die Hauptmasse von Wasserstoff und Helium. All dies erfordert das Auftreten hydrodynamischer Instabilitäten im tiefsten Innern bereits in den frühesten Phasen der Explosion.

3.8 Vom Protoneutronenstern zum Neutronenstern

Hat die Explosionswelle ihren Weg durch den Stern nach außen eingeschlagen, bleibt im Zentrum der Protoneutronenstern zurück. Mit etwa 300 Milliarden Kelvin ist er bereits wenige Sekundenbruchteile nach seiner Entstehung ein extrem heißer Körper. Das Temperaturmaximum liegt zu dieser Zeit aber nicht in seinem Zentrum, sondern in der Gegend, wo die Stoßwelle vor ihrer Abbremsung ihre größte Stärke erreicht und das Plasma am stärksten aufgeheizt hatte. In dieser frühen Phase befinden sich Protonen noch in großer Zahl im Stern, obwohl während des Kollapses und beim Neutrinoblitz Elektroneneinfänge (Reaktionen 3.1 und 3.2) bereits einen Teil der Protonen aus den ursprünglichen Eisenionen zu Neutronen umgewandelt haben. Negative Elektronen sorgen für die Ladungsneutralität im Plasma. Elektronen ebenso wie Neutrinos, die im dichten Innern des Protoneutronensterns gefangen sind, speichern als hochentartete Fermigase (siehe Kästen „Entartete Fermionengase I, II“ auf den Seiten 35 und 36) den überwiegenden Teil der beim Gravitationskollaps freigesetzten potenziellen Energie (vgl. Kapitel 3.6).

Nach seiner Geburt im Moment des Rückpralls (Kapitel 3.3) hängt der Baby-Neutronenstern noch für einige zehntel Sekunden an der Nabelschnur des sterbenden Sterns und erhält weiterhin Nahrung, indem er Gas des kollabierenden stellaren Kerns akkretiert und in seiner Masse wächst. Diese Phase der Akkretion kann über das Einsetzen der Explosion hinaus andauern. Das Gas, das der wieder loslaufende Stoß aufsammelt, fällt zwi-

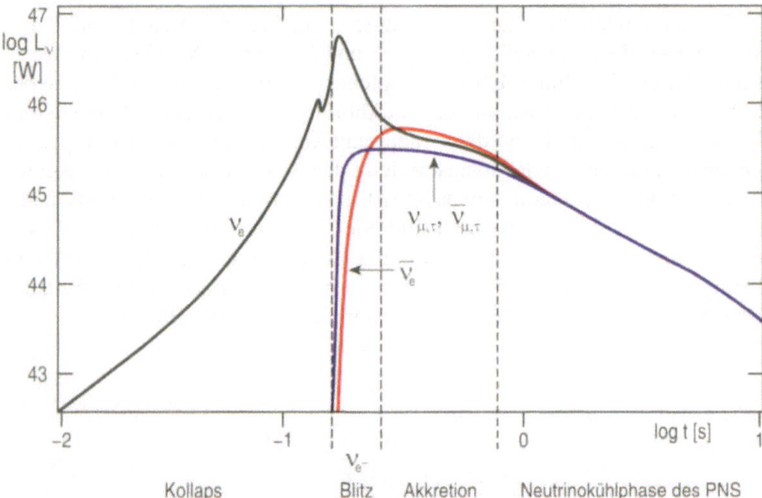

Abb. 3.17 Schematische Darstellung der Neutrinoleuchtkräfte während der Entwicklungsphasen vom Kollaps des stellaren Kerns zum Neutronenstern. Leuchtkraft und Zeit sind logarithmisch aufgetragen. Die maximale Neutrinoleuchtkraft wird im Moment des Elektronneutrinoblitzes erreicht und liegt 20 Größenordnungen über der Strahlungsleuchtkraft der Sonne ($L_\odot = 3{,}846 \times 10^{26}$ W). Nach dem Neutrinoblitz folgt die Akkretionsphase des entstehenden Neutronensterns, in der Elektronneutrinos (ν_e) und -antineutrinos ($\bar{\nu}_e$) mit höheren Luminositäten als Myon- und Tauneutrinos (ν_μ, $\bar{\nu}_\mu$, ν_τ, $\bar{\nu}_\tau$) abgestrahlt werden. Hört der Massenzustrom zum Neutronenstern auf, beginnt die thermische Kühlphase des Protoneutronensterns (PNS), während der die Leuchtkräfte von Neutrinos und Antineutrinos aller drei Leptonfamilien nahezu identisch sind.

schen den expandierenden Blasen neutrinogeheizten Plasmas in langen, schlauchartigen Akkretionskanälen zum Zentralobjekt (siehe untere Bilder in Abbildung 3.10). Am Protoneutronenstern abgebremst legt es sich als heißer Mantel um den dichten inneren Bereich (Abbildungen 3.1 und 3.8) und emittiert vor allem Elektronneutrinos (ν_e) und -antineutrinos ($\bar{\nu}_e$). Der Energie- und Leptonenverlust der Kühlregion führt zur Kontraktion des Protoneutronensterns von anfänglich fast 100 Kilometer Radius auf vorübergehend rund 30 Kilometer.

Nachdem der Elektronneutrinoblitz abgeklungen ist, bleiben durch die Neutrinoproduktion der akkretierten Materie die Leuchtkräfte von ν_e und $\bar{\nu}_e$ plateauartig erhöht (Abbildung 3.17). Die Dauer dieser Phase und die Höhe der Luminositäten hängen stark vom Vorläuferstern und der Größe seines Kerns ab. Tendenziell haben massereichere Sterne größere und schwerer Eisenkerne (dieser Zusammenhang ist aber nicht monoton!), und der Neutronenstern akkretiert während seiner Geburt mehr Materie über einen längeren Zeitraum.

Erst wenn die Akkretion abebbt, bestimmen allein die aus den tiefen Schichten herausdiffundierenden Neutrinos die Leuchtkraft. Während der Protoneutronenstern immer kompakter wird, nimmt seine Neutrinoluminosität langsam ab (Abbildung 3.17). In dieser hydrostatischen Kühlphase strahlt die hochdichte Sternleiche den Hauptteil ihrer als innere Energie gespeicherten gravitativen Bindungsenergie ab. Die Dauer t_ν dieser Phase lässt sich grob abschätzen, wenn wir die Gravitationsenergie des Neutronensterns, Gleichung (3.7), durch die mittlere Gesamtleuchtkraft L_ν der Neutrinos teilen:

$$t_\nu \approx \frac{E_\mathrm{g}}{L_\nu} . \tag{3.8}$$

Mit $E_\mathrm{g} \sim 3 \times 10^{46}$ J und $L_\nu \sim 10^{46}$ W ergibt sich eine Kühlzeit von mehreren Sekunden. Diese Zeit ist im Vergleich zur direkten Flugzeit der Neutrinos durch den Neutronenstern extrem lang; mit fast Lichtgeschwindigkeit (300 000 km/s) würden die Neutrinos dazu nur 0,0001 Sekunden benötigen. Das bedeutet, dass ein im Zentrum erzeugtes Neutrino viele hundert Millionen Mal von Teilchen des Sternplasmas gestreut oder absorbiert und reemittiert wird, wodurch sich sein diffusiver Weg zur Oberfläche zehntausendfach verlängert.

Trotz der Energieverluste durch Neutrinos steigen die Temperaturen im Protoneutronenstern zunächst an. Dies liegt einerseits an der Kontraktion des Sterns. Andererseits wird die zunächst von entarteten Elektronen gespeicherte Energie nach und nach in thermische Energie umgewandelt. Denn die durch Elektroneneinfänge erzeugten, hochenergetischen Neutrinos (Reaktion 3.2) geben bei Kollisionen mit Teilchen des Sternplasmas Energie ab. Wenn sie das dichte Innere hinter sich lassen und die oberflächennahen, kühleren Schichten erreichen, haben sie den größten Teil ihrer anfänglichen Energie verloren. Schließlich verlassen sie an der Neutrinosphäre den Stern mit einer mittleren Energie, die nur noch einer Temperatur von etwa 50 Milliarden Kelvin entspricht. Dieser Energieübertrag der Neutrinos an die Gasteilchen heizt das stellare Plasma, sodass die Temperatur im Sternzentrum auf über 500 Milliarden Kelvin klettert. Infolgedessen steigen die Produktionsraten von Neutrino-Antineutrinopaaren durch die sogenannten thermischen Prozesse (z. B. Reaktion 3.5; siehe Kasten

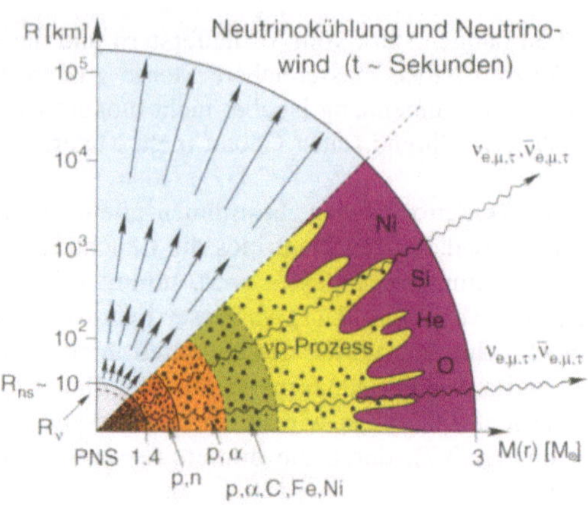

Abb. 3.18 Während das Innere des Protoneutronensterns (PNS) durch Abstrahlung von Neutrinos und Antineutrinos aller Leptonfamilien allmählich Energie verliert, bläst Neutrinoheizen nahe der Oberfläche einen „Wind" aus heißem Plasma vom Neutronenstern weg. Wenn die Windmaterie bei ihrer Expansion, angedeutet durch die Pfeile, abkühlt, verbinden sich die anfangs freien Neutronen (*n*) und Protonen (*p*) erst zu leichten Ionen (α-Teilchen, Kohlenstoff ^{12}C), dann teilweise weiter zu schwereren Atomkernen wie Nickel und Eisen. Diese bilden „Saatkerne" für den weiteren Einfang von freien Nukleonen. Falls Protonen im Wind überschüssig sind (wie im Bild angedeutet), entstehen im sogenannten „νp-Prozess" chemische Elemente und ihre protonenreichen Isotope, die deutlich schwerer als Eisen sind. Wenn der Wind einen hinreichend hohen Neutronenüberschuss entwickelt, könnten durch schnellen Neutroneneinfang (r-Prozess) schwere Kerne bis zu Uran und Plutonium aufgebaut werden. (Für weitere Erläuterungen siehe Abbildung 3.2.)

„Neutrinos in Supernovae" auf Seite 72). An der Oberfläche strahlt der Protoneutronenstern in dieser Phase daher Neutrinos und Antineutrinos aller Leptonfamilien mit nahezu gleicher Leuchtkraft ab (Abbildung 3.17).

Nach wenigen Sekunden beginnt die Temperatur im gesamten Protoneutronenstern zu fallen. Zugleich wandeln Elektroneneinfänge immer mehr Protonen in Neutronen um (Neutronisierung), und durch die entweichenden Elektronneutrinos reduziert sich die Leptonenzahl im Stern immer mehr (Deleptonisierung). Nach 10–20 Sekunden ist die Temperatur auch im Zentrum unter 10 Milliarden Kelvin gesunken. Die nach wie vor, wenngleich mit tausendfach schwächeren Leuchtkräften, abströmenden Neutrinos haben nun so niedrige Energien, dass die Neutronensternmaterie für sie durchsichtig geworden ist. Neutronisierung und Deleptonisierung sind in dieser Phase abgeschlossen. Aus dem Protoneutronenstern ist ein Neutronenstern geworden. Auf neun Neutronen im Stern kommt dann nur noch ein Proton, dessen positive Ladung durch ein Elektron kompensiert wird.

Während der Kühlentwicklung strahlt der Protoneutronenstern aber nicht nur Neutrinos ab, er verliert auch ein kleines bisschen seiner äußeren Materie. Der intensive Fluss energiereicher Neutrinos, der die Neutrinosphäre verlässt, heizt die umgebende, dünne Schicht kühler Materie, indem dort ein Teil der abströmenden Elektronneutrinos und -antineutrinos von Neutronen bzw. Protonen eingefangen wird (Reaktionen 3.4 von rechts nach links). Der Energieübertrag an das stellare Plasma „bläst" einen Materiewind von der Oberfläche des Protoneutronensterns (siehe Abbildung 3.18). Dieser *neutrinogetriebene Wind* – meist wird die kürzere, aber unpräzise Bezeichnung *Neutrinowind* verwendet, obwohl er nicht aus Neutrinos, sondern Sternplasma besteht – kann in einiger Entfernung vom Neutronenstern auf mehr als Schallgeschwindigkeit (über 10 000 km/s) beschleunigen. Bei seiner raschen Expansion kühlt er schnell ab. Infolgedessen vereinigen sich die anfangs freien Neutronen und Protonen im Wind zu Alphateilchen (der Prozess wird **Rekombination** genannt und ist die Umkehrung der **Photodissoziation**), die sich teilweise weiter zu Kohlenstoff und zu Elementen der Eisengruppe (Nickel, Eisen) verbinden. Wenn dann im expandierenden Wind noch freie Neutronen oder Protonen vorhanden sind, können diese von den Eisennukliden eingefangen werden, die als „Saatkerne" für die weitergehende **Nukleosynthese** dienen. Auf diese Weise können sehr schwere Atomkerne weit jenseits von Eisen entstehen. Die Kette von Kernfusionsreaktionen während der Sternentwicklung kann solche Elemente nicht produzieren. In Kapitel 5.1 werden wir auf dieses hochinteressante Thema noch einmal zurückkommen.

Wir haben die Geburt des Protoneutronensterns als extrem turbulenten Vorgang kennengelernt. Der entstehende kompakte Überrest ist von heftig brodelndem Plasma umgeben, dessen Wabbern und Hin- und Herschwappen starke Asymmetrien erzeugen (Abbildungen 3.10 und 3.13). Größere Gasblasen mit heißerem Plasma produzieren mehr Druck und schieben den Stoß schneller an. In diesen Richtungen beschleunigt das neutrinogeheizte Gas kräftiger und erreicht eine höhere Radialgeschwindigkeit. In anderen Richtungen mit kleineren, kühleren Blasen und geringerem Gasdruck steigen die Expansionsgeschwindigkeiten dagegen langsamer, und die Materie wird mit weniger Wucht ausgeschleudert. Dies führt zu einer starken Verformung der Stoßwelle, und die Explosion entwickelt in verschiedene Richtungen unterschiedliche Stärke. Wie eine Rakete, die heiße Antriebsgase

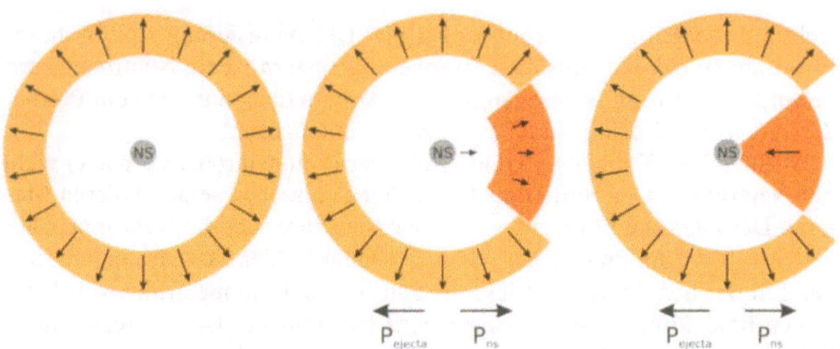

Abb. 3.19 Rückstoß des Neutronensterns bei der Supernovaexplosion. Ist die Explosion exakt kugelsymmetrisch (*links*), bleibt der Neutronenstern im Zentrum der Explosionswolke. Entwickelt die Explosion in verschiedene Richtungen unterschiedliche Stärke (*Mitte*), z. B. indem der Protoneutronenstern sehr lange einseitig Gas akkretiert (*rechts*), dann erfährt der kompakte Überrest eine Beschleunigung (in den Bildern nach rechts), entgegengesetzt zur Bewegung des bei der Explosion ausgeschleuderten Sterngases.

nach hinten ausstößt, erhält auf diese Weise auch der junge Neutronenstern einen Rückstoß (Abbildung 3.19). Dieser ist eine Folge des Impulserhaltungssatzes: Da im Bezugssystem des Sterns der Schwerpunkt der gesamten Sternmasse vor der Explosion in Ruhe war, d. h. einen verschwindenden Impuls hatte, muss dies auch nach der Explosion gelten. Schleppt die ausgeworfene Materie also Impuls in einer Richtung weg, muss der Neutronenstern den gleich großen, entgegengesetzen Impuls erhalten.

In der Tat zeigen Beobachtungen, dass junge Neutronensterne mit hohen Eigengeschwindigkeiten durch den interstellaren Raum jagen, etwa zehnmal schneller als ihre Vorläufersterne. Ihre mittleren Geschwindigkeiten liegen zwischen 200 und 500 Kilometer pro Sekunde, eine beträchtliche Anzahl bewegt sich sogar mit mehr als 1000 km/s; das kompakte Sternwrack, das den Gitarrennebel erzeugt, pflügt beispielsweise mit etwa 1600 km/s durch das interstellare Medium (Abbildung 1.3). Solche Geschwindigkeiten können nicht dadurch erklärt werden, dass bei einer Supernovaexplosion ein Doppelsternsystem aufbricht und der Neutronenstern sich mit der Bahngeschwindigkeit des zerstörten Sterns entfernt. Die schnellen Eigenbewegungen erfordern eine zusätzliche Beschleunigung der Sternleichen im Moment ihrer Geburt. Auch manche gasförmigen Überreste von Supernovae, bei denen der Neutronenstern gefunden wurde, deuten auf einen Zusammenhang mit der Anisotropie der Explosion hin. Die Neutronensterne befinden sich bei ihnen nicht im geometrischen Zentrum der Gaswolke. Stattdessen sind sie entgegengesetzt zur Hauptmasse das expandierenden Gases verschoben, oder sie sind sogar bereits aus der Ejektawolke herausgewandert.

Die Erklärung der Neutronensterngeschwindigkeiten scheint also eng mit der Frage des Explosionsmechanismus von Kernkollapssupernovae verknüpft. In jedem Fall erfordert es gewaltige, anisotrope Kräfte, um ein Objekt von eineinhalbfacher Masse der Sonne mit 1600 km/s oder mehr aus dem Explosionszentrum zu schleudern. Die Bewegungsenergie bei einer solchen Geschwindigkeit entspricht mehreren Prozent der Explosionsenergie der Supernova 1987A! Ob der neutrinogetriebene Mechanismus mit seinen turbulenten Strömungen um den Neutronenstern die Riesenkanone ist, die den Schub dafür liefert, ist unklar. Computerrechnungen in 2-D legen diese Möglichkeit nahe. Überzeugende Ergebnisse werden aber erst von Simulationen in drei Dimensionen erwartet. Mehrere Theoriegruppen arbeiten fieberhaft auf dieses Ziel hin.

3.9 Hypernovae und Gammastrahlenblitze

Im Kollaps beschleunigt sich die Rotation des stellaren Eisenkerns um seine eigene Achse. Dafür ist die Drehimpulserhaltung verantwortlich, die auch eine Schlittschuhläuferin immer schneller wirbeln lässt, wenn sie für eine Pirouette ihre Arme anzieht. So erklärt sich vermutlich die Rotation junger Neutronensterne, für die Drehperioden von hundertstel Sekunden bis Sekunden beobachtet werden. Der Krebspulsar, der aus der Supernova des Jahres 1054 hervorging (Abbildung 2.11), ist mit seinen 0,033 Sekunden bereits ein recht flottes Exemplar. Die noch viel schnelleren *Millisekundenpulsare*, deren Rotationsdauern nur wenige tausendstel Sekunden betragen und die dabei von den an ihnen zerrenden Fliehkräften fast zerrissen werden, sind alle alte Objekte. Ihre Drehung hat sich durch die Akkretion von Gas eines Begleitsterns erst allmählich beschleunigt.

Nur wenn der entstehende Neutronenstern wie ein Millisekundenpulsar kreiselt, steckt in seiner Eigendrehung ähnlich viel Energie wie in der Explosion der Supernova, sodass die Drehbewegung einen wichtigen Einfluss auf das Geschehen bei der Sternexplosion haben kann. Normalerweise rotiert der stellare Kern dafür aber viel zu langsam, wie die relativ „gemächliche“ Rotation aller bekannten jungen Neutronensterne nahelegt. In Übereinstimmung mit dieser Beobachtung zeigen Computermodelle, dass die Rotation des stellaren Kerns stark abgebremst wird, wenn sich ein massereicher Stern zum **Roten (Über-)Riesen** aufbläht oder durch einen starken Wind Materie und Drehimpuls verliert.

3.9.1 Hypernovae

Aufgrund besonderer, seltener Umstände könnten manche Sterne am Ende ihrer Entwicklung dennoch einen schnell rotierenden Kern besitzen, vielleicht, weil sie bereits bei der Geburt eine besonders rasche Anfangsdrehung besaßen, oder weil sie das Rote-Riesen-Stadium umgehen konnten, indem sie vorher ihre äußeren Hüllen durch die Wirkung eines nahen Doppelsternpartners verloren hatten. Außerdem dürfen sie keine starken Sternwinde entwickeln, was bei niedriger **Metallizität** eher der Fall ist (siehe Kapitel 2.5). Oder die Sterne sind kurz vor ihrem Kollaps mit einem sehr engen Begleitstern verschmolzen und dadurch wieder in schnelle Rotation versetzt worden.

Was passiert, wenn ein solcher, schnell rotierender Stern kollabiert? Durch die immer raschere Drehung werden die Feldlinien der im stellaren Kern vorhandenen Magnetfelder wie Gummibänder gedehnt und aufgewickelt. Besonders an der Oberfläche des entstehenden Neutronensterns, wo die Dichte steil abfällt und starke Scherbewegungen zwischen dem wirbelnden Zentralobjekt und seiner Umgebung auftreten, verstärkt sich dadurch das Magnetfeld extrem. Wenn der magnetische Druck den Druck des stellaren Plasmas übertrifft, quetschen die Felder das am Äquator zum Neutronenstern strudelnde Gas in Richtung Pole und beschleunigen es wie eine Wasserdüse in engen Fontänen entlang der Rotationsachse nach außen. Während nahe der Äquatorebene die dichte, zum Neutronenstern strömende Materie eine Expansion verhindert, haben an der Rotationsachse Zentrifugalkräfte im rotierenden Stern für geringere Dichten gesorgt und dem Gasauswurf freie Bahn geschaffen.

Die bipolar ausgeschleuderten Gasfontänen werden als **Jets** bezeichnet und könnten Begleiterscheinungen oder sogar Auslöser einer besonders hohen Asymmetrie mancher Sternexplosionen sein (*„jetgetriebene Supernovae“*, *Jet-Supernovae*). Sind solche Kollapsereignisse extrem schnell rotierender Sterne die Geburtsorte von **Magnetaren**, Neutronensternen mit vermutlich hundertfach stärkeren Magnetfeldern an der Oberfläche als bei gewöhnlichen Neutronensternen? Blasen diese Magnetare die Energie ihrer schnellen Rotation über ihre Magnetfelder in die Umgebung, und ist das die Ursache für ultrahelle Supernovae? Werden so extrem starke *Hyperno-*

vaexplosionen ausgelöst, die fünfzigmal höhere Energien als Supernovae besitzen können und bei denen die Sterntrümmer mit entsprechend größeren Geschwindigkeiten (bis über 50 000 km/s) expandieren? Statt normalerweise 0,001 bis etwa 0,1 $M_{\odot}$ bei Supernovae, erzeugen Hypernovae möglicherweise etliche zehntel bis mehrere Sonnenmassen Nickel. Durch die Radioaktivität dieser riesigen Nickelmenge und/oder die Energie, welche die Aktivität des neu entstandenen Magnetars freisetzt, sind solche Sternexplosionen noch viel heller als gewöhnliche Supernovae.

3.9.2 Gammastrahlenblitze

Bei einigen dieser Ereignisse wurde vor der eigentlichen Sternexplosion ein Sekunden dauernder, höchst intensiver Blitz von Gammastrahlung entdeckt. Solche als *kosmische Gamma(strahlen)blitze* bekannten Ausbrüche hochenergetischer Strahlung wurden erstmals in den 1960er-Jahren von den amerikanischen *Vela*-Satelliten gesichtet. Die *Vela*-Sonden hatten eigentlich die Mission, das Atombombentestabkommen zwischen Russen und Amerikanern zu überwachen und nach verräterischer Strahlung von Kernwaffentests Ausschau zu halten. Stattdessen registrierten ihre Messgeräte kurze Ausbrüche von Gammastrahlung nicht irdischen Ursprungs. Fast drei Jahrzehnte spekulierten Forscher in über hundert verschiedenen theoretischen Modellen und Szenarien über die kosmische Herkunft dieser Signale. Erst in den 1990er-Jahren begann sich der Schleier um dieses Rätsel zu lüften.

Das im Jahr 1991 in eine Erdumlaufbahn gestartete *Compton-Gammastrahlen-Observatorium* beobachtete rund um die Uhr den gesamten Himmel und zeichnete dabei jeden Tag im Durchschnitt einen Blitz auf. Die bis zum kontrollierten Absturz des Satelliten im Jahr 2000 gezählten rund 2700 Ereignisse waren vollkommen isotrop über das Firmament verteilt, ohne das geringste Zeichen einer Häufung in der Ebene der Milchstraße oder an irgendeinem anderen Ort. Damit war für viele Astrophysiker klar, dass sich die Quellen der Strahlung mit hoher Wahrscheinlichkeit in weit entfernten Galaxien in Hunderten von Millionen bis Milliarden Lichtjahren Entfernung befinden müssen. Weil die Bestimmung der Himmelspositionen der Gammablitze durch das *Compton*-Observatorium nur ungenau war, konnten diese Galaxien zunächst nicht ausfindig gemacht werden. Deshalb sprach man lange Zeit vom *„Problem der fehlenden Heimatgalaxien“*, und einige Astrophysiker plädierten vehement für mögliche Quellen im kugelförmigen, ausgedehnten Halo, das unsere Milchstraße umgibt. Dennoch war eine Herkunft aus den Tiefen des Universums, das in allen Richtungen eine ähnliche großräumige Struktur und Galaxienverteilung zeigt, eindeutig die plausibelste Erklärung für die perfekte Isotropie der Gammablitze.

Allerdings wird damit sofort ein weiteres Problem offensichtlich: Die Quellen müssen fast unglaubliche Energiemengen als Gammastrahlung freisetzen. Einige der registrierten Gammablitze übertreffen in ihrer scheinbaren Helligkeit den Planeten Venus, der neben dem Mond das auffälligste Objekt am nächtlichen Himmel ist. Um so eine Helligkeit aus einer Entfernung von Milliarden von Lichtjahren zu erzielen, muss die Quelle bei isotroper Abstrahlung hundertmal mehr Energie als eine Supernovaexplosion erzeugen, und dies nicht in Form von kinetischer Energie, sondern als hochenergetische Gammastrahlung! Das bedeutet, dass die Gammastrahlenquelle einige Sekunden lang die gesamte Leuchtkraft aller Sterne des Universums erreicht! Da eine hundertprozentige Umwandlung von Energie in Gammastrahlung extrem unwahrscheinlich ist, muss die eigentliche Energiefreisetzung noch deutlich höher sein. Welches Himmelsobjekt kann eine solch unvorstellbare Energiemenge in so kurzer Zeit erzeugen („*Energieproblem*")?

Einen ersten Hinweis lieferte die Beobachtung, dass bei vielen der aufgezeichneten Gammablitze kurzzeitige Schwankungen der Intensität auftreten. Die schnellsten Variationen, die teilweise sogar zwischen An-/Aus-Phasen wechseln, sind weniger als eine tausendstel Sekunde lang. Dies bedeutet, dass die Energie aus einer Region stammen muss, deren Ausdehnung höchstens der Strecke entspricht, die Licht in einer tausendstel Sekunde zurücklegt, also rund 300 Kilometer. Ein deutlich größeres Gebiet würde erheblich trägere Emissionsveränderungen produzieren. Als derart kompakte Quellen kommen nur Neutronensterne oder Schwarze Löcher infrage.

Mit dieser Vermutung standen die Astrophysiker aber sofort vor der nächsten Schwierigkeit, dem sogenannten „*Kompaktheitsproblem*": Wenn ein so gedrungenes Objekt die gigantische Energie innerhalb von Sekunden in einen heißen „Feuerball" von nur etwa 100 Kilometer Durchmesser pumpt, kann aus diesem Raum wegen der kleinen Oberfläche zunächst kaum Strahlung entweichen. Dafür muss sich der Feuerball zuerst aufblähen, seine Oberfläche stark wachsen und sein Inneres schließlich für Photonen durchlässig werden. Nach der dazu nötigen Ausdehnung auf Hunderte von Millionen Kilometern wäre der Feuerball aber bereits so weit abgekühlt, dass er dann eigentlich nur noch relativ energiearme Strahlung abgegeben dürfte. Die Messungen registrieren jedoch einen Blitz hochenergetischer Gammaphotonen mit einem spektralen Maximum von rund einem

MeV. Ebenso anders als bei einem so dichten Feuerball erwartet, findet man ein Strahlungsspektrum, das nicht „thermisch“ ist, d. h., dessen Energieverteilung nicht der eines Schwarzen Körpers (siehe Kapitel 2.1) entspricht. Wie passt dies alles zusammen?

Wenn die enormen Energiemengen wirklich aus einem Volumen von 100 Kilometer Ausdehnung stammen, kann dies nur bedeuten, dass der dort erzeugte Feuerball mit mindestens 99,995 Prozent der Lichtgeschwindigkeit expandieren muss! Wie der Signalton eines heranrasenden Krankenwagens heller klingt, katapultiert dann der **Dopplereffekt** auch die Frequenz der vom Feuerball abgegebenen Strahlung zu den gemessenen hohen Energien. Um sich mit solch extremen, ultrarelativistischen Geschwindigkeiten aufblähen zu können, muss der Feuerball fast ausschließlich aus Photonen und Elektron-Positron-Paaren bestehen und weniger als ein Prozent seiner gesamten Energie darf in Neutronen und Protonen stecken. Diese wären sonst viel zu schwer, um auf die notwendigen ultrarelativistischen Geschwindigkeiten beschleunigt zu werden. Damit stellt sich sofort die Frage, wie es eine kompakte Quelle überhaupt schaffen kann, ein so wenig mit Materie verunreinigtes, zu mehr als 99 Prozent aus relativistischen Teilchen bestehendes Plasma zu erzeugen (*„Reinheitsproblem“*)? Immer mehr verbreitete sich nach dieser Einsicht die Meinung, dass solche Bedingungen vermutlich auf Schwarze Löcher hinweisen. Durch die gewaltige Sogwirkung ihrer Gravitation könnte es ihnen wohl am ehesten gelingen, eine „Verschmutzung“ des Feuerballs mit nukleonischer Materie zu verhindern.

Nur wenige der über 100 theoretischen „Modelle“ für die Herkunft der kosmischen Gammablitze sind fähig, alle genannten Probleme gleichzeitig zu lösen. Hinzu kommt, dass die vom *Compton*-Observatorium beobachteten Blitze sich zwei unterschiedlichen Gruppen zuordnen lassen. Einerseits gibt es die Klasse der *kurzen Gammablitze* mit weniger als zwei Sekunden Dauer und im Mittel etwa 0,5 Sekunden Länge. Ihr Energiespektrum ist härter als das der *langen Gammablitze*, die eine typische Dauer von rund 30 Sekunden besitzen, aber auch viele Minuten Aktivität zeigen können. In seltenen Fällen erstreckt sich die Gammaemission über mehr als eine Stunde. Werden diese Energieausbrüche von unterschiedlichen physikalischen Vorgängen erzeugt? Oder sind es nur Ausprägungen ein und desselben Phänomens mit Variationen, die z. B. durch einen anderen Blickwinkel oder durch unterschiedliche Heftigkeit der Energiefreisetzung bedingt sein könnten? Von welchem kosmischen Objekt oder welchen Objekten stammt die Strahlung eigentlich?

Der entscheidende Durchbruch bei der Suche nach Antworten auf diese Fragen gelang dann schließlich dem italienisch-holländischen *BeppoSAX*-

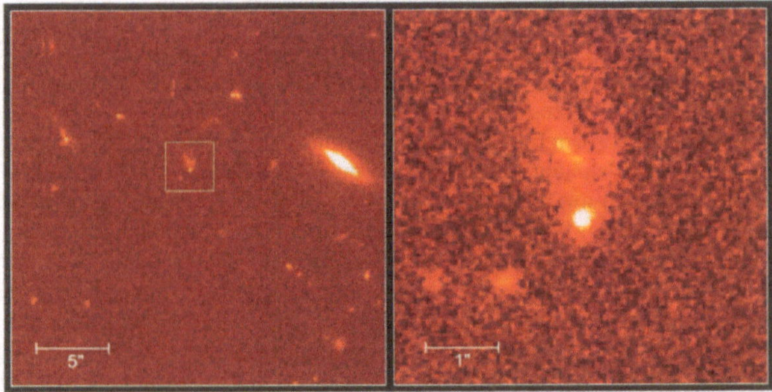

Abb. 3.20 Optisches Nachglühen des Gammablitzes GRB 990123, dessen Licht über neun Milliarden Jahre zu uns unterwegs war. Die Aufnahme des Weltraumteleskops *Hubble* vom 23. Januar 1999 zeigt die optische Punktquelle (heller Punkt im weißen Quadrat und Ausschnittsvergrößerung) in ihrer Heimatgalaxie, die wegen der riesigen Entfernung nur als schwach leuchtendes, gekrümmtes Band oberhalb des Lichtpunkts zu erkennen ist. Die Verformung könnte durch die Kollision mit einer anderen Galaxie verursacht worden sein. Die Galaxie besitzt eine hohe Sternentstehungsaktivität.

Satelliten, der zwischen 1997 und 2002 die Himmelspositionen von langen Gammablitzen mit wesentlich höherer Genauigkeit bestimmte. Aufgrund seiner präzisen Angaben konnten optische Teleskope die Orte intensiv ins Visier nehmen, an denen solche Blitze aufleuchteten. Endlich wurde nun nach dem Abklingen der Gammastrahlung das lang vermutete Nachglühen auch bei größeren Wellenlängen gesichtet. Denn wenn der expandierende Feuerball, der den Gammablitz abgibt, sich weiter ausdehnt und Schwung verliert, sollte er schließlich nicht mehr imstande sein, die hochenergetische Gammastrahlung zu produzieren, sondern nur noch Strahlung größerer Wellenlängen und geringerer Photonenenergien. Dort, wo für Sekunden die Gammablitze detektiert wurden, fanden sich tatsächlich transiente optische Quellen, deren Helligkeit über Stunden bis Tage allmählich absank. Diese Quellen befanden sich in sehr schwach leuchtenden Galaxien in Milliarden von Lichtjahren Entfernung. Mehr noch, die Quellen lagen in Galaxien mit starker Sternentstehungsaktivität bzw. direkt in Sternentstehungsregionen dieser Galaxien (Abbildung 3.20). Dies war ein erster, starker Hinweis darauf, dass das Gammablitzphänomen und sein Nachglühen mit dem Tod massereicher Sterne zu tun haben könnte. Solche Sterne leben nur wenige Millionen Jahre und wandern daher nie weit von ihrem Entstehungsort weg.

Dann, am 25. April 1998, gelang eine weitere Schlüsselentdeckung. Erstmals wurde eine Supernova, SN 1998bw, in räumlicher und zeitlicher Nähe zu einem Gammablitz, GRB 980425[2], gesichtet. Zwei Lichtausbrüche ohne Zusammenhang waren extrem unwahrscheinlich. Dies war der letzte Stein im Puzzle, der bewies, dass sterbende Sterne Gammablitze aussenden können. Während der Gammablitz von SN 1998bw sehr schwach war, wiesen die extrem dopplerverbreiterten **Spektrallinien** der Supernova auf sehr hohe Expansionsgeschwindigkeiten des Gases und damit eine ungewöhnlich hohe Explosionsenergie hin. Wegen der größeren Masse von erzeugtem Nickel war SN 1998bw auch deutlich heller als normale Supernovae. Dieses relativ erdnahe Ereignis in einem Abstand von nur rund 120 Millionen Lichtjahren war die erste Sichtung einer *Hypernova.* Seine Eigenschaften dienen seither als Muster zur Definition dieses Phänomens vonseiten der Beobachtung.

In der Folge wurden etliche weitere Fälle von Gammablitzen in Assoziation mit Hypernovae gefunden, alle bei verhältnismäßig geringen Entfernungen und alle ohne Anzeichen von Wasserstofflinien im Spektrum. d. h. Sternexplosionen vom Typ Ib oder Ic, bei denen der Stern (durch Winde oder die Wechselwirkung mit einem Begleiter in einem Binärsystem) seine Wasserstoffhülle bzw. auch seine Heliumschale vor der Explosion verloren hat (siehe Kapitel 1). Bei einigen anderen, vermutlich weiter entfernten Ereignissen zeigt sich wenige Wochen nach dem Gammablitz ein Wiederansteigen der optischen Lichtkurve des Nachglühens zu einem supernovaartigen Buckel, der dem Zeitverlauf der Lichtkurve der SN 1998bw ähnelt. In allen Fällen handelt es sich aber um lange Gammablitze, bei denen solche Begleiterscheinungen gesehen wurden.

Damit ist klar, dass mindestens ein Teil dieser Blitze beim Kollaps massereicher Sterne erzeugt wird. Es ist jedoch nicht klar, ob dies für alle langen Gammablitze gilt, aber in vielen Fällen keine Explosion des sterbenden Sterns erfolgt oder so lichtschwach ist, dass sie wegen der großen Entfernung unsichtbar bleibt. Die meisten der langen Blitze werden nämlich aus kosmischen Distanzen von vielen Milliarden Lichtjahren beobachtet, und

2 Die Namenskonvention für Gammablitze besteht aus dem Kürzel GRB für das englische Wort *Gamma-Ray Burst* und dem Datum des Ereignisses, 98 für das Jahr 1998, 04 für den Monat April und 25 für den 25. Tag dieses Monats. In den sehr seltenen Fällen, in denen mehr als ein Gammablitz an einem Tag registriert wird, hängt man noch einen Buchstaben „A“ oder „B“ an.

sie ereigneten sich zu einer Zeit, als das Universum nur einen Bruchteil seines jetzigen Alters hatte. Bei solchen Abständen sind selbst helle Supernovae auch mit den empfindlichsten Teleskopen nicht mehr zu sehen. Der bislang entfernteste Blitz wurde nur 600 Millionen Jahre nach dem Urknall erzeugt. Sein Licht war über 13 Milliarden Jahre auf dem Weg zu uns. Vermutlich stammt er von einem Stern, der einer der allerersten Sterngenerationen im frühen Universum angehörte. Solche Gammablitze sind daher Boten einer Epoche der Entwicklung des Kosmos, als das intensive, energiereiche Licht der ersten Sterne das interstellare Gas gerade wieder ionisiert hatte, als die ersten Kerne zukünftiger Galaxien sich zu bilden begannen, und als das Weltall noch nicht von großen Milchstraßen bevölkert und von einem Gewebe aus Galaxienhaufen und -superhaufen durchzogen war.

Detektoren, die den gesamten Himmel überwachen, zeichnen ein bis zwei Gammablitze pro Tag auf. Im Durchschnitt zählt man in jeder sichtbaren Galaxie nur wenige Ereignisse in 100 Millionen Jahren. Allerdings scheint die wahre Häufigkeit fast tausendfach höher zu sein. Der Zeitverlauf des Nachglühens liefert nämlich Hinweise, dass der Feuerball nicht kugelförmig ist, sondern eine stark gebündelte („kollimierte") Strömung, ein **Jet** mit einem Öffnungswinkel zwischen einigen Grad und etwa 20 Grad. Ein nahezu lichtschnell in den Raum jagender Jet sendet seine Strahlung fast genau in Richtung seiner Bewegung aus. Wenn die Erde nicht im Öffnungswinkel des Strahls liegt, bleibt der Gammablitz für uns verborgen. Aus diesem Grunde sehen wir vermutlich nur einen Bruchteil von weit weniger als einem Prozent aller Blitzereignisse.

3.9.3 Schwarze Löcher als zentrale Kraftwerke?

Selbst wenn die wirkliche Zahl der Ereignisse 100- bis 1000-mal höher als die beobachtete liegt, sind Gammablitze verglichen mit gewöhnlichen Supernovae im heutigen Universum ein rund tausendmal selteneres Phänomen. Nur wenige Sternexplosionen vom Typ SNIb/c produzieren einen solchen energiereichen Strahlungsausbruch, und umgekehrt scheinen auch nicht alle langen Gammablitze in Verbindung mit einer besonders hellen Supernova bzw. Hypernova aufzutreten.

Sterne, die bei ihrem Tod einen Gammablitz erzeugen, müssen offenbar besondere Eigenschaften haben. Was sie auszeichnet und befähigt, Jets mit ultrarelativistischen Geschwindigkeiten auszustoßen, ist nicht genau geklärt. Aufgrund der extremen Bedingungen, die dazu erforderlich sind, insbesondere der geringen Verschmutzung der Jets mit Materie, und aufgrund der gewaltigen Jetenergien erscheint die Bildung eines Schwarzen

Lochs beim Kollaps des stellaren Kerns als interessante Möglichkeit. Materie, die radial in ein solches Loch fällt, verschwindet aber viel zu rasch in ihm, als dass sie große Energiemengen abgeben könnte. Daher muss der sterbende Stern wohl schnell rotieren. Das im Innern des Sterns kollabierende Gas sammelt sich dann vorübergehend in einer dicken Scheibe (*Akkretionstorus*) um das Schwarze Loch. In dieser wirbelt es wie ein Wasserstrudel um den Ausfluss einer Badewanne. Weil nah am Schwarzen Loch die Bewegung schneller ist, heizt sich das Gas durch innere Reibung stark auf. Die Fliehkräfte der Drehbewegung sorgen also für einen verzögerten Fall, und durch die Erhitzung kann die Materie mit hoher Effizienz Energie abstrahlen.

Der Kollaps eines massereichen Sterns zu einem rotierenden Schwarzen Loch mit einem umgebenden Materietorus wird *Kollapsar* genannt. Ein solches System ist das bei Weitem effizienteste „Gravitationskraftwerk", das es im Universum gibt. Bis zu mehrere Sonnenmassen pro Sekunde werden dabei vom Schwarzen Loch verschlungen und heizen sich auf über 100 Milliarden Kelvin auf, bevor sie hinter dem Ereignishorizont verschwinden.

Nach dem Newton'schen Gravitationsgesetz ist die gravitative potenzielle Energie einer Masse m im Gravitationsfeld eines akkretierenden sphärischen Körpers mit der Masse M am Radius R gegeben durch GMm/R (vgl. Gleichung 2.15). Setzen wir für den Radius R den Ereignishorizont R_s des Schwarzen Lochs (Gleichung 2.14) ein, bekommen wir als obere Grenze für die sogenannte *Akkretionsleuchtkraft*:

$$L_\mathrm{acc} < \frac{GM\dot{M}}{R_\mathrm{s}} = \frac{1}{2}\,\dot{M}c^2\,, \tag{3.9}$$

wobei $\dot{M}$ die pro Zeitintervall ins Schwarze Loch fallende Masse (die „Massenakkretionsrate") ist. Verschluckt das Schwarze Loch die Gasmenge einer Sonne in einer Sekunde, kann es nach dieser Formel eine Strahlungsleistung bis zu 10^{47} W produzieren! Eine exakte Rechnung muss natürlich die Gesetze der **Allgemeinen Relativitätstheorie** berücksichtigen. Die Newton'sche Abschätzung in Gleichung (3.9) kommt aber dem relativistischen Ergebnis sehr nahe, wonach ein schnell rotierendes Schwarzes Loch theoretisch mehr als 40 Prozent der Ruhemasse der von ihm akkretierten Materie als Energie freigesetzen kann. Dies sind rund $7{,}5 \times 10^{46}$ Joule pro Sonnenmasse. Zusätzlich kann auch die gigantische Rotationsenergie des Schwarzen Lochs angezapft werden. Genug Energie ist also vorhanden, um zu erklären, warum die gebündelten Jets Gammablitze mit dem Energieausstoß einer Supernova (rund 10^{44} J), in seltenen Fällen sogar den einer Hypernova (mehr als 10^{45} J), erzeugen können.

Wie die Energie genau freigesetzt und in den Feuerball – besser: in die beiden „Feuerjets" entlang der Rotationsachse – gepumpt wird, ist nicht endgültig geklärt. Ähnlich wie beim stellaren Kollaps zum Neutronenstern spielt wahrscheinlich die Emission von Neutrinos aus dem Akkretionstorus eine wichtige Rolle, denn die Materie dort ist viel zu dicht, um Energie effizient direkt über Strahlungsphotonen abzugeben. Im intensiven Strom von Neutrinos und Antineutrinos annihilieren Paare dieser Teilchen zu Elektronen und Positronen (Reaktion (3.5) im Kasten „Neutrinos in Supernovae", Seite 72), die dann weiter zu energiereichen Gammaquanten zerstrahlen. So kann insbesondere in dem an Nukleonen fast leeren Raum über den Polen des Schwarzen Lochs ein hochrelativistisches e^+e^--Photonen-Plasma entstehen, das als Feuerjets längs der Rotationsachse ausbricht. Auch Magnetfelder könnten entscheidend beteiligt sein. Sie können sowohl der um das Schwarze Loch wirbelnden Materie weitere Energie entziehen, als auch die rasende Rotation des Schwarzen Lochs selbst als Energiequelle anzapfen (*„Blandford-Znajek-Prozess"*). Zusätzlich könnten beide, Neutrinos und Magnetfelder, auch einen „Wind" von nukleonischer Materie von der Torusoberfläche treiben (ähnlich dem neutrinogetriebenen Wind bei einem Protoneutronenstern), in dem die Rekombination von Neutronen und Protonen eine halbe bis mehrere Sonnenmassen Nickel erzeugt und auf diesem Weg die Energie für eine Hypernovaexplosion des Sterns liefert.

Unabhängig von diesen hochkomplizierten und umstrittenen Details, wie das zentrale „Kraftwerk" genau arbeitet, zeigen Computersimulationen, dass die in einem Bereich von etwa 100 Kilometern um das Zentrum eines rotierenden Stern freigesetzte Energie tatsächlich zwei eng gebündelte Gasströme antreibt, die entlang der Rotationsachse an den beiden Polen den Stern vom Zentrum zur Oberfläche „durchbohren" und schließlich nach ihrem Ausbruch durch die Sternoberfläche auf die für einen Gammablitz erforderlichen Geschwindigkeiten beschleunigen (siehe Abbildung 3.21). Dies erfordert einen relativ kleinen Stern mit einem Radius ähnlich dem der Sonne. Denn wäre der Stern ein Roter Riese mit einer ausgedehnten Wasserstoffhülle und Hunderten von Millionen Kilometer Radius, würden die Jets fast eine Stunde bis zur Oberfläche brauchen und auf ihrem weiten Weg durch die Wasserstoffschicht viel Materie aufsammeln. Dies würde sie so stark abbremsen, dass sie eine fast lichtschnelle Bewegung nie erreichen könnten.

Ist die Bildung eines Schwarzen Lochs und die schnelle Rotation eines massereichen Sterns, der seine Wasserstoff- und Heliumschalen vor dem

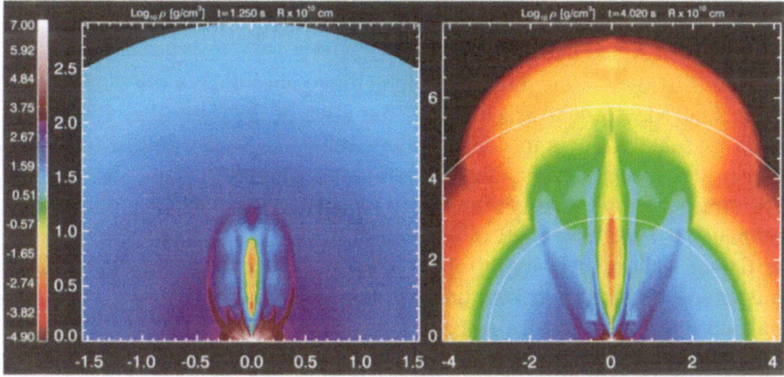

Abb. 3.21 Entwicklung des Gammablitzjets in einem kollabierenden, schnell rotierenden Stern. Energiefreisetzung in einem Volumen von rund 100 Kilometer Ausdehnung um das Sternzentrum, vermutlich durch ein akkretierendes Schwarzes Loch, treibt entlang der Rotationsachse zwei polare Jets (die Abbildung zeigt nur eine Hemisphäre), die sich durch das dichte Innere des Sterns „bohren" (Bild *links*, 1,25 Sekunden nach der Jetentstehung) und schließlich aus der Sternoberfläche ausbrechen (Bild *rechts*, 4 Sekunden nach der Jetbildung). Der eng gebündelte Kern des Jets, in dem extrem geringe Dichten herrschen, beschleunigt auf mehr als 99,995 Prozent der Lichtgeschwindigkeit, um in einer Entfernung vom Tausendfachen des Sternradius einen Gammablitz abzustrahlen. Die Farbskala gibt die Dichte des Plasmas an, wobei Gelb niedrige und Rot sehr niedrige Werte bedeuten. Die Längeneinheit beträgt 100 000 Kilometer.

Tod abgestreift hat, also das Rezept, mit dem die Natur Gammablitze und (manchmal?) dabei auch Hypernovaexplosionen macht? Vieles spricht für eine solche Mixtur von Zutaten, etwa die Beobachtung der „Feuerjets", die von einer starken Asymmetrie des zentralen „Kraftwerks" für die Energieproduktion zeugen. Auch die Seltenheit der Gammablitze im Vergleich zu gewöhnlichen Supernovae könnte sich so erklären. Einerseits sind massereiche Sterne, deren Kollaps zu einem Schwarzen Loch führt, im heutigen Universum relativ selten, andererseits müssen (wie eingangs dieses Kapitels geschildert) ganz besondere Umstände zutreffen, damit Sterne trotz kräftigem Massenverlust am Ende ihres Lebens noch sehr schnell rotieren. Das würde Sterne mit geringer Metallanreicherung, wie sie im frühen Universum entstehen, als Gammablitzquellen favorisieren. Auch dies scheint von Beobachtungen gestützt, nach denen eine große Zahl von langen Gammablitzen bei Distanzen von über zehn Milliarden Lichtjahren aufleuchtet und somit zu einer Zeit erzeugt wurde, als unser Universum nur ein Viertel seines heutigen Alters hatte.

Damit ist die Geschichte der Gammablitze aber noch nicht zu Ende erzählt. Die Klasse der *kurzen Blitze*, die etwa 30 Prozent aller Ereignisse umfasst, scheint nichts mit dem Kollaps schwerer Sterne zu tun zu haben. Wegen der kurzen Dauer dieser Strahlungsausbrüche gelang ihre genaue Positionsbestimmung am Himmel erst mit dem *Swift*-Satelliten der NASA, erstmals im Falle von GRB 050509B am 9. Mai 2005. Kurze Gammablitze finden sich auch in elliptischen Galaxien, in denen keine hohe Sternentstehungsaktivität herrscht, und sie wurden in den Außenbereichen von Galaxien gesichtet, weder assoziiert mit Supernovae noch mit den dichten Gas- und Staubregionen, in denen sich neue Sterne bevorzugt bilden. Es gibt bislang keine Beobachtungen, die direkt ein Indiz für die hinter diesen kurzen Blitzen steckenden Quellen liefern. Die Vermutung ist, dass es sich dabei um die Kollision und Verschmelzung von kompakten Doppelsternen handeln könnte, wahrscheinlich von zwei Neutronensternen in einem Doppelsystem, oder von einem Neutronenstern mit einem begleitenden Schwarzen Loch. Durch die Abstrahlung von **Gravitationswellen** existieren solche Doppelsterne nicht ewig. Sie verlieren allmählich Energie und Drehimpuls, wodurch sich die beiden umkreisenden Komponenten immer mehr annähern. Nach etlichen zehn oder hundert Millionen Jahren ist ihr Bahnabstand auf wenige Sternradien geschrumpt. Die Sterne wirbeln immer schneller umeinander, am Ende mit 30 Prozent der Lichtgeschwindigkeit, wobei die Gravitationswellenverluste dramatisch ansteigen. Schließlich kommen sich die beiden kompakten Objekte so nah, dass sie durch die an ihnen zerrenden Gravitationskräfte aufeinander zu stürzen und miteinander verschmelzen. Dabei wird der masseärmere Stern zerrissen. Ein erheblicher Teil seines Gases geht dann in einen Akkretionstorus über, der das Schwarze Loch umgibt, das der zerstörte Stern umrundet hat, oder das sich aus dem kompakten Überrest der kosmischen Kollision in kurzer Zeit bildet.

Auch auf diesem Weg entsteht also das oben beschriebene „Gravitationskraftwerk", das im Zentrum kollabierender, schnell rotierender, sehr massereicher Sterne vermutet wird. Wie dort könnte es auch bei den verschmelzenden kompakten Sternen die Energie für Gammablitzjets liefern. Allerdings ist in diesem Fall deutlich weniger Materie vorhanden, die den gefräßigen Schlund des Schwarzen Lochs speisen könnte. Man hätte so eine natürliche Erklärung für die kürzere Dauer und (typischerweise hundert- bis tausendfach) geringere Energie der kurzen Blitze. Auch die Abwesenheit einer hellen, supernovaartigen Lichterscheinung wäre plausibel.

! In diesem vereinheitlichten Bild wären kosmische Gammablitze die „Geburtsschreie" stellarer Schwarzer Löcher.

Manche Astrophysiker sind allerdings der Ansicht, dass es gar keine Schwarzen Löcher sind, welche die Energie für die Gammablitze liefern, sondern **Magnetare**. Nicht nur der Kollaps massereicher Sterne kann solche kompakten Überreste mit ultrastarken Magnetfeldern gebären. Auch die Verschmelzung zweier Neutronensterne führt zunächst zu einem übergewichtigen Neutronenstern, der nur durch seine schnelle Rotation für Bruchteile einer Sekunde stabilisiert wird und ein starkes Magnetfeld besitzen könnte. Nach und nach bremst seine Drehung jedoch ab, und schließlich bricht er in sich zusammen und wird zum Schwarzen Loch.

Ausgeschlossen ist es nicht, dass Magnetare Energiequellen von Gammablitzen sind. Vielleicht stecken ja sowohl Schwarze Löcher als auch Magnetare hinter diesem Phänomen. Möglicherweise ist der Energieausstoß rotierender Magnetare nur für manche Gammablitze verantwortlich. Vielleicht sind es die besonders schwachen Ereignisse, von denen einige in relativ geringer Entfernung gesichtet wurden, oder die *Röntgenblitze*, die einen ähnlichen Verlauf wie lange Gammablitze haben, aber ein viel weicheres **Strahlungsspektrum**. Auch hierzu sind die Meinungen gespalten. Beides, besonders schwache, lange Blitze und Röntgenblitze, könnten auch ganz gewöhnliche Gammablitze sein, deren Jet uns aber nicht voll trifft, sondern nur streift, sodass wir nicht die ganze Intensität des Strahlungsausbruchs wahrnehmen.

Klarheit über diese theoretischen Szenarien werden letztendlich wohl nur Messungen von **Gravitationswellen** schaffen können (Kapitel 5.3). Sie sind die einzige Möglichkeit, zwei verschmelzende kompakte Objekte als Quelle der kurzen Blitze eindeutig zu identifizieren. Die immer rasender umeinander kreisenden Sterne erzeugen vor und bei der Kollision ein sehr charakteristisches Gravitationswellensignal. Auch der Kollaps eines schnell rotierenden, überschweren Neutronensterns oder stellaren Kerns zum Schwarzen Loch wäre an seiner Wellenemission mit hinreichend empfindlichen Messgeräten erkennbar.

3.10 Paarinstabilitätssupernovae

Bislang haben wir uns mit Sternen beschäftigt, deren Geburtsmasse mehr als etwa acht Sonnenmassen, aber unter rund 100 Sonnenmassen betrug.

Noch schwerere Sterne beschließen ihre Entwicklung in einem anderen Todesszenario. Dazu dürfen sie aber nicht durch Winde oder heftige Pulsationsphasen bereits vorher große Teile ihrer Masse abgestreift haben und dadurch ihren leichteren Geschwistern ähnlich geworden sein. Bei niedriger **Metallizität** erwartet man einen entsprechend geringen Massenverlust.

Wenn ein solcher Stern mit mehr als $100\,M_\odot$ die Phase zentralen Heliumbrennens durchlaufen hat, beschleunigt sich seine Kontraktion. Die Temperatur im Kern klettert so stark, dass sich Photonen zu Elektron-Position-Paaren umwandeln:

$$2\gamma \rightarrow e^+ + e^- . \qquad (3.10)$$

Dies wird möglich, wenn die Temperatur rund eine Milliarde Kelvin erreicht. Dann besitzen viele der Photonen im Plasma Bewegungsenergien, die die Ruhemassenenergie der Elektronen (0,5 MeV) übersteigen. Die Umwandlung von thermischer Energie in Teilchenmasse führt zu einer Druckabsenkung. Eine weitere Kontraktion und Aufheizung und beschleunigte Erzeugung von Paaren ist die Folge. Der Prozess läuft davon, und der Stern wird gravitativ instabil und kollabiert („*Paarinstabilität*").

In seinem Innern trägt er aber noch Kohlenstoff und Sauerstoff als nuklearen Brennstoff. Bei hinreichend hohen Temperaturen zündet der Kohlenstoff, danach das durch Kohlenstoffbrennen erzeugte Neon und Magnesium. Beides setzt jedoch zu wenig Energie frei, um den Kollaps zu stoppen. Erst wenn Sauerstoff zu fusionieren beginnt, kann der Zusammensturz aufgehalten werden, falls die Kollapsgeschwindigkeiten nicht bereits zu hoch sind oder der Stern bereits zu tief in seinen gravitativen Potenzialtopf gefallen ist. Je massereicher der Stern ist, umso höher werden die Temperaturen beim Kollaps. Da mit der Temperatur auch die Energieerzeugung durch das Sauerstoffbrennen dramatisch ansteigt, wird immer mehr Sauerstoff verbrannt, und es kann zu einer gigantischen Explosion kommen. Wenn der Stern zu schwer ist und gravitativ zu stark gebunden, dann reicht allerdings auch das Sauerstoffbrennen nicht aus, um den weiteren Kollaps zu verhindern. Falls die Fliehkräfte einer schnellen Rotation ihn nicht doch noch stabilisieren, kollabiert er unweigerlich zu einem Schwarzen Loch.

Was konkret passiert, hängt von der Geburtsmasse des Sterns (genauer: von der Masse des Heliumkerns, den er beim Wasserstoffbrennen entwickelt) ab. Computermodelle zeichnen folgendes Bild:

- Im Massenbereich zwischen 100 und $140\,M_\odot$ führt die Paarinstabilität und das Einsetzen von Sauerstoffbrennen zu heftigen Pulsationen, bei denen der Stern seine äußeren Schichten abstößt, jedoch nicht komplett zerrissen wird. Jeder dieser Ausbrüche hat die Energie einer Supernova. Die Pulsationen können sich über Zeiträume von Jahren oder gar Jahrhunderten wiederholen. Dabei kann der Stern so viel Masse verlieren, dass er einen Eisenkern entwickelt, der dem masseärmerer Sterne entspricht. Schließlich wird dieser in einem Gravitationskollaps zum Neutronenstern oder Schwarzen Loch, eventuell begleitet von einer weiteren starken Explosion, vielleicht einem Gammablitz. Dem 8 000 Lichtjahre entfernten, 100–150 $M_\odot$ schweren Stern *Eta Carinae* (Abbildung 1.6) könnte ein solches Schicksal blühen. Ein gewaltiger, eruptiver Ausbruch um das Jahr 1843 war fast so hell wie eine Supernova, hat den Stern aber nicht zerstört. Solche Eruptionen werden als *Supernova-Impostors* (englisch, „Supernova-Vortäuscher") bezeichnet. Der Hypernova SN 2006jc, die am 9. Oktober 2006 in der Galaxie UGC 4904 entdeckt wurde, ging zwei Jahre vorher auch so ein supernovaartiger Ausbruch voraus.

- Im Massenbereich zwischen zirka 140 und 260 $M_\odot$ wird der Stern in einer einzigen thermonuklearen Explosion komplett und ohne kompakten Überrest zerstört. Die Explosionsenergie steigt mit zunehmender Sternmasse, weil die Temperatur, die der Kollaps erreicht, immer höher wird. Die kinetische Energie kann die einer normalen Supernova fünfzig- bis hundertfach übertreffen, und es können bis zu 40 Sonnenmassen Nickel bei der Explosion erzeugt werden, mehr als in jeder Hypernovaexplosion. Diese Paarinstabilitätssupernovae könnten die gigantischsten und hellsten Sternexplosionen im Universum sein.

- Nicht rotierende Sterne mit mehr als 260 $M_\odot$ kollabieren direkt zu Schwarzen Löchern. Die beim Sauerstoffbrennen erzeugte Energie kann den Kollaps nicht mehr stoppen. Nur wenn der Stern rotiert, könnte sich ein Schwarzes Loch mit einem Torus bilden, und es könnte zu einer Art Gammablitz und einer energiereichen Explosion kommen.

Viele Aspekte bei den geschilderten Abläufen bedürfen noch weiterer Forschung. Im heutigen Universum, z. B. in der Milchstraße, sind so massereiche Sterne extrem selten. Man vermutet, dass nur einige Dutzend von den rund 200 Milliarden Sternen der Milchstraße superhelle Hyperriesen wie der Vorläufer von SN 2006jc sind. Die ersten Sterne im frühen Universum waren aber massereicher als die heutigen Sterne und sind ohne starken Massenverlust gealtert. Paarinstabilitätssupernovae und die Entstehung vom Schwarzen Löchern mit mehreren 100 Sonnenmassen könnten ein verbreitetes Phänomen gewesen sein.

Wo liegt heute die obere Massengrenze für Sterne? Gibt es Sterne mit noch höherer Masse als einige 100 $M_\odot$? Eigentlich erwarten die Astrophysiker, dass Sterne über 150 $M_\odot$ gar nicht stabil sind, sondern durch sich aufschaukelnde Pulsationen so viel Materie abstoßen, dass sie unter die 150-$M_\odot$-Grenze rutschen. Wie schnell dies geht, ist allerdings unklar. Sollte die jüngste Meldung eines internationalen Astronomenteams, im Sternhaufen R136 in der Großen Magellan'schen Wolke ein Exemplar mit 265-facher Masse der Sonne entdeckt zu haben, tatsächlich stimmen, würde dies ein neues Licht auf die Stabilitätsfrage werfen. Die Massenschranke für stabile Sterne müsste nach oben korrigiert werden. Schätzungen der Astronomen zufolge hatte der Stern, der zehn Millionen Mal heller als die Sonne leuchtet, bei seiner Geburt sogar den Rekordwert von mehr als 300 $M_\odot$. Wie solche Sterne im heutigen Weltall entstehen können, ist ein Rätsel.

Es wird sogar spekuliert, dass es *supermassereiche Sterne* zwischen 1000 $M_\odot$ und 100 Millionen Sonnenmassen geben könnte, nur ist nicht bekannt, ob sie sich in der Natur zu irgendeiner Zeit wirklich bilden konnten. Solche Sterne wären extrem ausgedehnt mit Radien bis weit über dem Millionenfachen der Sonne. Sie hätten extrem niedrige Gasdichten und hohe Temperaturen. Der Druck, der sie gegen die eigene Gravitationsanziehung im hydrostatischen Gleichgewicht hält, würde fast ausschließlich durch Strahlungsphotonen erzeugt. Die Sterne wären auch extrem hell (bis zum Zehntausendmilliardenfachen der Sonnenleuchtkraft!), und sie hätten daher eine sehr kurze Lebensdauer. Oberhalb von etwa 100 000 $M_\odot$ würde auch keine Kernfusion stattfinden und Energie für ein verlängertes Leben produzieren. Die Sterne würden durch die Strahlungsverluste unter dem Einfluss ihrer Gravitation allmählich kontrahieren und schließlich wegen der zunehmenden Schwerkraft zusammenbrechen. Dabei spielen aufgrund der riesigen Masse und der marginalen Stabilität dieser Sterne allgemeinrelativistische Effekte eine entscheidende Rolle. Beim Kollaps würden sich *supermassereiche Schwarze Löcher* bilden, was eine Möglichkeit zur Erklärung der Herkunft dieser gewaltigen „Gravitationsmonster" in den Zentren von Galaxien sein könnte. Wenn die Sterne kleine Mengen von Elementen schwerer als Helium enthielten – also nicht als erste Sterne kurz nach dem Urknall, sondern etwas später aus schon mit Metallen angereichertem Gas entstanden wären – könnte unter bestimmten Bedingungen die thermonukleare Zündung von Wasserstoff im Kollaps einsetzen. Explosionen mit mehr als der zehntausendfachen Energie einer Paarinstabilitätssupernova wären die Folge!

Kapitel 4

Thermonukleare Supernovae

Thermonuklearen bzw. Typ-Ia-Supernovae kommt besondere Bedeutung zu, weil sie als **Standardkerzen** zur Entfernungsbestimmung im Universum dienen. Ihr Nutzen für diesen Zweck basiert auf der Beobachtung, dass die **Lichtkurven** der meisten Ereignisse sehr große Ähnlichkeit im Verlauf zeigen. Außerdem nehmen die Astronomen an, dass weit entfernte Typ-Ia-Supernovae – zumindest im Mittel – die gleiche intrinsische Helligkeit besitzen wie nahegelegene. Ist dies aber wirklich der Fall oder können „Entwicklungseffekte" eine Rolle spielen, durch die sich die **Leuchtkraft** der Explosionen im Lauf der kosmischen Geschichte ändert? Gibt es besondere Supernovae, die sich von der Mehrzahl unterscheiden und welche die Astronomen besser aussortieren sollten, wenn sie aus ihren Daten korrekte Entfernungen bestimmen wollen? Woran lassen sich solche Sonderfälle zweifelsfrei erkennen?

Ein tieferes theoretisches Verständnis dieser Sternexplosionen kann helfen, das Vorgehen der Beobachter auf verlässlichen Grund zu stellen. Noch vor wenigen Jahren waren viele Theoretiker überzeugt, ihre Computermodelle schon bald so weit verfeinert zu haben, dass genaue Vorhersagen möglich wären. Jüngste Beobachtungen stoßen jedoch auf eine unerwartete Vielfalt von Erscheinungen und bringen neue Fragen und Probleme, die solche Erwartungen als verfrüht erscheinen lassen. Wir wollen darüber in diesem Kapitel mehr erfahren und die Physik und Astrophysik thermonuklearer Supernovae genauer besprechen.

4.1 Vorläufersysteme

Anders als bei den Kernkollapssupernovae sind die Vorläufer von thermonuklearen Supernovae bislang nicht zweifelsfrei identifiziert worden. Die geringe Menge (1,5–2 $M_\odot$) und chemische Zusammensetzung der ausgeschleuderten Materie deuten auf Explosionen Weißer Zwerge aus Kohlenstoff und Sauerstoff (Kapitel 1). Solche kompakten Objekte sind die Lei-

Abb. 4.1 Gasförmiger Überrest der Supernova des Jahres 1006. Der Durchmesser der expandierenden Gasschale in 7200 Lichtjahren Entfernung beträgt ungefähr 60 Lichtjahre. Blau gibt Röntgenstrahlung wieder, Gelbtöne sind optische Strahlung und Rot bedeutet Radiostrahlung.

chen massearmer Sterne nach dem zentralen Heliumbrennen (Kapitel 2). Sie werden bei der Explosion komplett zerstört. Der steile Abfall der Supernovaleuchtkraft nach dem Maximum und die schnelle Durchsichtigkeit der expandierenden Explosionswolke sind nicht mit massereichen Sternen verträglich. Auch die gasförmigen Überreste wenige hundert Jahre nach der Explosion erscheinen wie dünne, schleierartige Gaschalen (siehe Abbildungen 4.1 und 4.2) und wirken durchscheinender und weniger volumenfüllend als die nebelartigen Relikte massereicher Sterne (vgl. den Krebsnebel in Abbildung 2.11). Dies passt zu einer geringen Ejektamasse, aber auch zu einer niedrigen Gasdichte in der stellaren Umgebung, wie man sie erwartet,

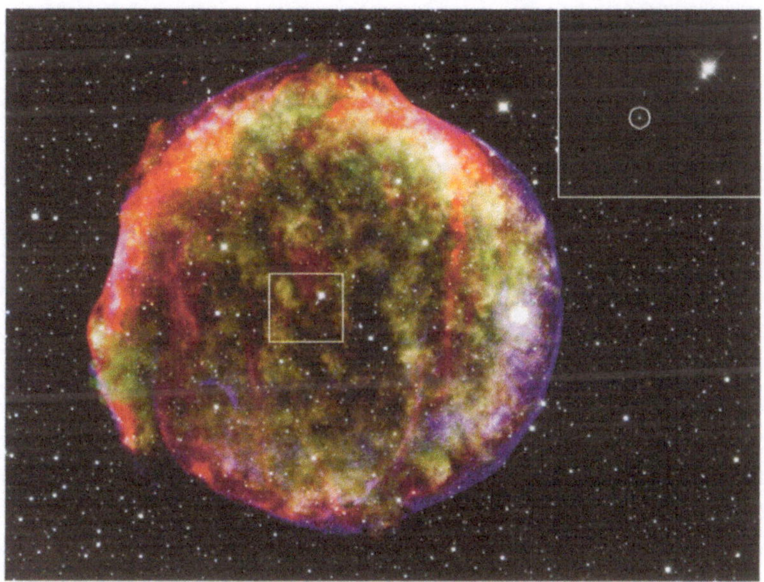

Abb. 4.2 Gasförmiger Überrest von Tycho Brahes Supernova (SN 1572) in 7500 Lichtjahren Entfernung. Die mehrere Millionen Grad heiße Materie des zerstörten Sterns strahlt im Röntgenbereich (gelb, grün). Die ins interstellare Medium expandierende Stoßwelle der Explosion erscheint als bläulicher Ring. Aufgeheizter Staub gibt Infrarotstrahlung ab und ist rot wiedergegeben. Die Ausschnittsvergrößerung (rechts oben) der markierten Region zeigt eine Aufnahme des Weltraumteleskops *Hubble* im sichtbaren Licht. Der eingekreiste Stern befindet sich deutlich versetzt zum geometrischen Zentrum des Röntgenüberrests und bewegt sich mit fast 140 Kilometern pro Sekunde dreimal schneller durch den Raum als die anderen Sterne in seiner Umgebung. Er ist der Sonne ähnlich, aber einige Milliarden Jahre älter, und könnte der Doppelsternbegleiter des als Supernova explodierten Weißen Zwergs gewesen sein.

wenn der als Typ-Ia-Supernova explodierte Stern ein altes Objekt war und kein massereicher Stern in einem gas- und staubreichen Sternentstehungsgebiet oder mit einem kräftigen **Sternwind**. Zumindest die in elliptischen Galaxien beobachteten Typ-Ia-Supernovae müssen auf eine alte Sternpopulation zurückgehen (Kapitel 1).

Da Weiße Zwerge als Einzelobjekte träge Sternleichen sind, die über Jahrmilliarden langsam auskühlen und verglühen, ist auch klar, dass nur ein Begleiter in einem Doppelsternsystem sie zu einer Supernova „wiederbele-

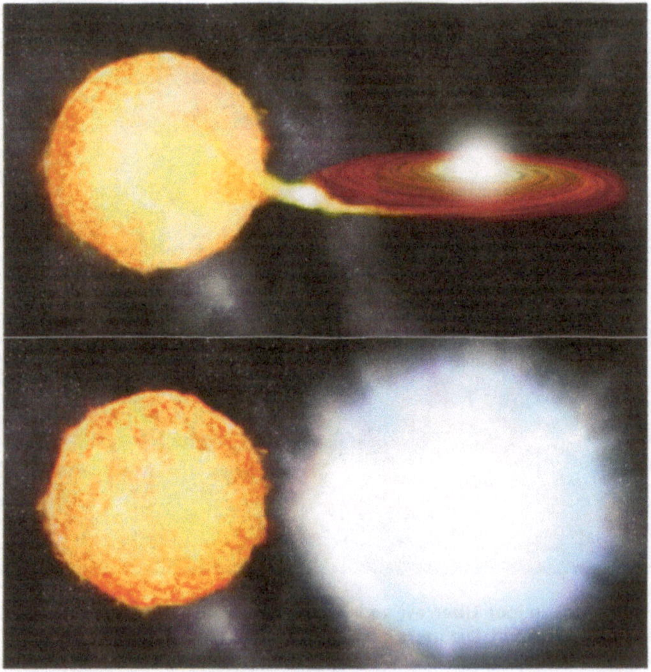

Abb. 4.3 Akkretionsszenarium als Vorläuferentwicklung zu einer Typ-Ia-Supernova. Ein Weißer Zwerg aus Kohlenstoff und Sauerstoff, die Leiche eines massearmen Sterns nach dem zentralen Heliumbrennen, akkretiert Materie von einem Begleitstern in einem engen Doppelsystem. Die Materie strömt vom Gas spendenden Stern wegen ihres Drehimpulses zunächst in eine Akkretionsscheibe, die den Weißen Zwerg in der Bahnebene umgibt (oberes Bild). Wenn der Weiße Zwerg durch den Massenzuwachs aus dieser Scheibe einen kritischen Zustand erreicht, zündet in ihm thermonukleare Fusion und er wird bei einer Typ-Ia-Supernovaexplosion zerstört (unteres Bild). Der Begleiter, ein normaler Hauptreihenstern, Unterriese oder Roter Riese, überlebt die Explosion und fliegt mit seiner Bahnumlaufgeschwindigkeit vom Ort des Geschehens weg.

ben“ kann. Aber von welcher Art ist dieser Begleitstern? Ist er ein Stern, der mit dem Weißen Zwerg in engem Abstand den gemeinsamen Schwerpunkt umkreist und Gas an ihn abgibt, bis der akkretierende Weiße Zwerg einen kritischen Zustand erreicht und die thermonukleare Explosion in ihm zündet (Abbildung 4.3)? Ist der Gas spendende Stern bei diesem *Akkreti-*

onsszenarium ein normaler *Hauptreihenstern*, in dessen Kern Wasserstoff zu Helium verbrennt, oder ist es ein weiterentwickelter *Unterriese*, dessen zentraler Wasserstoff zur Neige geht, oder ein **Roter Riese**, dessen Wasserstoff im Kern bereits aufgebraucht ist? Oder ist der Begleiter ebenfalls ein Weißer Zwerg, dessen Bahnabstand durch Abstrahlung von **Gravitationswellen** immer mehr schrumpft, bis die beiden Weißen Zwerge schließlich kollidieren und thermonuklear explodieren, wenn ihre Gesamtmasse eine kritische Grenze überschreitet (Abbildung 4.4)? Weil in diesem Fall beide Doppelsternkomponenten sich in einem Zustand befinden, in dem ein entartetes Elektronengas (siehe Kasten „Zustandsgleichung von Sterngasen II" auf Seite 43) den Druck liefert, der für das hydrostatische Gleichgewicht des ausgebrannten Sterns notwendig ist, bezeichnet man dieses *Kollisionsszenarium* auch als *„Doppelentartungsszenarium"* (englisch *Double Degenerate Scenario*). Im Gegensatz dazu wird das Akkretionsszenarium mit nur einem Weißen Zwerg auch *„Einfachentartungsszenarium"* (englisch *Single Degenerate Scenario*) genannt.

Nach klassischer Betrachtung muss der explodierende Weiße Zwerg eine kritische Grenzmasse erreichen, damit die thermonukleare Explosion erfolgt. Dies kann entweder durch Akkretion von ausreichend Gas geschehen, oder indem zwei unterkritische Weiße Zwerge miteinander verschmelzen. Diese kritische Grenze ist die Chandrasekhar'sche Maximalmasse von rund 1,46 $M_\odot$, jenseits der (nicht rotierende) Weiße Zwerge kein stabiles Gleichgewicht mehr finden (siehe Kapitel 2.6.1). Durch die an der Grenzmasse einsetzende Kontraktion kommt es zur Aufheizung, und die Zündtemperatur für Kohlenstoff- und Sauerstoffbrennen wird überschritten. Allerdings ist ohne eine genaue Kenntnis der Vorläufersysteme von Typ-Ia-Supernovae nicht sicher, ob das Erreichen der Chandrasekhar-Grenze wirklich eine notwendige Voraussetzung für das Zünden der explosiven Verbrennung ist. Neuere Beobachtungen lassen daran Zweifel aufkommen. Bereits seit Langem gilt es als Problem des *„Chandrasekharmassen-Modells"*, dass keiner der beobachteten Weißen Zwerge mehr als 1,25 $M_\odot$ besitzt und die meisten sogar deutlich unter der Chandrasekhar-Grenze liegen. Wenn das Erreichen dieser Grenzmasse zur thermonuklearen Zündung nötig ist, wo sind dann die richtig schweren Weißen Zwerge, die durch Akkretion kurz vor einer Typ-Ia-Supernovaexplosion stehen? Immerhin müsste es in einer Galaxie wie der Milchstraße rund 10 000 davon geben.

Eine aktuelle Beobachtung scheint hier ins Bild zu passen. Die genaue Messung der Röntgenleuchtkraft von sechs nahegelegenen elliptischen Galaxien mit dem *Chandra*-Satelliten bestätigt, dass zumindest in diesen Galaxien nur ein kleiner Bruchteil (unter fünf Prozent) aller Typ-Ia-Supernovae

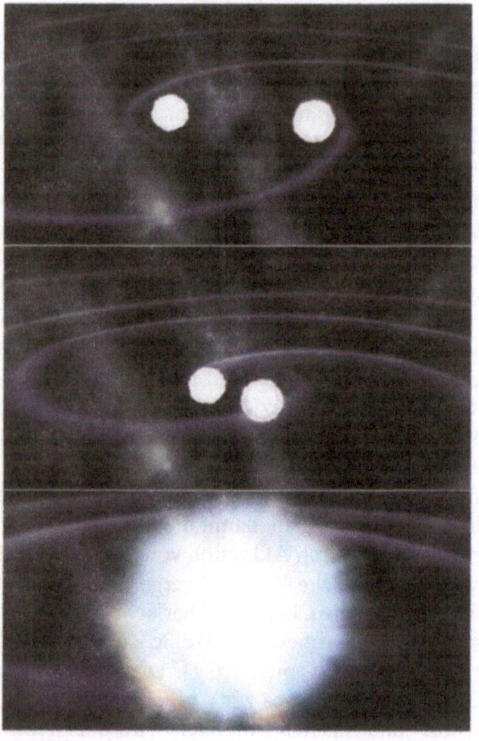

Abb. 4.4 Verschmelzungs- oder Kollisionsszenarium als Vorläufer einer Typ-Ia-Supernova. Zwei Weiße Zwerge, die aus Kohlenstoff und Sauerstoff bestehen und gleiche oder fast gleiche Masse besitzen, umkreisen sich in einem engen Doppelsternsystem (oberes Bild). Durch Abstrahlung von Gravitationswellen verliert das System Energie und Drehimpuls, wodurch sich die beiden Weißen Zwerge immer mehr annähern (mittleres Bild). Schließlich kollidieren sie, und es kommt zu einer thermonuklearen Supernovaexplosion, wenn die Gesamtmasse eine kritische Grenze überschreitet (unteres Bild). Die Explosion hinterlässt nur eine expandierende Gaswolke. Weil beide sich umkreisenden Weißen Zwerge entartete Sternleichen sind, nennt man diesen Entwicklungsweg zu Typ-Ia-Supernovae auch Doppelentartungsszenarium.

von Weißen Zwergen stammen kann, die Wasserstoffgas von einem Begleitstern akkretieren und im Verlauf von Jahrmillionen bis zur Chandrasekhar-Masse wachsen. Denn der auf den Weißen Zwerg fallende Wasserstoff wird so heiß, dass er fortlaufend („stabil") thermonuklear zu Kohlenstoff verbrennt. Die freigesetzte Energie erhitzt die Oberfläche des Weißen Zwerges auf rund eine Million Kelvin und macht sie so zu einer hellen Quelle „weicher" Röntgenstrahlung. Wenn der Weiße Zwerg in einer Million Jahren um eine halbe Sonnenmasse zunimmt, sollte er im Röntgenlicht die sichtbare Leuchtkraft der Sonne viele Zehntausend Mal übertreffen! Einzelne Vorläuferobjekte von Typ-Ia-Supernovae können auf den Satellitenbildern zwar nicht aufgelöst werden. Aber die untersuchten elliptischen Galaxien müssten 30- bis 50-mal mehr Röntgenstrahlung abgeben als beobachtet, wenn alle Typ-Ia-Supernovae auf Weiße Zwerge zurückzuführen wären, die durch Akkretion von Wasserstoff bis zur Chandrasekhar-Grenze wachsen. Für das Kollisionsszenarium oder eine Akkretion von Helium statt Wasserstoff oder auch eine Explosion akkretierender Weißer Zwerge deutlich unter der Chandrasekhar-Grenze (das sogenannte *„Unter-Chandrasekharmassen-Modell"*) liefern die Messungen dagegen keine Einschränkungen.

Zweimal meldeten Astronomen in den vergangenen Jahren Entdeckungen, von denen sie glaubten, damit den Schlüssel zur Lösung des Vorläuferproblems zu haben. In beiden Fällen blieben allerdings Zweifel, und die Skeptiker sind nicht überzeugt. Einerseits spürten Beobachter durch intensive Suche im Überrest von Tycho Brahes Supernova von 1572 einen ungewöhnlich schnellen Stern auf. Mit 136 Kilometern pro Sekunde fliegt er etwa dreimal schneller durch den interstellaren Raum als die anderen Sterne in seiner Nähe (Abbildung 4.2). Tycho G, wie der besondere Stern heißt, befindet sich deutlich außerhalb des geometrischen Mittelpunkts des Röntgennebels. Er besitzt eine ähnliche Oberflächentemperatur und Leuchtkraft wie unsere Sonne, ist aber als *Unterriese* ausgedehnter und einige Milliarden Jahre älter. Genaue Messungen seiner chemischen Zusammensetzung, insbesondere die Häufigkeit von Eisen und Nickel in seiner Atmosphäre, identifizieren ihn als einen Stern, der in der galaktischen Scheibe geboren wurde. Die erstaunlich hohe Eigengeschwindigkeit relativ zu seiner Umgebung wäre verständlich, wenn er aus seiner Umlaufbahn um einen Begleiter geschleudert wurde, als die Supernovaexplosion diesen zerstörte und das Doppelsternsystem auseinanderbrach.

Die zweite Meldung betraf eine reine Zufallsentdeckung. Bei der Supernova 2007on in der 65 Millionen Lichtjahre entfernten elliptischen Galaxie NGC 1404 existierten von der gleichen Himmelsregion Aufnahmen, die vier Jahre zuvor der *Chandra*-Satellit gemacht hatte. Darauf fand sich eine Röntgenquelle scheinbar an der Stelle der späteren Supernova 2007on. Zwar entsprach die Strahlung der Quelle der eines Weißen Zwergs, der von seinem Begleitstern Materie akkretiert und durch die thermonukleare Verbrennung des Gases Röntgenstrahlung emittiert. Auch war die Röntgenquelle nach der Supernovaexplosion verschwunden. Allerdings stellte sich bei genaueren Beobachtungen heraus, dass ihre Position doch nicht exakt mit der der Supernova übereinstimmte. Es scheint sich also um ein zufälliges, enges himmlisches Nebeneinander der beiden Objekte gehandelt zu haben, auch wenn ein solches rein zufälliges Zusammentreffen sehr unwahrscheinlich ist. Noch für drei weitere Typ-Ia-Supernovae, die sich alle in linsenförmigen Galaxien mit Entfernungen von weniger als 75 Millionen Lichtjahren ereigneten, stöberten die Astronomen in ihren Archiven Langzeitaufnahmen auf, die *Chandra* vor der Explosion von der betreffenden Himmelsregion angefertigt hatte. Auf keiner gibt es irgendein Anzeichen für eine Röntgenquelle am Ort der Supernova.

Ähnlich wie bei den Kernkollapssupernovae fördern immer bessere und zahlreichere Beobachtungen auch bei den thermonuklearen Supernovae eine größere Vielfalt zutage, als noch vor einiger Zeit vermutet. So verstärken sich Hinweise, dass die klassische Sicht, Typ-Ia-Supernovae seien mit alten, weit entwickelten Sternsystemen verknüpft, nicht unbedingt zutreffen muss. Obwohl einige Typ-Ia-Supernovae in passiven Galaxien mit gegenwärtig geringer oder keiner Sternentstehungsaktivität stattfinden und eine lange Zeitspanne zwischen Sterngeburt und Sterntod liegt, ereignen sich die meisten doch in Galaxien mit hoher Sternentstehungsrate (siehe Tabelle 1.2), sodass ihre Entwicklungszeit eher kurz sein dürfte. Es könnte also mindestens zwei Populationen von Vorläufersystemen geben, eine, so wird gemutmaßt, die schnell (bereits nach wenigen 100 Millionen Jahren) als thermonukleare Supernova explodiert, und eine zweite, die das verzögert tut, wobei die Zeitspanne der Verzögerung sehr breit streuen könnte (etliche Milliarden Jahre). Die Explosionen beider Vorläuferpopulationen scheinen auch unterschiedliche Lichtkurven zu besitzen: Während die schnellen Typ-Ia-Supernovae heller sind und ein breiteres Lichtkurvenmaximum aufweisen, entwickeln die verzögerten Ereignisse weniger Leuchtkraft und haben eine rascher an- und abschwellende Lichtkurve.

Neben diesen schon länger diskutierten Möglichkeiten finden Astronomen bei den immer lückenloseren Suchkampagnen auch immer mehr relativ nahe Typ-Ia-Supernovae mit ungewöhnlichen Eigenschaften. Manche zeigen einen Zeitverlauf der Leuchtkraft und **Spektren**, der nicht sehr gut mit dem typischen Muster der meisten Ereignisse übereinstimmt. Andere sind extrem lichtschwach und produzieren nur geringe Mengen radioaktives Nickel-56 (0,1–0,2 $M_\odot$). Wieder andere als Typ Ia klassifizierte Ereignisse sind dagegen extrem hell und schleudern besonders viel Nickel (bis über 1,5 Sonnenmassen) und eine sehr große Gasmenge (mehr als zwei

Sonnenmassen und damit mehr als eine Chandrasekhar-Masse) mit relativ geringen Expansionsgeschwindigkeiten aus. Wegen ihrer großen Masse bezeichnet man sie auch als *„Über-Chandrasekharmassen-Ereignisse"*. Bei einigen von ihnen zeigten sich Kohlenstofflinien im Spektrum, was ungewöhnlich ist, und die Ejekta enthielten Schichten, in denen unverbrannter thermonuklearer Brennstoff (Kohlenstoff und Sauerstoff) und Brennasche gemischt waren. Keine dieser sehr hellen Supernovae befand sich in einer elliptischen (inaktiven) Galaxie. Die Astrophysiker rätseln, ob diese hellen Typ-Ia-Ereignisse von kollidierenden Weißen Zwergen verursacht werden, oder ob sie mit akkretierenden, extrem schnell rotierenden (und deshalb überschweren) Weißen Zwergen zusammenhängen, oder vielleicht sogar Explosionen jüngerer, massereicherer Sterne sind, die auf eine bislang unbekannte Art ihre Entwicklung beenden. Statistische Zählungen legen nahe, dass bis zu einem Drittel aller Typ-Ia-Supernovae „unnormal" sein könnten.

Wie lassen sich all diese Beobachtungen in ein Gesamtbild einordnen? Dies ist unklar, genauso wie die Antwort auf die Frage, welche stellaren Systeme tatsächlich zu Typ-Ia-Supernovae führen und welches Vorläuferszenarium welchen Bruchteil der Supernovae erklärt. Es ist gut möglich, wenn nicht sogar wahrscheinlich, dass die Antwort vom Galaxientyp abhängt. Allerdings ist umstritten, ob die schnellen und langsamen Populationen wirklich existieren. Und es gibt keine klare Vorstellung, wie sich die Häufigkeiten dieser Populationen mit der Zeit entwickeln und warum hellere Ereignisse in jungen Galaxien stattfinden und kürzere Entwicklungszeiten besitzen sollten. Mehr detaillierte Beobachtungen von Typ-Ia-Supernovae und ihrer galaktischen Umgebungen sind dringend erforderlich, um diesen verwirrenden Dschungel von diskutierten Möglichkeiten zu lichten.

Trotz der wachsenden Vielfalt von beobachteten Erscheinungen gilt aber nach wie vor die von Fred Hoyle und Willy Fowler aufgestellte Hypothese:

! Thermonukleare Explosionen von C+O-Weißen-Zwergen in Doppelsternsystemen sind Ursache für Typ-Ia-Supernovae.

Dieser kausale Zusammenhang muss aber nicht zwangsläufig für alle Typ-Ia-Supernovae zutreffen. Es könnte durchaus Sternexplosionen geben, die aufgrund charakteristischer Beobachtungseigenschaften als Typ-Ia-Ereignisse klassifiziert werden, aber keine thermonuklear explodierenden Weißen Zwerge sind, sondern solche thermonuklearen Supernovae nur „vortäuschen".

4.2 Thermonukleares Brennen

Während die Astronomen intensiv nach den Vorläufersystemen von Typ-Ia-Supernovae fahnden, versuchen die Astrophysiker, ihre theoretischen Modelle explodierender Weißer Zwerge zu verbessern. Wichtige Probleme sind dabei nur unzureichend verstanden. Wie genau kommt es zur nuklearen Zündung des Kohlenstoffs und Sauerstoffs im Weißen Zwerg? Wo beginnt die thermonukleare Fusion? Wie pflanzt sich das Brennen durch den Stern fort? Welche physikalischen Prozesse bestimmen die Ausbreitung der *Brennfront*, d. h. der mehr oder weniger dünnen Schicht, in der sich der Brennstoff zu „Asche" verwandelt, und welche Bedingungen beeinflussen diese Schicht? Spielt nur ein einziger Mechanismus bei der explosiven Verbrennung Weißer Zwerge eine Rolle oder verschiedene?

Ohne Antworten auf diese Fragen können die Theoretiker nicht erklären, mit welcher Energie thermonukleare Supernovae explodieren, wie hell sie strahlen und welche chemischen Elemente die Explosionen erzeugen. Für die Energie einer Supernova ist die Menge von Kohlenstoff und Sauerstoff entscheidend, die zu Eisengruppenelementen (Nickel, Kobalt, Eisen) und mittelschweren Elementen (Silizium, Schwefel, Argon, Kalzium) verbrennt. Eine Sonnenmasse solcher Brennprodukte reicht aus, um mehr als 10^{44} J freizusetzen. Eine Explosion, d. h. eine sehr schnelle Expansion der Sterngase, erfordert, dass die erzeugte Energie die gravitative Bindung des Weißen Zwergs überwinden kann. Die Verbrennung muss also mindestens so viel Energie produzieren, wie nötig ist, um die (negative) gravitative **Bindungsenergie** des Sterns auszugleichen. Stärkere Explosionen erfordern eine effizientere Verbrennung. Für die Helligkeit einer Supernova ist dagegen allein die Menge des erzeugten Nickel-56 wichtig, das durch seinen radioaktiven Zerfall die expandierenden Gase des zerstörten Sterns über viele Monate heizt und zu intensiver Strahlung anregt (siehe Kapitel 1.2). Um in ihren Modellen die Erzeugung dieser Elemente berechnen zu können, müssen die Theoretiker grundsätzlich verstehen, wie die Verbrennung der Materie des Weißen Zwerges abläuft. Wir wollen daher in diesem Kapitel zunächst wesentliche Züge der Brennphysik kurz darstellen.

Kernfusion kann in einem Weißen Zwerg nur einsetzen, wenn die Temperatur auf Werte steigt, bei denen die positiv geladenen Ionen des Kohlenstoffs und Sauerstoffs durch ihre thermischen Geschwindigkeiten die gegenseitige elektrische Abstoßung überwinden und ineinander eindringen können. Selbst dann sind die Elektronen, die die Ionen umschwirren und den dominanten Beitrag zum Druck des Sternplasmas liefern, wegen der hohen Dichten immer noch im entarteten Zustand (siehe Kasten „Zustandsgleichung von Sterngasen II“ auf Seite 43). Unter solchen Bedingungen kann es bei ausreichender Erhitzung zu einer besonders heftigen Zündung und anschließenden explosiven Verbrennung kommen. Denn die Temperaturerhöhung führt zu keiner merklichen Erhöhung des Drucks der entarteten Elektronen. Daher erfolgt auch kaum eine Ausdehnung und entsprechende Abkühlung des Sternplasmas. Noch bevor dies passieren könnte, ist die Temperatur durch die Energiefreisetzung der Kernfusion bereits so weit angestiegen, dass die Verbrennung explosiv durch den Weißen Zwerg fortschreitet (die Verbrennungsgeschwindigkeit des Kohlenstoffs wächst mit der 20. Potenz der Temperatur!). Wegen des entarteten Zustandes reagiert die Sternmaterie also viel zu träge auf die Hitzeerzeugung, als dass die Fusionsflamme durch eine Expansion des Brennstoffs wieder ausgelöscht werden könnte. Von dem kalifornischen Supernovaforscher Stan Woosley stammt dazu die lapidare Beschreibung: „The flame never dies.“[1]

Die Astrophysiker kennen zwei Arten, auf denen sich thermonukleare Brennfronten durch entartete Medien ausbreiten können, nämlich als **Detonation** oder als **Deflagration**. Beide treten auch bei chemischen Verbrennungen im Labor auf. Detonationen findet man in der Astrophysik aber nur in entarteter Materie.

Unter einer Detonation versteht man das Fortschreiten der Brennfront in Form einer **Stoßwelle**, die den Brennstoff durch Kompression so stark erhitzt, dass er zur Zündung kommt. Die Ausbreitung der Front im Weißen Zwerg erfolgt mit Überschallgeschwindigkeit. Die freigesetzte Reaktionswärme der Kernfusion erhöht den Druck hinter der Stoßfront (wo die Entartung aufgehoben ist) und treibt sie weiter in die unverbrannte, entartete Sternmaterie. Zu einer Detonation kann es kommen, wenn der Brennstoff in einem hinreichend großen Raumgebiet gleichzeitig entflammt. Dadurch wird genug Energie erzeugt, um eine überschallschnelle Expansion auszulösen, die eine starke Stoßwelle verursacht. Diese sorgt dann für die Erhitzung weiterer brennbarer Materie über die Zündtemperatur, wodurch sich die Detonation selbst erhält.

Bei einer Deflagration propagiert die Brennfront mit einer Geschwindigkeit (weit) unter der Schallgeschwindigkeit. Anders als bei einer Detonation expandiert die heiße Brennasche direkt hinter der Brennfront und hat eine geringere Dichte als die unverbrannte Materie vor der Brennfront. Bei einer Deflagration sorgt der Wärmestrom aus der Reaktionszone, wo die Flamme

1 „Die Flamme erlischt niemals.“

Abb. 4.5 Turbulente chemische Verbrennung von Kerosin. Der Feuerspeier presst den Brennstoff mit hoher Geschwindigkeit durch eine mit den Lippen geformte Düse und erreicht so seine turbulente Vermischung mit der Luft. Zunächst brennt das knapp vor dem Mund entzündete Kerosin nur oberflächlich, entflammt dann durch die Vormischung mit dem Sauerstoff der Luft aber im gesamten Volumen und verbrennt explosionsartig. Die heißen Brenngase blähen sich in kürzester Zeit zu einem eindrucksvollen Feuerball auf. An dessen Oberfläche sind die zellenartigen Strukturen des turbulenten Strömungsmusters gut erkennbar.

ihre Energie freisetzt, und aus der heißen Brennasche für die Erhitzung des kühlen Brennstoffs bis zur Zündung. Für diesen Wärmetransport sind im Weißen Zwerg vor allem die Energieüberträge der sehr beweglichen Elektronen bei Kollisionen untereinander und mit den Ionen („Wärmeleitung") verantwortlich, sowie die **Diffusion** von Photonen („Strahlungstransport"). Die Dicke der Brennfront und ihre Ausbreitungsgeschwindigkeit hängen von der Effizienz des Wärmetransports ab. Bei Dichten von 10^8 g/cm^3 bis 10^9 g/cm^3 ist die Brennregion weit weniger als einen Millimeter dick und pflanzt sich mit einigen zehn Kilometern pro Sekunde fort.

Dies ist viel zu langsam, um den Weißen Zwerg mittels einer Deflagration größtenteils zu entzünden, da der Stern genug Zeit hat, sich durch die

Energiefreisetzung in seinem Innern auszudehnen. Infolgedessen sinkt die Dichte in der noch unverbrannten Materie, die durch diese Expansion außerdem kühlt. Mit fortschreitender Zeit wird es deshalb für die Deflagration immer schwieriger, den noch unverbrauchten Kohlenstoff und Sauerstoff zu entflammen, geschweige denn effizient zu Silizium und Nickel zu verbrennen. Die insgesamt durch die nukleare Fusion erzeugte Energie würde für eine Explosion des Weißen Zwerges nicht ausreichen.

Allerdings expandiert die Brennasche nicht als *laminare Strömung*, sondern sie verwirbelt und wird **turbulent**. Dadurch bleibt die Brennfront keine glatte Fläche, sie wird verbogen, verbeult und gestreckt (vgl. Abb. 4.5). Mit den Wirbeln bilden sich einerseits „Zungen“ und „Finger“ brennender Gebiete, die wie Flammen in den Brennstoff ragen, und andererseits entstehen „Taschen“ und „Inseln“ unverbrannten Materials, umgeben von heißer Brennasche. Die Umwandlung von Brennstoff zu Asche erfolgt zwar immer noch in der engen Brennfront. Durch ihre Verbeulungen besitzt diese jedoch eine vielfach vergrößerte Oberfläche. Dies beschleunigt die Aufheizung und Entzündung des Brennstoffs und führt zu seinem wesentlich schnelleren Verbrauch. Das Brennen verteilt sich effektiv über das gesamte turbulente Gebiet, das die Bezeichnung „Flammenbürste“ erhalten hat. Durch die turbulente Verwirbelung von Brennasche und frischem Brennstoff breitet sich die Verbrennung im Weißen Zwerg hundertfach schneller aus als eine laminare Deflagration. Die Ausbreitungsgeschwindigkeit der turbulenten Verbrennungsregion kann einige zehn Prozent der Schallgeschwindigkeit erreichen.

Ähnliche Effekte macht sich ein Feuerspeier bei seinen eindrucksvollen Vorführungen zunutze, wenn er durch das schnelle Ausstoßen des Kerosins aus dem Mund **Turbulenz** erzeugt und so erreicht, dass der Brennstoff mit Luft vorgemischt wird und dann schlagartig entflammen kann (Abbildung 4.5). Auch in Dieselmotoren spielt turbulente Vermischung von Treibstoff und Luft eine entscheidende Rolle, um die Verbrennung möglichst effizient, gleichmäßig und rußarm zu gestalten. Die Ingenieure versuchen, dies durch optimale Gestaltung der Einspritzung und des Verbrennungsraums zu erreichen.

Anders als bei diesen kontrollierten Flammen „im Labor“ gibt es aber im Weißen Zwerg keine Düsen oder Wände, die in der Strömung Turbulenz hervorrufen könnten. Die Ursache für die Verwirbelung der Strömung in den explodierenden Sternen sind die *Rayleigh-Taylor-Instabilität* und die *Kelvin-Helmholtz-Instabilität*, die uns bereits bei den Kernkollapssupernovae begegneten (Kästen „Die Rayleigh-Taylor-Instabilität“ auf Seite 88 und „Die Kelvin-Helmholtz-Instabilität“ auf Seite 97). Durch die vom Sterninnern nach außen voranschreitende Verbrennung entsteht heiße, weniger dichte und damit spezifisch leichtere Brennasche innerhalb der kalten und dichteren unverbrannten Materie. Im Gravitationsfeld des Weißen Zwergs beginnt die leichtere Brennasche durch die Rayleigh-Taylor-Instabilität in Blasen aufzusteigen und in das brennbare Material einzudringen. Es bilden sich die typischen Rayleigh-Taylor-„Pilzköpfe", wenn die Blasen durch Scherströmungen an den Rändern in kleinere und größere Wirbel zerfransen (siehe die Abbildungen 3.11 und 3.16).

Die Brennphysiker unterscheiden zwei Regime, in denen das *turbulente Brennen* unterschiedlichen Charakter hat. Sind die kleinsten turbulenten Wirbel in der Strömung viel größer als die Dicke der Brennfront, dann breitet sich die Flammenfront an jeder Stelle ihrer verbeulten Oberfläche im Kleinen wie eine lokal laminare Flamme aus. Die Verbrennung findet in einem ausgedehnten Gebiet statt, in dem Klumpen und Taschen unverbrannter Materie von Asche umgeben sind und umgekehrt. Je schneller die Wärmeleitung den Brennstoff erhitzt, desto schneller zehrt die Verbrennung die unverbrannten Klumpen auf. Dieser Fall wird *„Flämmchen-Regime"* genannt, weil die brennenden Bereiche wie kleine Flammen in den Brennstoff lodern. Sind dagegen die kleinsten turbulenten Strukturen viel kleiner als die Flammendicke, findet die Verbrennung innerhalb der Wirbel statt. In diesem Regime des *„verteilten Brennens"* hängt die Ausbreitungsgeschwindigkeit der Verbrennung dann nicht mehr von der Wärmeleitung ab, sondern nur noch von der turbulenten Bewegung des Gases.

In den zentralen, sehr dichten Bereichen eines explodierenden Weißen Zwergs findet die thermonukleare Verbrennung im „Flämmchen-Regime" statt, weil Kohlenstoff und Sauerstoff extrem schnell fusionieren und daher die Brennfront wie oben erwähnt mikroskopisch dünn ist (weit unter einem Millimeter). Mit abnehmender Dichte weiter außen im Stern wird die Umwandlung von Brennstoff zu Asche aber langsamer und die Brennfront deshalb immer dicker. Die Verbrennung geht ins verteilte Regime über[2]. Dieser Übergang wird im Weiteren noch wichtig werden.

---

2 Die Dicke der Brennfront (Millimeter) im Vergleich zum Radius eines Weißen Zwerges (Tausende Kilometer) ist viel zu gering, um sie in Computermodellen von explodierenden Weißen Zwergen mit den benutzten Rechengittern aufzulösen. Die Theoretiker nähern eine Deflagrations- oder Detonationsfront daher durch eine unendlich dünne Unstetigkeit an, in der die nukleare Energieerzeugung stattfindet. Die Bewegung dieser Unstetigkeitsfläche unterhalb der Auflösungsgrenze des Rechengitters wird durch ausgefeilte mathematische Methoden beschrieben. Die dafür benutzten „Rezepte" sind jedoch im verteilten Regime nicht mehr anwendbar. Dort ist eine vernünftige Beschreibung des turbulenten nuklearen Brennens bisher nicht gelungen.

4.3 Explosionsmodelle

Aus theoretischer Sicht kommen folgende Doppelsysteme mit einem oder zwei entarteten Sternen als aussichtsreiche Vorläufer für Typ-Ia-Supernovae infrage:

1. Kohlenstoff-Sauerstoff-(C+O)-Weiße-Zwerge, die Wasserstoff von einem nicht entarteten Begleiter akkretieren, bis sie die kritische Chandrasekhar-Massengrenze erreichen. Der Gasspender kann ein Stern beim Wasserstoffbrennen sein oder ein **Roter Riese**.
2. Kohlenstoff-Sauerstoff-Weiße-Zwerge, die Helium von einem Begleitstern akkretieren, bis sie an die Chandrasekhar-Masse kommen. Der heliumreiche Begleiter kann entweder ein nicht entarteter Stern in der Phase des Heliumbrennens sein, der seine Wasserstoffhülle verloren hat, oder ein Weißer Zwerg aus Helium[3].
3. Kohlenstoff-Sauerstoff-Weiße-Zwerge mit deutlich weniger Masse als die Chandrasekhar-Grenze, die nur etwa 0,01 bis 0,3 Sonnenmassen Materie von einem heliumreichen Begleiter akkretieren, bevor das auf der Oberfläche angesammelte Helium detoniert und eine Typ-Ia-Supernova auslöst. Die Explosion setzt ein, obwohl die Masse des Weißen Zwergs unter dem Chandrasekhar-Limit bleibt. Die theoretisch vorhergesagte Ereignisrate für dieses *Unter-Chandrasekharmassen-Szenarium* stimmt mit der beobachteten Häufigkeit von Typ-Ia-Supernovae in milchstraßenähnlichen Galaxien überein. Dagegen reichen die berechneten Häufigkeiten der Chandrasekharmassen-Szenarien 1 und 2 nicht aus, um alle gesichteten Supernovae in solchen Galaxien zu erklären.
4. Zwei kollidierende Weiße Zwerge, deren Gesamtmasse die Chandrasekhar-Grenze übersteigt. Die wahrscheinlichsten Systeme, die in diesem Doppelentartungszenarium thermonukleare Explosionen verursachen könnten, bestehen aus zwei Kohlenstoff-Sauerstoff-Weißen-Zwergen. Theoretische Betrachtungen ergeben, dass vielleicht bis zu zehn Prozent aller Typ-Ia-Supernovae auf die Verschmelzung zweier solcher Sterne zurückgehen könnten. Aber weder ihre erwartete Häufig-

---

3 Der Akkretor in den beiden Chandrasekharmassen-Szenarien 1 und 2 muss ein C+O-Weißer-Zwerg sein, weil Helium-Weiße-Zwerge mit ihrer geringen Anfangsmasse (weniger als etwa 0,4 $M_\odot$) durch Akkretion nicht bis zur Chandrasekhar-Grenze wachsen und weil akkretierende Sauerstoff-Neon-Magnesium-(O+Ne+Mg)-Weiße-Zwerge bei Erreichen der Chandrasekhar-Masse zu einem Neutronenstern kollabieren statt als Typ-Ia-Supernova zu explodieren.

keit noch ihre Eigenschaften scheinen die Mehrzahl dieser Supernovae erklären zu können.

Die Astrophysiker versuchen mit detaillieren Computermodellen herauszufinden, welche dieser lange diskutierten Möglichkeiten mit den beobachteten Eigenschaften von Typ-Ia-Supernovae übereinstimmen. Zu der Vielfalt der Erscheinungen dürfte mehr als eines der oben genannten Sternsysteme beitragen. Die relativen Häufigkeiten der beteiligten Szenarien könnten vom Galaxientyp abhängen und sich zudem im Laufe der galaktischen Geschichte verändern (siehe Kapitel 4.1).

Zum Vergleich mit den Beobachtungen sind die bei der Supernovaexplosion erzeugten chemischen Elemente extrem wichtige diagnostische Größen. Die Helligkeit einer Supernova steigt mit der Menge des erzeugten radioaktiven Nickel-56, und anhand der zeitlichen Entwicklung der charakteristischen Linien in den gemessenen Supernovaspektren können die Beobachter erschließen, wie viel andere Eisengruppenelemente entstanden sind, wie viel Silizium und leichtere Elemente produziert wurden und wie viel unverbrannter Kohlenstoff und Sauerstoff ausgeworfen wurden. Auch die Expansionsgeschwindigkeiten können sie aus den Verschiebungen und Verbreiterungen der Linien aufgrund des **Dopplereffekts** ableiten (Kapitel 1.2).

Die Zusammensetzung der von der Brennfront prozessierten Materie hängt von der Dichte der Sternschichten ab, in welche die Front hineinläuft. Bei den hohen Dichten im tiefen Innern des Weißen Zwergs ist die Verbrennung vollständig und erzeugt Eisengruppenelemente, darunter zu etwa 70 Prozent Nickel-56. Weiter außen geht sie nicht über mittelschwere Elemente hinaus, mit sinkender Dichte entstehen vor allem Silizium (Si), Schwefel (S), Kalzium (Ca). Sind die Dichten noch geringer, verbrennt Kohlenstoff nur zu Sauerstoff. Ganz außen schließlich erlischt die nukleare Flamme, und Kohlenstoff und Sauerstoff bleiben unverbrannt.

Dabei spielt auch eine Rolle, ob sich die Brennfront als Deflagration oder Detonation durch den Weißen Zwerg frisst. Im Fall einer Detonation, die sich überschallschnell vom Zentrum zur Oberfläche ausbreitet, wird fast der komplette Stern in Eisengruppenelemente umgewandelt. Nur ganz wenig Masse in der äußersten Schicht ist davon nicht betroffen. Dies ergäbe zwar eine sehr kräftige und strahlend helle Explosion. Ein Blick auf die Beobachtungen zeigt aber, dass die thermonuklearen Supernovae keine reinen Detonationen sein können, denn Detonationen würden viel zu wenig Silizium erzeugen, um die für Typ-Ia-Supernovae charakteristischen starken Siliziumlinien zu besitzen.

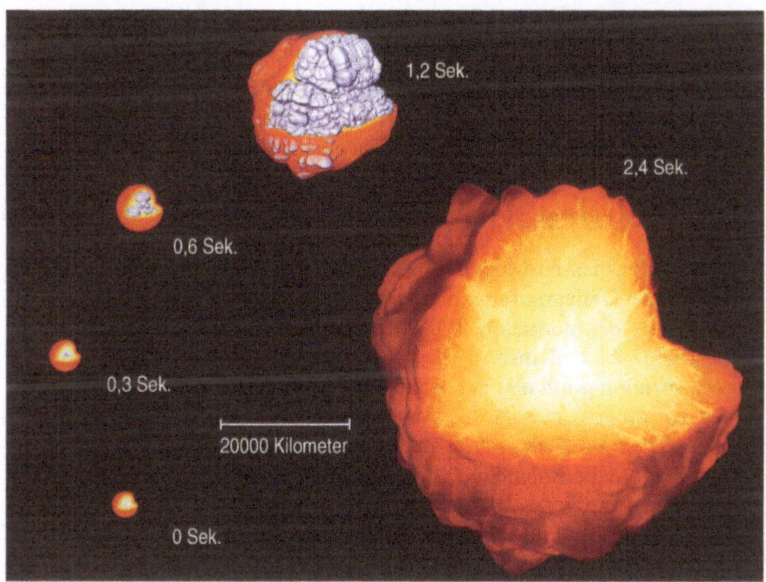

Abb. 4.6 Computersimulation der thermonuklearen Explosion eines Weißen Zwergs durch eine turbulente Deflagration. Bei Erreichen der Zündtemperatur beginnt die nukleare Verbrennung des Kohlenstoffs und Sauerstoffs nahe dem Zentrum (Momentaufnahme links unten) und pflanzt sich, von turbulenten Mischvorgängen beschleunigt, in rund einer Sekunde bis zur Sternoberfläche fort (oberste Momentaufnahme). Kurz danach erlischt die nukleare Flamme, und der explodierende Stern expandiert als heiße Wolke von Brennasche (rechte Momentaufnahme). Die Gasdichte im Weißen Zwerg ist farblich dargestellt (von hohen zu niedrigen Werten durch weiße, gelbe, orange, rote Töne), die Brennfront ist im zwickelförmigen Aufschnitt als bläuliche Oberfläche zu sehen. Ihre blumenkohlartige Struktur entsteht durch die teilweise Verschmelzung von Rayleigh-Taylor-Pilzen und ähnelt den turbulenten Zellen des Feuerballs in Abbildung 4.5. Der Weiße Zwerg dehnt sich deutlich aus, während sich die Verbrennung mit Unterschallgeschwindigkeit durch den Stern frisst.

Daraus folgt, dass die Explosionen als Deflagration beginnen müssen. Computersimulationen zeigen, dass auch durch eine turbulente Deflagration genug Energie für eine Explosion freigesetzt wird. Allerdings kann sich bei der mit Unterschallgeschwindigkeit propagierenden Deflagration der Weiße Zwerg im Verlauf der Explosion ausdehnen (siehe Abbildung 4.6). Dadurch sinkt die Dichte in den von der Front noch nicht erreichten Regionen, und die Verbrennung verliert an Effizienz. Weil das Sterngas vorexpandiert, wird verhältnismäßig wenig Nickel und Silizium erzeugt. Erhebliche Mengen Kohlenstoff und Sauerstoff bleiben unverbrannt. Solche Supernovae wären mit einer relativ geringen Explosionsenergie nur schwach und hätten wegen der kleinen Nickelmasse auch eine recht geringe Helligkeit.

4.3.1 Chandrasekharmassen-Modelle

Chandrasekharmassen-Modelle der Szenarien 1 und 2, die durch eine reine turbulente Deflagration explodieren, können daher allenfalls die lichtschwächeren der normalen Typ-Ia-Supernovae erklären, aber kaum die große Mehrzahl und insbesondere nicht die hellen. Um die Modelle in Übereinstimmung mit den beobachteten Eigenschaften der meisten Explosionen zu bringen, müssen die Astrophysiker annehmen, dass die Brennfront zunächst als Deflagration startet, später aber in eine Detonation umschlägt. Laborexperimente und theoretische Betrachtungen legen nahe, dass eine solche verzögerte Detonation beim Übergang der Brennfront vom Flämmchen-Regime ins verteilte Brennregime (siehe Kapitel 4.2) nahe einer Dichte von 10^7 g/cm^3 erfolgen könnte. Vermutlich muss dafür die **Turbulenz** in dieser Region genug stark sein. Dann könnten die Spitzenwerte von Geschwindigkeits- und Temperaturschwankungen an der Flammenfront in einem hinreichend großen Raumbereich und für ausreichend lange Zeit so hoch werden, dass die Energiefreisetzung durch das Brennen den Raumbereich supersonisch expandieren lässt und dadurch eine Stoßwelle auslöst. Die Verwandlung einer Deflagration in eine Detonationswelle und die dafür nötigen Bedingungen sind aber nicht wirklich verstanden, das Problem wird noch intensiv untersucht. In Computermodellen lösen die Wissenschaftler die Detonation nach den erwähnten Kriterien künstlich aus, wenn die Deflagrationsflamme das verteilte Brennen erreicht (Abbildung 4.7).

Die verzögerte Detonation führt dazu, dass in den Außenbereichen des Weißen Zwergs mehr Kohlenstoff und Sauerstoff zu mittelschweren Elementen (Si, S, Ca) verbrennt, so wie aus den Beobachtungen zu erschließen ist. Im Gegensatz zum reinen Detonationsfall hat sich während der vorhergehenden Deflagrationsphase der Weiße Zwerg bereits so weit ausgedehnt, dass die Detonation wegen der abgesunkenen Dichten nicht nur Eisengruppenelemente erzeugt. Zudem entzündet die Detonation auch die „Kanäle“ und „Taschen“ unverbrannter Materie zwischen den aufsteigenden Ascheblasen, sodass die Brennprodukte viel homogener verteilt sind als bei einer reinen Deflagration.

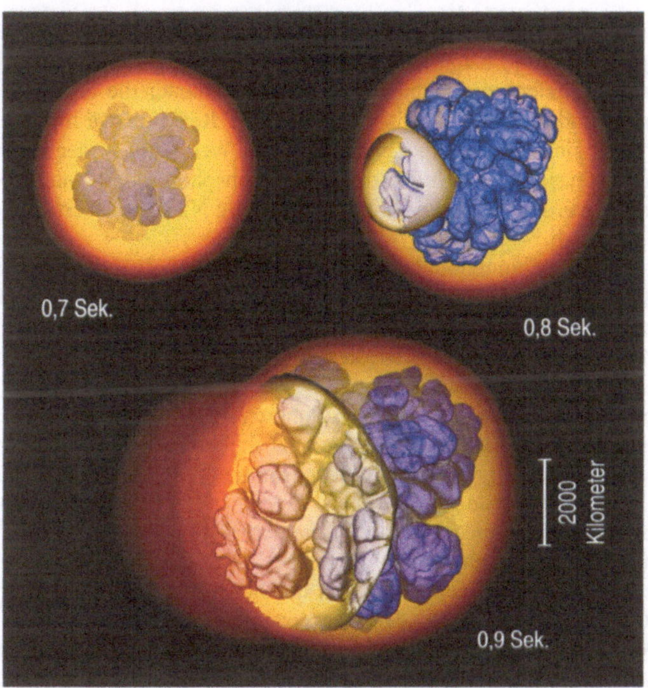

Abb. 4.7 Computersimulation der thermonuklearen Explosion eines Weißen Zwergs durch eine verzögerte Detonation. Die blumenkohlartige Deflagrationsflamme ist als blaue Oberfläche wiedergegeben. Etwa 0,7 Sekunden nach der Zündung der Verbrennung nahe dem Zentrum des Sterns setzt die Detonation in einem kleinen Gebiet der Deflagrationsflamme etwa an der 9-Uhr-Position ein (linke obere Momentaufnahme). Die als weiße Fläche dargestellte Detonationsfront breitet sich mit Überschallgeschwindigkeit im unverbrannten Kohlenstoff und Sauerstoff aus. Die gelben und orangen Farbwerte geben die Materiedichte im explodierenden Weißen Zwerg wieder.

Weil die Elemententstehung bei der verzögerten Detonation durch die Vorexpansion des Sterns bestimmt wird, ist es in diesem Szenarium auch möglich, die beobachteten Helligkeitsvariationen normaler Typ-Ia-Supernovae zu erklären. Setzt die Detonation nach einer schwachen Ausdehnung des Weißen Zwergs ein, wird dabei eine große Menge Nickel erzeugt, und die Supernova ist sehr hell. Bei stärkerer Vorexpansion wird dagegen weniger Nickel fusioniert, und die Explosion ist nur relativ leuchtschwach.

Ob der Detonation eine kräftige oder schwache Expansion des Weißen Zwergs vorausgeht, hängt von der Geschwindigkeit der Verbrennung und damit der Effizienz der Deflagration ab. Je effizienter die turbulente Verbrennung und je höher die dabei produzierte Reaktionswärme ist, desto mehr bläht sich der explodierende Stern auf. Weil dann weder in der Deflagrationsphase noch während der Detonationsphase hohe Anteile Nickel entstehen, würde eine starke Deflagration wenig Nickel auswerfen und wäre weniger hell.

Die Computersimulationen zeigen, dass für den Verlauf der Deflagration entscheidend ist, wie die Zündung der Kernfusion genau erfolgt. Auch dies ist eine noch ungelöste Frage: Wie kommt es bei Erreichen der Chandrasekhar-Masse zu der spontanen Selbstentzündung des Kohlenstoff-Sauerstoff-Gemisches im akkretierenden Weißen Zwerg? Geschieht dies nur an einer Stelle oder gleichzeitig an mehreren Punkten im dichten Zentralgebiet des Sterns? Man vermutet, die Zündung setzt durch einen zufälligen Prozess ein, wenn mit steigender Dichte die Spitzen der Temperaturschwankungen eine kritische Schwelle überschreiten.

Der eigentlichen unkontrollierten Steigerung (englisch *„runaway"*) der thermonuklearen Verbrennung geht eine etwa hundert Jahre dauernde „Schwelbrand-Phase" voraus. Wegen der hohen Dichte des sich am Stabilitätslimit befindlichen Weißen Zwerges setzen langsame Kernreaktionen von Kohlenstoff zu schwereren Elementen ein. Gleichzeitig mischen Umwälzströmungen durch **Konvektion** die Sternmaterie, und Neutrinoabstrahlung wirkt kühlend. Dadurch bleibt das nukleare „Köcheln" in dieser Phase unter Kontrolle. Aufgrund ihrer sehr langen Dauer sind diese Vorgänge extrem schwierig mit Computermodellen zu berechnen. Für das Erreichen der Zündbedingungen in den bis zur Chandraskhar-Masse anwachsenden Weißen Zwergen gibt es daher keine gute theoretische Beschreibung.

Deshalb behandeln die Astrophysiker in ihren Explosionssimulationen den Moment, in dem das Brennen außer Kontrolle gerät, näherungsweise. Sie leiten den Beginn der Verbrennung künstlich ein und variieren dabei die Zahl und Verteilung der Orte, an denen die Zündung stattfindet und die nukleare Brennfront ihren Urspung hat. Dabei stellt sich heraus, dass mehr Zündpunkte zu heftigerer **Turbulenz** führen und die Deflagration einen größeren Bereich des Weißen Zwergs verzehrt. Es kommt zu einer starken Expansion des Sterns vor dem Übergang zur Detonation, und die insgesamt erzeugte Nickelmasse und die Explosionsenergie bleiben relativ gering. Modellrechnungen von verzögerten Detonationen mit systematisch veränderten Zündbedingungen für die anfängliche Deflagration erzeugen zwischen 0,4 $M_\odot$ und 0,9 $M_\odot$ Nickel-56 und können die beobachtete Streubreite der

Helligkeit normaler Typ-Ia-Supernovae (rund ein Faktor 2,5 bei der maximalen Leuchtkraft) recht gut reproduzieren.

Trotz dieser vielversprechenden Ergebnisse im Vergleich zu den Beobachtungen: die Frage wiegt schwer, ob es genug Vorläufersysteme mit Weißen Zwergen am Chandrasekhar-Limit gibt, um die Mehrzahl der Typ-Ia-Supernovae zu erklären.

4.3.2 Unter-Chandrasekharmassen-Modell

Beim Unter-Chandrasekharmassen-Szenarium 3 existiert dieses Problem nicht. Es fußt auf der Vorstellung, dass es zur Explosion des Helium akkretierenden Weißen Zwergs kommen könnte, noch bevor er die Chandrasekhar-Grenze erreicht hat. Warum und wie könnte das geschehen? Es ist bekannt, dass sich auf dem Weißen Zwerg nur eine Heliumhülle mit begrenzter Masse (abhängig von den Eigenschaften des Doppelsternsystems sind es etwa 0,01–0,3 $M_{\odot}$) ansammeln kann, bevor die Temperatur so weit ansteigt, dass die Akkretionsschicht thermisch instabil wird: Das Helium entzündet sich und verbrennt „dynamisch". Das bedeutet, dass die thermonukleare Energiefreisetzung in so kurzer Zeit anschwillt, dass es zu einer turbulenten Verbrennung kommt, die heiße Asche und kalten Brennstoff in einer großen Region schnell mischt[4]. Der Vorgang in der Helium-Akkretionsschicht ähnelt der Zündung und turbulenten Verbrennung des Kohlenstoff-Sauerstoff-Weißen-Zwergs beim Chandrasekharmassen-Szenario. Man erwartet, dass ähnlich wie dort die Deflagration in eine überschallschnelle Detonation umschlägt, die sich durch ihren Überdruck explosionsartig in der ganzen Heliumschicht ausbreitet. Als Folge kommt es zu einer thermonuklear getriebenen Absprengung der Heliumhülle, die radioaktive Nuklide, vor allem Nickel-56, aber auch Eisen-52, Chrom-48 und Titan-44 sowie das stabile Kalzium-40 ausschleudert. Die maximale Leuchtkraft solcher Ereignisse erreicht nur etwa zehn Prozent einer normalen Typ-Ia-Supernova. Weil es sich auch um thermonukleare Explosionen handelt, erhielten sie die Bezeichnung *„Supernovae.Ia"*. Der Name ist eigentlich irreführend, denn sie produzieren keine nennenswerte Menge Si-

4 Damit so eine spontane Zündung auftritt, muss sich ausreichend Helium unverbrannt auf dem Weißen Zwerg ansammeln. Dies ist möglich, wenn die Akkretionsrate, d. h. die Menge Helium, die der Begleitstern pro Zeit an den Weißen Zwerg abgibt, unter einer gewissen Grenze bleibt. Bei den Chandrasekharmassen-Szenarien 1 und 2 hingegen überschreitet die Akkretionsrate von Wasserstoff bzw. Helium diese Schwelle und das Gas kühlt nicht schnell genug. Es wird daher während des Aufpralls auf den Weißen Zwerg so heiß, dass es fortlaufend „stabil" verbrennt.

lizium und besitzen daher nicht die für Typ-Ia-Supernovae charakteristischen Spektrallinien von Silizium. Die Astronomen halten es für möglich, dass einige jüngst entdeckte, ungewöhnliche, transiente optische Quellen Sternexplosionen dieser Art gewesen sein könnten. In jedem Fall werden systematische Suchkampagnen aber nach solchen Ereignissen Ausschau halten.

Wenn der Akkretor ein Kohlenstoff-Sauerstoff-Weißer-Zwerg ist, könnte die Detonation nicht nur die akkretierte Heliumschicht erfassen, sondern den gesamten Weißen Zwerg. Die Stoßwelle der Detonation tritt nämlich in den C+O-Kern ein und heizt und verdichtet das Plasma dort. Ist der Stoß sehr stark, könnte der Kohlenstoff dadurch bereits vom Rand des Weißen Zwergs her entzündet werden. Wahrscheinlicher allerdings ist, so zeigen Computersimulationen, dass die Stoßfront der Heliumdetonation sich in der Heliumhülle auf der Oberfläche des Weißen Zwergs ausbreitet und dabei von allen Richtungen aus in den C+O-Kern eindringt. Weil die Energie der von allen Seiten immer tiefer in den Kern vordringenden Stoßfläche zum Zentrum hin auf einen immer kleineren Raumbereich konzentriert wird, gewinnt der Stoß dabei an Stärke. Wie Lichtstrahlen von einem Brennglas wird so die Stoßenergie auf einen Brennpunkt hin fokussiert. Dort steigt die Temperatur auf über drei Milliarden Kelvin und bringt den Kohlenstoff und Sauerstoff zur Detonation.

Im Gegensatz zu den Chandrasekharmassen-Modellen setzt bei diesem *„Doppeldetonationsszenarium“* die Zündung nicht spontan ein, sondern wird wie durch einen „Hammerschlag“ von außen erzwungen. Der Ausgangspunkt der zweiten Detonation muss dabei nicht exakt im Zentrum des Weißen Zwergs liegen. Wenn die von der Heliumdetonation ausgelöste Stoßfront nicht gleichzeitig aus allen Richtungen in den Kern vordringt, wird ihr Fokuspunkt abseits vom Zentrum liegen, sodass die Explosion des Sterns deutlich asymmetrisch verläuft.

Die Astrophysiker streiten sich noch, ob die Stoßfront der explosiven Heliumverbrennung wirklich den Kohlenstoff-Sauerstoff-Kern zur Detonation bringen kann. Ist die Fokussierung auf einen Konvergenzpunkt dafür gut genug? Computersimulationen stützen diese Vorstellung. Eine Reihe von Gründen lassen das Unter-Chandrasekharmassen-Modell mit der Doppeldetonation als sehr plausibles Szenarium für Typ-Ia-Supernovae erscheinen. Es gibt genug Vorläufersysteme, um die Mehrzahl der normalen Typ-Ia-Ereignisse zu erklären. Zudem stehen die Helium akkretierenden Weißen Zwerge nicht im Widerspruch zu den gemessenen Röntgenleuchtkräften elliptischer Galaxien (siehe Kapitel 4.1). Außerdem erzeugt die Detonation der leichten Weißen Zwerge genug mittelschwere Elemente, um viele beobachtete Eigenschaften der bei Typ-Ia-Supernovae emittierten Strahlung recht gut zu verstehen. Insbesondere gilt dies auch für die Unterschiede in den Helligkeiten. Denn weil die Weißen Zwerge verschiedene Massen besitzen können, variiert die erzeugte Nickelmenge erheblich. Im Massenbereich zwischen 0,9 $M_\odot$ und 1,25 $M_\odot$, wo die schwersten bekannten Weißen Zwerge liegen, erwartet man einen Anstieg von unter 0,2 $M_\odot$ auf rund 0,9 $M_\odot$ Nickel-56; ist die Masse des Weißen Zwerges noch näher am Chandrasekhar-Limit, sind nach Computerrechnungen sogar bis zu 1,1 $M_\odot$ möglich. Wie breit die Streuung bei Typ-Ia-Supernovae wirklich sein kann, hängt natürlich davon ab, welche Massenverteilung Weißer Zwerge in geeigneten Doppelsternsystemen die Natur realisiert.

Dies klingt alles sehr vielversprechend. Ist das Unter-Chandrasekharmassen-Modell also die Erklärung für die meisten thermonuklearen Sternexplosionen? Leider können die Astrophysiker noch keine endgültige Antwort geben. Auch bei diesem Modell gibt es noch ungelöste Fragen und Probleme. Die Detonation der akkretierten Heliumschicht hat unangenehme Folgen. Die relativ großen Mengen von erzeugtem Titan und Chrom, die man dabei erhält, müssten ihre Spuren in den Spektren hinterlassen. Man findet jedoch die vorhergesagten starken Spektrallinien von Titan und Chrom bei den beobachteten Typ-Ia-Supernovae nicht. Es gibt keinerlei Hinweise auf eine Heliumhülle um den explodierten Weißen Zwerg. Wie könnte sich der Heliummantel unsichtbar machen? Enthält die Schicht viel weniger Masse als vermutet? Oder ist die Physik der Detonation und Elemententstehung in dieser Schicht noch nicht verstanden? Oder hat die Schicht eine andere chemische Zusammensetzung als gedacht, zum Beispiel, weil bei der Akkretion eine gewisse Menge Kohlenstoff und Sauerstoff aus dem Kern in das Helium gemischt wird? Weitere Forschung ist nötig, um hier Klarheit zu schaffen.

4.3.3 Kollisionsmodell

Auch die Kollision zweier Weißer Zwerge in einem Doppelsternsystem nach dem Szenarium 4 könnte eine Explosion auslösen, die unter bestimmten Bedingungen die beobachteten Typ-Ia-Supernovae, oder zumindest einen Teil davon, erklären könnte. Etwa die Hälfte aller Sterne mit mehr als einer Sonnenmasse entstehen und entwickeln sich als Doppelsterne, und einige dieser Systeme enden als zwei Weiße Zwerge in enger Umkreisung. In einer Milliarden Jahre dauernden, durch Abstrahlung von

Gravitationswellen verursachten Annäherung schrumpft der Abstand der beiden Komponenten kontinuierlich. Schließlich umkreisen sie sich mit Perioden von wenigen Sekunden fast auf Berührungsdistanz (Abbildung 4.8, obere Reihe). Die Sterne stürzen dann in ihrer immer tiefer werdenden, gemeinsamen „Gravitationsmulde" aufeinander zu und verschmelzen zu einem schnell rotierenden, stark abgeplatteten „Super-Weißen-Zwerg".

Damit dieses Kollisionsszenarium zu einer thermonuklearen Explosion führen kann, muss die Gesamtmasse des Systems wahrscheinlich die Chandrasekhar-Grenze übersteigen. Dies schließt Doppelsterne mit Weißen Zwergen aus Helium wegen deren geringer Masse (weniger als etwa 0,4 $M_{\odot}$) bereits aus, selbst wenn der Begleitstern ein C+O-Weißer-Zwerg wäre. Um als Vorläufer von Typ-Ia-Supernovae infrage zu kommen, müssen die Systeme auch hinreichend zahlreich sein. Aus diesen Gründen sind Doppelsterne mit zwei C+O-Weißen-Zwergen die bei Weitem aussichtsreichsten und häufigsten Binärsysteme. Kohlenstoff und Sauerstoff sind zudem ergiebige nukleare Energiequellen mit vergleichsweise niedrigem Zündpunkt. Damit ergibt sich eine klare Präferenz für die besten Kandidaten des Kollisionsmodells.

Theoretische Betrachtungen und Computerrechnungen zeigen, dass auch eine hinreichend hohe Dichte notwendig ist, damit eine Detonation des Kohlenstoffs und Sauerstoffs eintritt und die explosive Verbrennung supernovaähnliche Konsequenzen hat. Dies spricht gegen Systeme, in denen die Weißen Zwerge weniger als zirka 0,8 $M_{\odot}$ haben; die Dichten dieser Sterne sind zu gering für eine Detonation und für die Fusion von Nickel. Vielleicht kommt es zu nuklearem Brennen und einem vorübergehenden Aufleuchten. Einer Typ-Ia-Supernova wird so ein Ereignis aber nicht ähneln. Ebenso scheiden wohl stark asymmetrische Doppelsterne, d. h. solche, bei denen ein Weißer Zwerg deutlich leichter ist als der andere (das genaue Verhältnis der beiden Massen hängt von der Gesamtmasse des Systems ab), als Typ-Ia-Kandidaten aus. Auch hier treten in den heißesten Gebieten zu niedrige Dichten auf, sodass vermutlich keine Detonation des Kohlenstoff-Sauerstoff-Gemisches möglich ist. Denn wenn die beiden Weißen Zwerge erheblich unterschiedliche Massen haben, wird der leichtere und ausgedehntere Stern bei Annäherung an den schwereren bananenartig gestreckt und zerrissen. Schließlich wickelt sich seine Materie in einem dicken, heißen Torus mit relativ geringen Dichten um den schwereren Begleiter. Die Regionen, wo die höchsten Temperaturen entstehen, sind zu stark verdünnt, um dort eine Detonation zuzulassen. Stattdessen verbrennt der Kohlenstoff wahrscheinlich langsam zu Sauerstoff, Neon und Magnesium, und es bildet sich unter fortwährender Akkretion von Materie ein O+Ne+Mg-Weißer-

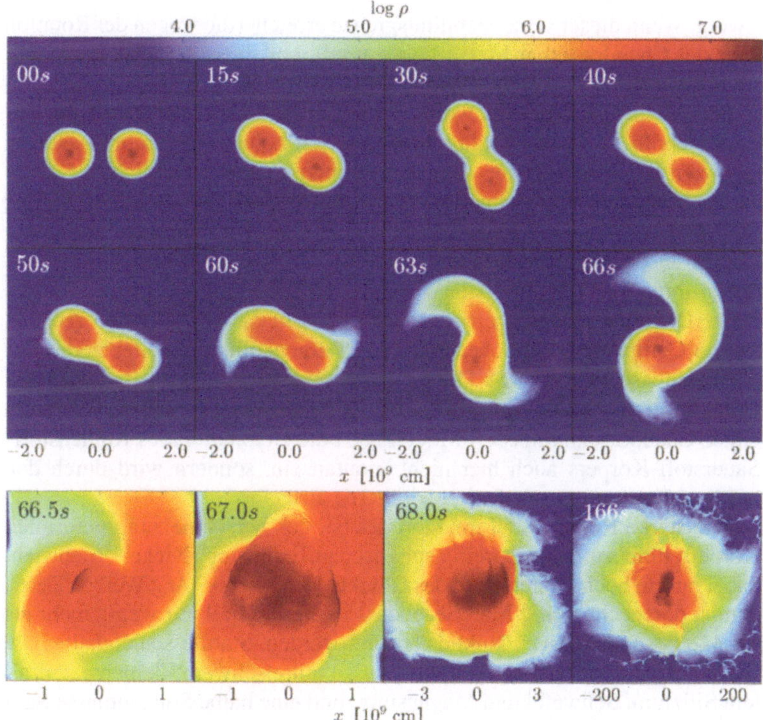

Abb. 4.8 *Oben:* Verschmelzung von zwei Kohlenstoff-Sauerstoff-Weißen-Zwergen mit je etwa 0,9 $M_{\odot}$. Die beiden Sterne umkreisen sich im Uhrzeigersinn mit einer Periode von etwa 28 Sekunden. Die Bildsequenz zeigt die Zeitentwicklung durch Schnitte in der Bahnebene des Systems, wobei die Dichte des stellaren Plasmas über Farbwerte dargestellt ist. Bei hinreichend kleinem Abstand wird die Bahnumkreisung instabil, und die beiden Körper stürzen aufeinander zu und kollidieren, um einen superschweren Weißen Zwerg zu bilden. Bei gleichen Massen der Weißen Zwerge verläuft die Verschmelzung vollkommen symmetrisch, andernfalls wird der leichtere Weiße Zwerg bei seiner Annäherung zerrissen. *Unten:* Explosion des bei der Verschmelzung erzeugten superschweren Weißen Zwergs durch eine Detonation. Die Detonationsfront entsteht nahe dem Zentrum (weißes Kreuz im letzten Bild der mittleren Reihe). Ihre Ausbreitung ist als Stoßunstetigkeit (entsprechend einem scharfen Sprung im Farbverlauf) erkennbar. Wegen der Deformation und schnellen Rotation entwickelt sich eine stark asymmetrische Explosion.

Zwerg. Wenn dieser seine Stabilitätsgrenze erreicht (die wegen der Rotation über der Chandrasekhar-Masse liegen wird), kollabiert er zum Neutronenstern.[5]

Nur wenn die Weißen Zwerge etwa gleiche Masse haben, ist ihr Zusammenprall besonders kräftig, und es treten hohe Temperaturen auch in Gebieten mit hoher Dichte auf. Die Temperatur steigt nämlich vor allem an der besonders stark komprimierten Kontaktfläche der verschmelzenden Sterne extrem an. Es werden Temperaturspitzen von mehreren Milliarden Kelvin an den heißesten Stellen erreicht. Die Astrophysiker interpretieren in ihren Modellen so hohe Temperaturwerte in ausgedehnten Knoten hoher Dichte als Beginn einer Detonation. Mit dieser Annahme rechnen sie die Computersimulationen nach der Sternenkollision weiter in die Explosionsphase des aus der Doppelsternverschmelzung hervorgegangenen überschweren Weißen Zwergs (Abbildung 4.8, untere Reihe). Wie beim Unter-Chandrasekharmassen-Modell setzt die Detonation des Kohlenstoff-Sauerstoff-Körpers auch hier nicht spontan ein, sondern wird durch den heftigen Zusammenstoß der beiden Sterne ausgelöst.

Die starke Rotationsdeformation des bei der Verschmelzung geformten Körpers führt zu einer extrem asphärischen Explosion. Nickel-56 entsteht dabei nur im hochdichten Kern des Objekts. Bei zwei 0,9 $M_\odot$ Weißen Zwergen ist dort recht wenig Materie, sodass in diesem Fall nur wenig mehr als 0,1 $M_\odot$ des radioaktiven Nuklids erzeugt werden. Stattdessen enthalten die 1,8 $M_\odot$ Ejekta mehr als eine Sonnenmasse mittelschwere Elemente, vor allem Silizium, Schwefel und Magnesium, und eine halbe Sonnenmasse Sauerstoff. Leicht unterschiedliche Massen der Weißen Zwerge führen zu etwas höherer Nickelproduktion. Obwohl die Explosionsenergie mit über 10^{44} J im normalen Bereich von Typ-Ia-Supernovae liegt, können die Modelle wegen der relativ geringen Nickelmasse nur eine Untergruppe von relativ lichtschwachen Ereignissen erklären. Deren beobachtete Eigenschaften, der Zeitverlauf der Leuchtkraft ebenso wie die Spektren, sind mit den Ergebnissen des Kollisionsmodells aber in guter Übereinstimmung. Nach Beobach-

5 Genau untersucht ist dieser skizzierte Ablauf nach dem Verschmelzen zweier Kohlenstoff-Sauerstoff-Weißer-Zwerge mit stark unterschiedlichen Massen aber noch nicht. Die Entwicklung des Brennens und der Akkretion ist daher sehr unsicher. In jedem Fall wird ein O+Ne+Mg-Weißer-Zwerg, der durch Akkretion von Gas bis zur maximalen Masse für hydrostatische Stabilität wächst, zum Neutronenstern zusammenstürzen. Auch bei so einem *akkretionsinduzierten Kollaps* kommt es zu einem neutrinogetriebenen Materieverlust ähnlich dem neutrinogetriebenen Wind des neu geborenen Neutronensterns in einer Kernkollapssupernova (siehe Kapitel 3.8), mit dem sogar einige tausendstel Sonnenmassen Nickel-56 ausgeworfen werden. Obwohl dadurch eine kurzzeitige Leuchterscheinung auftreten kann, ist so ein Ereignis aber viel lichtschwächer als eine Typ-Ia-Supernova.

tungen haben die „unterhellen“ Ereignisse einen Anteil von etwa 10 Prozent aller Typ-Ia-Supernovae. Auch dies scheint gut zu theoretischen Schätzungen für verschmelzende C+O-Weiße-Zwerge mit Massen zwischen etwa 0,80 $M_{\odot}$ und 1,05 $M_{\odot}$ zu passen. Demnach wären entsprechende Doppelsterne genug zahlreich, um bis zu zehn Prozent aller Typ-Ia-Supernovae zu verursachen.

Dennoch ist dieses Szenarium vermutlich nicht für alle Typ-Ia-Supernovae zutreffend. Zwar kann die Kollision massereicherer Weißer Zwerge wegen deren höherer Dichte deutlich mehr Nickel-56 erzeugen (z. B. rund 0,7 $M_{\odot}$ bei zwei 1,1 $M_{\odot}$ Weißen Zwergen), wodurch die Supernovae sehr viel heller wären. Allerdings sagen Schätzungen, dass die Häufigkeit solcher sehr schwerer Doppelsysteme bei Weitem nicht ausreicht, um auf sie die Mehrzahl der normalen Typ-Ia-Supernovae zurückzuführen.

4.3.4 Zusammenfassung

Anders als bei kollabierenden Sternen ist es also kein grundsätzliches Problem, Weiße Zwerge in Computersimulationen explodieren zu lassen. Gute Übereinstimmung der berechneten Modelle mit Beobachtungen zu erzielen, stellt sich dagegen als extrem schwierige Aufgabe heraus. Hier stehen die Astrophysiker vor großen Herausforderungen, was das elementare Verständnis und die Genauigkeit der Brennphysik sowie die Berechnung der mit Messungen vergleichbaren Strahlungseigenschaften von thermonuklearen Supernovae angeht.

Zumindest ein Teil der auftretenden Variationen in den spektralen Eigenschaften und der chemischen Zusammensetzung läßt sich wahrscheinlich einfach durch unterschiedliche Blickrichtungen auf stark anisotrope Explosionen erklären. Sowohl Beobachtungen als auch theoretische Modelle sprechen aber dafür, dass verschiedene stellare Systeme hinter den Supernovae vom Typ Ia stecken. Es ist gut möglich, dass verschmelzende Weiße Zwerge die Ursache für die lichtschwachen Ereignisse sind und dass sowohl Chandrasekharmassen- als auch Unter-Chandrasekharmassen-Explosionen zu den zahlreicheren, normal hellen thermonuklearen Supernovae beitragen. Mit ihren physikalischen Modellen zu allen diesen Szenarien konnten die Forscher beträchtliche Erfolge erzielen, jedoch bleiben Schwachpunkte und Unsicherheiten. Das Vorläuferproblem von Typ-Ia-Supernovae gibt Astrophysikern wie Astronomen also nach wie vor Rätsel auf.

Insbesondere existiert bislang keine ausgereifte Vorstellung für die viel selteneren, extrem hellen Über-Chandrasekharmassen-Ereignisse, die rund 1,5 Sonnenmassen Nickel auswerfen (siehe Kapitel 4.1). Es liegt nahe zu spekulieren, ob solche Mengen Nickel vielleicht aus Explosionen von extrem schnell rotierenden Weißen Zwergen stammen könnten, die durch die Zentrifugalkräfte der Rotation und nicht nur durch den Entartungsdruck von Elektronen stabilisiert würden. Dadurch könnten sie bis über zwei Sonnenmassen schwer sein, also deutlich über der Chandrasekhar-Grenze liegen. Aber weder im Kollisionsszenarium noch im Akkretionsszenarium gibt es überzeugende Bildungswege für Kohlenstoff-Sauerstoff-Weiße-Zwerge mit so hoher Masse. Um die große Nickelmenge zu erhalten, muss man eine Detonation des überschweren Weißen Zwergs annehmen. Keine der detaillierten Simulationen ist aber imstande, die beobachteten Eigenschaften der Über-Chandrasekharmassen-Ereignisse – relativ geringe Expansionsgeschwindigkeiten der Ejekta, beträchtliche Mengen unverbrannter Kohlenstoff, Mischung von Brennstoff und Brennasche – in ihrer Kombination zu erklären. Vielleicht handelt es sich gar nicht um Explosionen Weißer Zwergsterne? Neue Ideen sind hier also gefragt!

4.4 Vermessung des Universums

Entfernungen im Universum zu messen ist eine der wichtigsten und schwierigsten Aufgaben in der Astronomie. Wie bestimmt man die Distanz zu einer Quelle, die man nur als Lichtpunkt oder nebulöses Fleckchen am Himmel sieht? Für Himmelskörper, die nicht zu weit entfernt sind, kann dies durch die *Parallaxenmethode* geschehen. Der Winkel, unter dem wir einen nahen Stern vor dem Hintergrund viel weiter entfernter Sterne sehen, verändert sich im Laufe eines halben Jahres durch den Bahnumlauf der Erde um die Sonne. Aus der gemessenen Winkeländerung lässt sich mit dem bekannten Durchmesser der Erdbahn durch einfache Formeln der Abstand des Sterns ermitteln. Die aktuelle Messgenauigkeit erlaubt eine Anwendung dieser Methode bis zu Entfernungen von rund 3000 Lichtjahren.

Um darüber hinaus zu gehen, braucht man astronomische Objekte, deren absolute (wirkliche) Helligkeit man kennt. Das Prinzip ist einfach: Die wahrnehmbare Helligkeit einer Lichtquelle nimmt umgekehrt proportional mit dem Quadrat des Abstands zur Quelle ab, weil sich das ausgestrahlte Licht über eine entsprechend anwachsende Kugeloberfläche verteilt (Abbildung 4.9). Könnte man also eine extrem starke Glühbirne mit bekannter Leuchtkraft L auf einem entfernten Himmelskörper positionieren, und hätte man ein hinreichend empfindliches Teleskop, um ihre scheinbare Hellig-

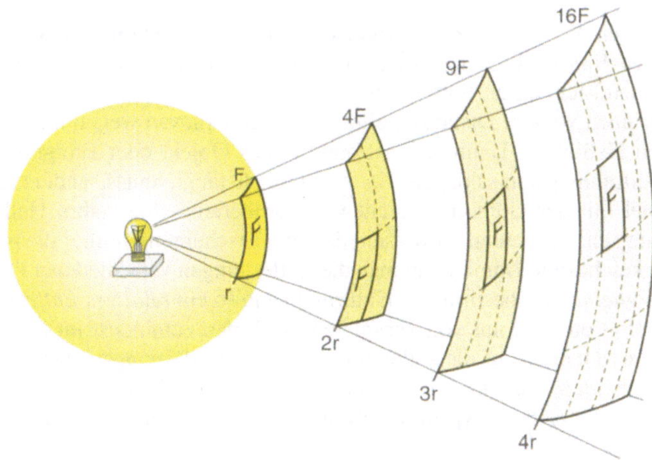

Abb. 4.9 Helligkeitsabnahme einer Glühbirne mit dem Abstand. Das Licht der Glühbirne verteilt sich auf eine Fläche, die quadratisch mit der Entfernung *r* wächst. Die dargestellten Flächenelemente (*F*) symbolisieren Einheitsflächen als Teile von Kugeloberflächen, die die Glühbirne im jeweiligen Abstand umgeben. Die Kugelfläche bzw. Anzahl der Einheitsflächen wächst quadratisch mit dem Abstand, entsprechend sinkt der Lichtfluss (die Menge Licht, die pro Zeiteinheit durch eine Einheitsfläche strömt) umgekehrt proportional zum Quadrat des Abstandes. Kennt man die wirkliche („absolute") Leuchtkraft der Strahlungsquelle, kann man daher aus der gemessenen („scheinbaren") Helligkeit ihre Entfernung berechnen.

keit H (genauer: die auf der Erde von der Quelle ankommende Energie pro Zeit- und Flächeneinheit) zu messen, wäre es mittels der Beziehung

$$H = \frac{L}{4\pi D^2} \tag{4.1}$$

sofort möglich, die Distanz D zu dem Himmelskörper zu berechnen.

Natürlich braucht man wegen der gewaltigen Entfernungen im Kosmos besonders helle, unverwechselbare astronomische „Glühbirnen". Dazu dienen spezielle Sterne, die *Cepheiden*, deren Leuchtkraft zeitlich variiert und bei denen es eine bekannte Beziehung zwischen der Periode ihrer Variation und ihrer wahren Helligkeit gibt. Auch **planetarische Nebel** eignen sich für diesen Zweck[6]. Mithilfe der veränderlichen Sterne und planetarischen Ne-

6 Genaueres hierüber findet der interessierte Leser im Band *Sterne* dieser Reihe.

bel können die Astronomen Abstände von kosmischen Objekten auch noch im *Virgo-Haufen* messen, dem nächsten größeren Galaxienhaufen in 50–60 Millionen Lichtjahren Entfernung.

Für noch weitere Distanzen eignen sich Supernovae wegen ihrer gigantischen Helligkeit. Damit ein astronomisches Objekt oder Ereignis durch seine Strahlungsemission als Entfernungmaß taugt, muss, anders als im Beispiel mit der Glühbirne, nicht von vornherein seine wahre Helligkeit bekannt sein. Es genügt zu wissen, dass die Erscheinung immer die gleiche Helligkeit besitzt. Damit kann man die Entfernungen verschiedener Quellen *relativ zueinander* bestimmen. Natürlich kann so ein *relatives Entfernungsmaß* sein Potenzial nur voll ausspielen, weil man zumindest im Fall näher gelegener Quellen auf die anderen kosmischen Entfernungsmaßstäbe, z. B. die Cepheiden, zurückgreifen kann, um das relative Maß für die größeren Distanzen zu eichen. Typ-Ia-Supernovae sind so ein relatives Entfernungsmaß[7].

! Typ-Ia-Supernovae sind ein relatives Entfernungsmaß. Zur Bestimmung ihrer wahren Helligkeit ist ein anderer kosmischer Entfernungsmaßstab notwendig.

Angesichts der wahrlich verwirrenden Vielfalt von theoretisch möglichen Szenarien, die zu einer Typ-Ia-Supernova führen können, stellt sich die Frage, ob diese Sternexplosionen sich tatsächlich als kosmisches Entfernungsmaß eignen. Glücklicherweise scheint das Vorgehen, das die Astronomen dabei entwickelt haben, nicht wirklich von den Unterschieden der Vorläuferszenarien beeinflusst zu sein. Zwar ist die maximale Leuchtkraft der hellsten Ereignisse rund zwanzigmal höher als die der lichtschwächsten, und selbst die normalen Typ-Ia-Supernovae zeigen Unterschiede von mehr als einem Faktor sechs.

Allerdings gelingt es den Astronomen, die Helligkeitsstreuungen durch einen geschickten Kunstgriff erheblich zu reduzieren. Zwischen der maximalen Helligkeit und der Dauer hoher Leuchtkraft besteht nämlich ein

7 Im Gegensatz dazu können Typ-II-P-Supernovae als *absolutes Entfernungsmaß* dienen. Anders als bei Typ-Ia-Supernovae lässt sich bei ihnen die Strahlungsemission gut mit dem Stefan-Boltzmann'schen-Strahlungsgesetz (Gleichung 2.11) beschreiben. Die strahlende Oberfläche verhält sich (fast) wie ein Schwarzer Körper. Außerdem kann man ihren Radius R einfach ausrechnen, weil die Expansion der Fläche gut verstanden ist. Eine Messung des Strahlungsspektrums liefert die Strahlungstemperatur T, sodass sich mit Gleichung (2.11) die Leuchtkraft L ergibt. Mit L und der beobachteten scheinbaren Helligkeit lässt sich nach Gleichung (4.1) die Entfernung bestimmen. Eine andere astronomische Quelle zur Kalibration ist daher nicht notwendig.

eindeutiger Zusammenhang: Je höher das Lichtkurvenmaximum ist, desto breiter ist es auch. Aus vielen beobachteten, nahen Typ-Ia-Supernovae, bei denen die Entfernungen und damit wahren Helligkeiten bekannt sind, konnten die Astronomen so eine Korrekturformel entwickeln, deren Anwendung die Lichtkurven aller Ereignisse fast zur Deckung bringt. Mit dieser Korrekturformel („*Phillips-Relation*") ist es möglich, aus der gemessenen Breite der Lichtkurve einer weit entfernten Supernova auf die „Standardhelligkeit" zu schließen. Dabei muss man allerdings voraussetzen, dass auch sehr ferne Supernovae dieser Regel gehorchen. Im Augenblick gibt es jedoch keinen Beleg für systematische Entwicklungseffekte, die dem widersprechen.

Unabhängig von den möglicherweise unterschiedlichen Vorläufersystemen oder Explosionsmechanismen scheinen in der Tat fast alle beobachteten thermonuklearen Supernovae der Höhe-Breite-Relation für die Lichtkurven zu folgen. Ausnahmen machen lediglich die extrem lichtschwachen und die superhellen Ereignisse. Erstere stellen aber kein Problem dar, da sie so „dunkel" sind, dass man sie bei sehr großen Distanzen ohnehin kaum sehen kann. Nur auf die besonders leuchtkräftigen Über-Chandrasekharmassen-Ereignisse müssen die Astronomen aufpassen. Ihre Höhe-Breite-Beziehung unterscheidet sich stark von den normalen Typ-Ia-Supernovae. Weil ihre Lichtkurvenform aber nicht ins übliche Schema passt, lassen sie sich recht einfach aussortieren.

Damit besitzen die Astronomen ein sehr mächtiges Instrument, um Entfernungen zu messen, das allein auf Beobachtungsdaten beruht und keine theoretischen Ergebnisse benutzt. Es erlaubt ihnen, Distanzen von Sternexplosionen zu bestimmen, die sich vor mehr als zehn Milliarden Jahren ereignet haben und deren Strahlung uns erst heute erreicht. Licht, das sich so lange durch das Weltall bewegt, bleibt von der Entwicklung des Universums nicht unbeeinflusst. Diese führt zum Beispiel zu einer *Expansionsrotverschiebung*, einem dem **Dopplereffekt** ähnlichen Phänomen, bei dem die Wellenlänge des Lichts auf seinem Weg durch den expandierenden Raum gestreckt wird. Das Lichtsignal erreicht die Erde daher mit einer größeren Wellenlänge (und damit röter) als von der fernen Quelle ausgesandt. Auch die *Leuchtkraftdistanz* D in Gleichung (4.1) hängt von dieser Rotverschiebung ab, und zwar auf eine Weise, die von der **Dunklen Energie** und der gesamten Materie, d. h. der **Dunklen Materie** und der gewöhnlichen Materie, im Universum beeinflusst wird.

Die Messung der Helligkeit ferner Supernovae und der Rotverschiebung des Lichts ihrer Muttergalaxien (die Spektren der Supernovae können normalerweise nicht genau analysiert werden) brachte das erstaunliche Ergebnis, dass diese Sternexplosionen etwas weniger hell erscheinen als erwartet, also einen größeren räumlichen Abstand von uns haben. Eine detaillierte Auswertung der Daten führt zu dem Schluss, dass wir uns gegenwärtig in einer Phase *beschleunigter* Expansion des Weltalls befinden. Sie wird offenbar von der ominösen Dunklen Energie angetrieben. Weitere Beobachtungen von Hunderten zusätzlicher Typ-Ia-Supernovae sollen nun die Zeitentwicklung dieser Dunklen Energie im Lauf der kosmischen Geschichte bestimmen. So könnte es gelingen, die geheimnisvolle Natur dieser mysteriösen „Antischwerkraft" zu enträtseln. Nach dem aktuellen Stand der Dinge zeigt sie genau die Eigenschaften und das Verhalten einer kosmologischen Konstante, wie sie Albert Einstein zunächst in seine Feldgleichungen der **Allgemeinen Relativitätstheorie** zur Beschreibung des Universums eingeführt, dann aber wieder verworfen hatte. Angeblich bezeichnete er die Einführung dieses Ausdrucks als „die größte Dummheit meines Lebens". Es sieht ganz so aus, als hätte er sich damit geirrt.

Kapitel 5

Boten aus dem Zentrum der Explosion

Will man das Innere eines explodierenden Sterns erkunden, braucht man insbesondere bei Kernkollapssupernovae andere Sonden als Photonen. Letztere entkommen nur von der äußersten Oberfläche der Explosionswolke, und es dauert viele Monate, bis die expandierenden Sterngase nach und nach durchsichtiger werden. Aber selbst dann geben die zentralen Regionen auf diesem Weg ihre Geheimnisse nicht preis. Die elektromagnetische Strahlung liefert allenfalls einen „Wetterbericht" des Geschehens, aber keine Informationen aus dem tiefen Innern, wo die „Wettermaschine" die äußeren Abläufe antreibt.

Dank der extremen Bedingungen, die in kollabierenden Sternen auftreten, sendet eine Supernova aber sehr wohl detektierbare Signale direkt aus ihrem Zentrum: **Neutrinos**, **Gravitationswellen** und radioaktive Nuklide, insbesondere Atomkerne der Eisengruppe, aber auch schwere chemische Elemente mit Massenzahlen weit jenseits von Eisen. Im Folgenden wollen wir besprechen, was uns diese Boten über die Vorgänge am apokalyptischen Ursprung der Explosion erzählen und wie wir ihre Nachrichten empfangen können.

5.1 Schwere Elemente

Supernovae spielen eine zentrale Rolle, um die beobachtete Häufigkeitsverteilung der chemischen Elemente (Abbildung 5.1) und die Verbreitung dieser Elemente im interstellaren Raum zu erklären (vgl. Kapitel 1).

Wenn die Stoßwelle der Explosion das Zentrum des Sterns verlässt und in die umgebenden Schichten aus Silizium, Sauerstoff, Neon und Kohlenstoff vordringt, erhöht sie die Temperaturen dort so stark, dass *explosi-*

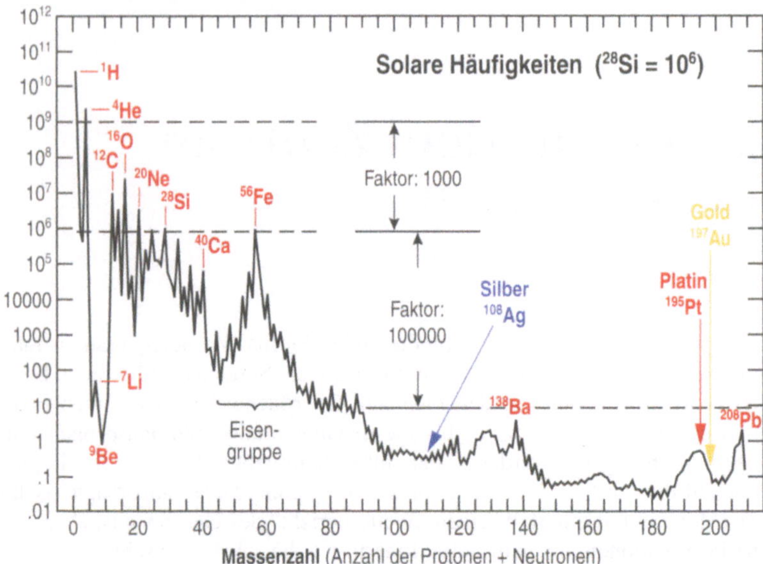

Abb. 5.1 Häufigkeitsverteilung der chemischen Elemente im Sonnensystem. Auf der horizontalen Achse ist die Massenzahl A (d. h. die Zahl der Protonen plus Neutronen im Atomkern) der Elemente und ihrer Isotope aufgetragen. Die vertikale Skala ist logarithmisch gewählt und der Wert für Silizium-28 willkürlich auf 10^6 gesetzt. Einige markante Spitzen sind mit den zugehörigen Elementen bezeichnet. Deutlich tritt das Häufigkeitsmaximum um Eisen (Fe; $A = 56$) hervor, da dies der stabilste Kern mit der höchsten Bindungsenergie pro Nukleon ist. Die Maxima bei $A = 130$ und $A = 195$ sind r-Prozessmaxima, die bei $A = 138$ und $A = 208$ gehören zum s-Prozess. Das Plateau bei $A = 80$ stammt von der Überlagerung beider Prozesse.

ves Brennen einsetzt. Dadurch wird die Asche der verschiedenen stellaren Brennphasen (siehe Kapitel 2.3) neu prozessiert. Wegen der schnell abnehmenden Dichte in der expandierenden Sternmaterie erfordert die explosive Verbrennung rund 50 Prozent höhere Temperaturen als das hydrostatische Brennen während der Sternentwicklung. Auf die explosive **Nukleosynthese** hat die maximale Temperatur, die der Stoß erzeugt, einen stärkeren Einfluss als die anfängliche chemische Zusammensetzung der Sternmaterie. Da die Stoßheizung mit wachsendem Radius abnimmt, spielen explosive Brennvorgänge nur in den inneren Sternschichten (in den Si-, O-, Ne- und C-Schalen) eine Rolle.

Bei Temperaturen über 5 Milliarden Kelvin verbrennt Silizium vollständig zu Elementen der Eisengruppe (Fe, Ni, Co, auch Titan (Ti), Chrom (Cr), Mangan (Mn)); zwischen 4 und 5 Milliarden Kelvin ist die Verbrennung unvollständig, und neben verbleibendem Silizium entstehen auch Schwefel (S), Argon (Ar) und Kalzium (Ca) in nennenswerten Mengen. Explosives Sauerstoffbrennen erfordert Temperaturen zwischen 3 und 4 Milliarden Kelvin und produziert mittelschwere Elemente und deren **Isotope** zwischen Silizium und Kalzium (Si, S, Cl, Ar, K, Ca) sowie Titan, Vanadium (V) und Chrom. Kohlenstoff und Neon brennen explosiv in Regionen, die der Stoß noch auf Temperaturen über zwei bis drei Milliarden Kelvin heizt. Es entstehen vor allem Natrium, Magnesium, Aluminium, Silizium und Phosphor, aber auch Eisen-60, von dem Spuren aus einer erdnahen Supernova im pazifischen Tiefseeboden entdeckt wurden (Kapitel 1).

Durch explosives Brennen entstehen also ähnliche Elemente wie während der hydrostatischen Brennphasen (Tabelle 2.1). Unter Berücksichtigung der in früheren Kapiteln besprochenen Tatsachen fassen wir also zusammen:

! Die bei Supernovaexplosionen ausgeschleuderten Eisengruppenelemente werden nur explosiv erzeugt, wobei eine Typ-Ia-Supernova im Durchschnitt fünf- bis zehnmal mehr produziert als eine Kernkollapssupernova. Mittelschwere Elemente zwischen Silizium und Kalzium stammen sowohl vom hydrostatischen als auch explosiven Brennen.

Die Häufigkeiten der Elemente, die leichter als Silizium sind, bleiben dagegen bei der Supernovaexplosion im Vergleich zum Vorläuferstern nahezu unverändert.

Die Bedingungen in explodierenden Sternen haben Auswirkungen auf die relativen Häufigkeiten, mit denen verschiedene Isotope eines Elements beim Brennen entstehen. Diese *Isotopenverhältnisse* können sich von denen beim hydrostatischen Brennen unterscheiden. Erst damit lassen sich die beobachteten Häufigkeiten von mittelschweren Kernen (mit Massenzahlen A zwischen 20 und 65) erklären. Einen wichtigen Einfluss auf die Isotopenverhältnisse hat einerseits der *Neutronenüberschuss*, d. h. die Differenz der Häufigkeiten von Neutronen und Protonen. In den stoßgeheizten Sternschichten sind als Ergebnis von Elektroneneinfängen (Reaktion 3.1) während der späten stellaren Brennstadien nur wenig mehr Neutronen als Protonen vorhanden (leicht positive Werte für den Neutronenüberschuss). Andererseits spielt die *Expansionszeit* der ausgeschleuderten Sternmaterie eine bedeutende Rolle. Ist sie sehr kurz und die Dichten niedrig, bleiben nach dem vollständigen Siliziumbrennen im schnell expandierenden und kühlenden Gas viele freie **Alphateilchen** übrig, die nicht alle zu schweren Atomkernen rekombinieren können. Man nennt diese Situation *„alphareiches Ausfrieren"* der chemischen Elementhäufigkeiten. Es formen sich dann auch kleine Mengen vor allem mittelschwerer Nuklide und Elemente der Eisengruppe. Das Besondere dabei ist, dass alphareiches Ausfrieren zusammen mit einem nur geringen Neutronenüberschuss bevorzugt Isotope mit hoher Protonenzahl (unter anderem Titan-44, Nickel-56 und Nickel-57) hervorbringt. Diese zerfallen dann radioaktiv durch Emission von Positronen oder Elektroneneinfang und wandeln sich in stabile, neutronenreichere Nuklide um (die genannten Nuklide z. B. zerfallen zu ^{44}Ca und ^{56,57}Fe). Die Häufigkeit der Tochterkerne relativ zu den anderen Isotopen der jeweiligen Elemente spiegelt also die besonderen Bedingungen bei der explosiven **Nukleosynthese** wider.

Weder die nuklearen Brennprozesse in Sternen noch die in Supernovae können chemische Elemente aufbauen, die schwerer als die Nuklide der Eisengruppe sind. Diese besitzen die höchste **Kernbindungsenergie** pro Nukleon, sodass eine weitere Fusion von Atomkernen keinen Energiegewinn mehr liefert.

Dementsprechend sind die Atomkerne jenseits von Eisen (mit Massenzahlen $A \geq 70$) sehr viel seltener (Abbildung 5.1). Um sie aufzubauen, beschreitet die Natur andere Wege. Sie nutzt die elektrische Neutralität von Neutronen, die aus diesem Grund keine abstoßenden Coulombkräfte spüren. Freie Neutronen können daher mit mittelschweren Atomkernen reagieren, ohne eine solche Abstoßung überwinden zu müssen. Wenn der Atomkern nach dem Einfang eines oder mehrerer Neutronen instabil wird, kann sich ein Neutron im Kern durch einen Betazerfall (Reaktion 2.13) zu einem Proton und Elektron umwandeln und so ein neues chemisches Element mit einer um eine Einheit höheren Ladungszahl Z erzeugen. Solche Neutroneneinfänge und anschließenden Betazerfälle können sich, ausgehend von einem „Saatkern" mittlerer Massenzahl, viele Male wiederholen. Auf diesem Weg entstehen dann sehr massereiche chemische Elemente.

Der beschriebene Elemententstehungsprozess kommt in zwei Varianten vor. Einerseits gibt es den *„langsamen Neutroneneinfangprozess"* (*„s-Prozess"*, „s" steht für das englische Wort *slow* und bedeutet „langsam"), wenn die Neutroneneinfänge sehr viel langsamer ablaufen als die Betazerfälle der gebildeten Produktkerne. Andererseits existiert auch ein *„schneller Neutroneneinfangprozess"* (*„r-Prozess"*, „r" für *rapid*, „schnell"), wenn die Neutroneneinfänge sehr viel schneller vor sich gehen als die Betazerfälle. Welche Variante stattfindet, hängt von den stellaren Bedingun-

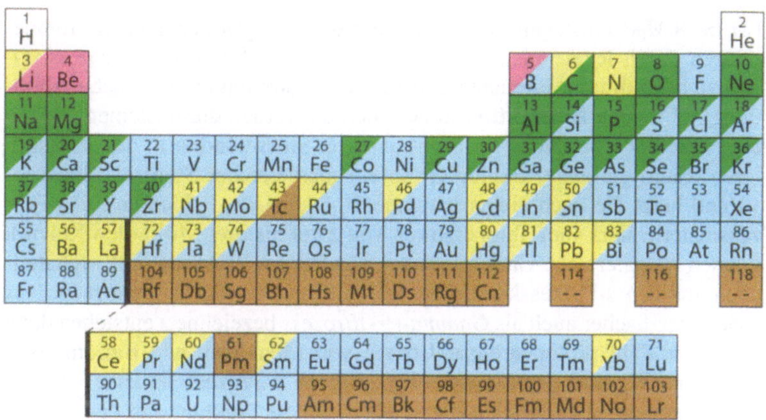

Abb. 5.2 Herkunft der chemischen Elemente. Weiß steht für den Urknall, Gelb für massearme Sterne, Grün für massereiche Sterne mit mehr als 7–8 Sonnenmassen und Blau für Supernovae unter der Annahme, dass sie die Quelle für die r-Prozesselemente sind. Pink kennzeichnet leichte Kerne, die als Spaltprodukte entstehen, wenn Atomkerne der kosmischen Strahlung mit nahezu Lichtgeschwindigkeit im interstellaren Raum auf Alphateilchen und Protonen prallen und dabei zertrümmert werden. Sehr schwere, instabile Elemente ab Ordnungszahl $Z = 95$ (braun) erzeugen Physiker künstlich im Labor, indem sie schwere Atomkerne miteinander kollidieren lassen. Das am GSI Helmholtzzentrum für Schwerionenforschung in Darmstadt 1996 erstmals nachgewiesene Element 112 wurde am 12. Juli 2010 in einer feierlichen Veranstaltung nach dem Astronomen und Mathematiker Nikolaus Kopernikus (1473 bis 1543) benannt und Copernicium (Cn) getauft.

gen ab, insbesondere von der Anzahldichte der freien Neutronen. Beide Prozesse tragen zum Aufbau der schweren Elemente bei; ihnen lassen sich Häufigkeitsmaxima der chemischen Elemente in der Gegend der Massenzahlen $A \approx 70$–80, $A \approx 125$–140 und $A \approx 190$–210 zuordnen (Abbildung 5.1).

Der s-Prozess vollzieht sich in Sternen während der späteren hydrostatischen Brennphasen über Tausende von Jahren. In massearmen Sternen ($2\,M_\odot \leq M \leq 7$–$8\,M_\odot$) erzeugen in der Heliumfusionszone Reaktionen von Alphateilchen mit Kohlenstoffkernen (genauer: mit dem Isotop ^{13}C des Kohlenstoffs) freie Neutronen. Diese werden dann von schwereren Saatkernen, die der Stern seit seiner Geburt in sich trägt, eingefangen und schwere Elemente von Niob (Nb) bis Wismut (Bi), darunter auch Blei (Pb), aufgebaut (gelb in Abbildung 5.2). In massereichen Sternen

($M > 8\,M_{\odot}$) entstehen die freien Neutronen wegen der höheren Temperaturen durch Reaktionen von Alphateilchen mit Neon. Im s-Prozess bilden sich bestimmte Elemente von Eisen bis Zirkonium (Zr), siehe Abbildung 5.2. Durch **Konvektion** in den Sternen werden diese Elemente bis in die Nähe der Oberfläche gemischt und von **Sternwinden** in den interstellaren Raum getragen. Explodiert so ein massereicher Stern als Supernova und heizt die nach außen laufende Stoßwelle die Schichten mit s-Prozessmaterie stark (auf Temperaturen von zwei bis drei Milliarden Kelvin), können energiereiche Gammaquanten Neutronen, Protonen und Alphateilchen aus den s-Prozesskernen herausschlagen. Im sogenannten *p-Prozess* (oder spezifischer auch als *Gamma-(*γ*-)Prozess* bezeichnet) entstehen dann in großer Zahl protonenreiche Isotope von Elementen wie Barium (Ba), Wolfram (W) und Quecksilber (Hg). Solche p-Prozesselemente sind im Sonnensystem etwa hundertmal seltener als die Nuklide aus dem r- und s-Prozess.

Der r-Prozess erfordert wesentlich höhere Neutronendichten (um 10^{27} pro Kubikzentimeter statt etwa 10^{12} pro Kubikzentimeter beim s-Prozess), da er durch Neutroneneinfangsketten (d. h. mehrfach nacheinander stattfindende Neutroneneinfänge) sehr neutronenreiche Isotope aufbaut, die extrem kurze Betazerfallszeiten von einem Hundertstel oder Tausendstel einer Sekunde haben. Der r-Prozess vollzieht sich daher in Sekunden. Er ist für die Entstehung vom Silber (Ag), Platin (Pt), Gold (Au) sowie natürlicher radioaktiver schwerer Elemente wie Thorium (Th), Uran (U) und Plutonium (Pu) exklusiv verantwortlich (Abbildung 5.2).

Der astrophysikalische Ort, an dem der r-Prozess stattfindet, ist nach wie vor rätselhaft. Wegen der kurzen Dauer des Prozesses (etwa eine Sekunde) muss es eine explosive Umgebung sein. Die extrem hohen Neutronendichten sprechen für die unmittelbare Nähe von Neutronensternen, wo die Materie sehr neutronenreich sein kann. Sind es also Supernovaexplosionen, in denen die r-Prozesselemente entstehen? Um von Eisengruppennukliden ($A \approx 60$) ausgehend schwere Kerne mit Massenzahlen über 200 durch Neutroneneinfang aufzubauen, benötigt man rund 140 freie Neutronen pro Saatkern. Entsprechende Neutronen-zu-Saatkern-Verhältnisse können erreicht werden, wenn Materie mit Temperaturen von mehr als 10 Milliarden Kelvin sehr schnell expandiert und abkühlt, wie zum Beispiel im neutrinogetriebenen Wind des gerade geborenen Neutronensterns (siehe Kapitel 3.8 und Abbildung 3.18). Bei den hohen Anfangstemperaturen sorgen energiereiche **Gammaquanten** dafür, dass das stellare Plasma in freie Neutronen und Protonen **photodissoziiert** ist (siehe Kapitel 3.1 und Kasten „Zustandsgleichung von Sterngasen III“ auf Seite 57). Während der Expansion rekombinieren die Nukleonen dann zu Alphateilchen und diese weiter zu mittelschweren Kernen vor allem von Eisengruppenelementen. Bei hinreichend niedrigen Dichten, hohen Temperaturen und sehr rascher Expansion gelingt es aber nur einem kleinen Bruchteil der α-Teilchen, sich zu schwereren Kernen zusammenzufinden. Unter solchen Bedingungen des alphareichen Ausfrierens entstehen dann nur sehr wenige Saatkerne. Existiert in der Windmaterie ein ausreichend hoher (positiver) Neutronenüberschuss, können die Saatkerne durch raschen Neutroneneinfang und Betazerfall auch superschwere Elemente aufbauen.

So weit die Theorie. Leider konnten detaillierte Computermodelle bislang nicht belegen, dass im Neutrinowind von heißen Neutronensternen tatsächlich die für den r-Prozess notwendigen Bedingungen herrschen. Im Gegenteil: Neueste Simulationen mit einer genauen Beschreibung der Neutrino-Materie-Wechselwirkungen im Supernovainnern finden, dass der Wind protonenreich ist, statt die erforderlichen hohen Neutronendichten zu entwickeln. Ob im Wind ein Neutronen- oder Protonenüberschuss existiert, hängt sehr sensitiv von den Luminositäten und Spektren der Neutrinos aus dem Neutronenstern ab, deren Energieübertrag den Materiefluss von der Neutronensternoberfläche antreibt (siehe Kapitel 3.8). Nur wenn dabei die Nukleonen in der abströmenden Windmaterie mehr Elektronantineutrinos als Elektronneutrinos absorbieren (mittels der von rechts nach links verlaufenden Reaktionen 3.4), kann im abströmenden Plasma ein Übergewicht von Neutronen entstehen.

Es ist allerdings interessant, dass auch ein protonenreicher Neutrinowind wichtige Beiträge zur Elemententstehung liefert. Protoneneinfänge auf die Saatkerne im Wind im Wechselspiel mit β^+-Zerfällen (bei denen ein Proton durch Emission eines Positrons zu einem Neutron wird) führen zum Aufbau protonenreicher Isotope mit Massenzahlen von etwa 65 bis über 100. Insbesondere entstehen auch solche Isotope, die im oben beschriebenen p-Prozess nur mit geringer Häufigkeit produziert werden, etwa Molybdän (Mb) und Ruthenium (Ru). Entscheidend bei diesem Nukleosyntheseprozess ist wiederum der extrem intensive Neutrinofluss in der Nähe des heißen Neutronensterns. Denn ein kleiner Teil der überschüssigen, freien Protonen fängt Elektronantineutrinos ein und erzeugt Neutronen, die sich instantan an protonenreiche Nuklide anlagern. Die Folgekerne schlucken dann besonders gierig weitere Protonen. Erst so kann dieser „neutrinounterstützte p-Prozess" den Aufbau protonenreicher Kerne mit mehr als 100 Nukleonen betreiben. Weil die Kette von Nukleosynthesereaktionen in der Gegenwart hoher Neutrinodichten abläuft, spricht man vom *Neutrino-Proton(νp)-Prozess*.

Wir fassen also zusammen:

! Schwere Elemente jenseits von Eisen können im Neutrinowind heißer Neutronensterne durch Neutronen- oder Protoneneinfangprozesse entstehen, weil die Vereinigung von freien Nukleonen mit Atomkernen zu einem energetisch günstigeren Bindungszustand und somit Energiefreisetzung führt.

Wo aber findet der r-Prozess nun statt? Wenn es schon schwierig ist, in normalen Kernkollapssupernovae die notwendigen neutronenreichen Bedingungen zu finden, könnten diese in besonderen Sternexplosionen auftreten? Eventuell in Hypernovaexplosionen, wo die Bedingungen noch extremer sind als in normalen Supernovae? Oder in Kollapsereignissen, die superkompakte Neutronensterne gebären, oder welche mit ultrastarken Magnetfeldern oder gar Schwarze Löcher? Oder verstehen wir grundlegende, wichtige Physik bei diesen Explosionen noch nicht? Oder sind Sternexplosionen gar nicht die Hauptquellen der r-Prozesselemente, sondern Kollisionen von Doppelneutronensternen, wo durch die Gewalt des Zusammenpralls der Sterne auch neutronenreiche Materie in den interstellaren Raum geschleudert wird? Wir wissen die Antworten nicht.

Vielleicht müssen wir warten, bis Messungen bei einer zukünftigen, galaktischen Supernova dieses fundamentale Rätsel der nuklearen Astrophysik schließlich lösen helfen. Etwa eine Erdmasse (6×10^{24} kg oder $3 \times 10^{-6}\, M_{\odot}$) r-Prozessmaterial müsste eine Kernkollapssupernova erzeugen. Das ist um Größenordnungen weniger als die ausgeschleuderten Mengen von Nickel-56, Nickel-57 und Titan-44. Diese bestimmen mit ihren Tochternukliden (^{56}Co, ^{57}Co) für viele Jahre das radioaktive Leuchten der Explosionswolke und überstrahlen den Beitrag der r-Prozessnuklide bei Weitem. Die Detektion von Gammaphotonen aus den Zerfällen der r-Prozesskerne dürfte daher selbst bei einer nahen Sternexplosion unmöglich sein. Aber vielleicht lassen sich in den Röntgenspektren Linien des frisch erzeugten Materials aus dem r-Prozess entdecken. Dies wäre ein erstmaliger Nachweis solcher Elemente am Ort ihrer Entstehung und würde die Rolle von Supernovae als Quellen belegen.

5.2 Neutrinos

Neutrinos besitzen eine geradezu geisterhafte Flüchtigkeit: Von einer Milliarde Supernovaneutrinos bleibt höchstens eines auf seinem Weg durch die

Erde stecken. Um sie dennoch nachweisen zu können, benötigen die Teilchenphysiker Detektoren mit gigantischen Ausmaßen.

Das *Super-Kamiokande*-Experiment in Japan, der Nachfolger des *Kamiokande-II*-Detektors, der 11 Neutrinos von der Supernova 1987A eingefangen hatte, ist ein mit 50 000 Tonnen oder 50 Millionen Litern ultrareinen Wassers gefüllter, zylinderförmiger Tank von 39,3 Meter Durchmesser und 41,4 Meter Höhe (Abbildung 5.3). Die Höhle mit dem Tank befindet sich in der Kamioka-Mine in einem Gebirgsmassiv 1000 Meter unter der Erdoberfläche, abgeschirmt vom störenden Einfluss durch das Bombardement mit hochenergetischen Teilchen (vor allem Myonen) der kosmischen Strahlung. Die Wandflächen des Detektorvolumens sind mit 11 146 Lichtsensoren, sogenannten *Photonenvervielfachern*, bedeckt, die das Innere des Gefäßes überwachen und jeden Lichtblitz hochempfindlich in ein elektrisches Signal verstärken.

Noch gigantischer stellt sich das *IceCube*-Neutrinoteleskop dar, das am Südpol neben der US-amerikanischen Amundsen-Scott-Station im und auf dem ewigen Eis der Antarktis errichtet wird (Abbildungen 5.4 und 5.5). In der Endausbaustufe, die das internationale Team von Wissenschaftlern mit deutscher Beteiligung 2011 erreichen will, wird das Experiment 86 ins Eis eingefrorene Trossen umfassen. Diese sind auf einer Fäche von einem Quadratkilometer verteilt. An jeder Trosse hängen 60 digitale Lichtsensoren in einer Tiefe zwischen 1450 Metern und 2450 Metern (Abbildung 5.5). Sie leiten ihre Messdaten über Kupferkabel an eine Datenzentrale auf der Eisoberfläche weiter. Der mittlere Abstand der wie parallele Perlschnüre in die Tiefe reichenden Kabeltrossen beträgt zirka 100 Meter. Die kugelförmigen Druckgefäße aus Glas, die die Photonenvervielfacher und ihre Elektronik schützend umgeben, besitzen etwa die Größe eines Basketballs. Durch fast 1500 Meter Eisschicht von störender kosmischer Strahlung abgeschirmt beobachten die insgesamt 5160 optischen Module dann ein Eisvolumen von einem Kubikkilometer, was einer Milliarde Tonnen gefrorenen Wassers entspricht.

Sowohl das *Super-Kamiokande*- als auch das *IceCube*-Experiment haben eigentlich einen anderen Hauptzweck als die Suche nach Supernovaneutrinos. *Super-Kamiokande* soll nach seltenen Protonenzerfällen Ausschau halten, um herauszufinden, ob Protonen stabil sind oder nach sehr langer Lebensdauer doch zerfallen. Außerdem misst es die ständig aus dem Sonnenkern zur Erde strömenden Neutrinos. *IceCube* dagegen ist ausgelegt, um nach ultrahochenergetischen Neutrinos zu fahnden, die aus fernen kosmischen Quellen (z. B. von aktiven galaktischen Zentren oder Gammastrahlenblitzen) stammen. Um diese extrem hochenergetischen Neutrinos von anderen Teilchen der kosmischen Strahlung unterscheiden zu können,

Abb. 5.3 Der *Super-Kamiokande*-Neutrinodetektor, der 1996 in der japanischen Kamioka-Mozumi-Mine 1000 Meter tief in einem Bergmassiv in Betrieb genommen wurde. Er ist mit 50 000 Tonnen ultrareinem Wasser gefüllt. Auf dem Bild sieht man das Innere des noch leeren, zylinderförmigen Detektorvolumens vom Boden aus nach oben fotografiert. Die Wände des riesigen Wassertanks sind dicht mit 11 146 hochempfindlichen Lichtsensoren (Photonenvervielfachern) bepflastert, deren Glaskugeln einen Durchmesser von rund 50 Zentimetern besitzen. Mit dem Vorgängerexperiment, dem siebzehnmal kleineren *Kamiokande-II*-Detektor, wurden elf Neutrinos aus der Supernova 1987A eingefangen.

Abb. 5.4 Der Südpol mit der US-amerikanischen Amundsen-Scott-Station auf der linken Seite der Landebahn und dem *IceCube*-Neutrinoteleskop auf der rechten Seite.

benutzt *IceCube* die ganze Erde als Detektor zur Beobachtung von Quellen am Himmel der Nordhalbkugel. Nur Neutrinos sind imstande, den gesamten Erdkörper zu durchlaufen und dann von der nördlichen Hemisphäre kommend, für das Neutrinoteleskop also „von unten", im *IceCube*-Volumen durch die Kollision mit einem Atomkern ein Myon zu erzeugen. Dessen zur Eisoberfläche weisenden Lichtblitz registrieren die Photonenvervielfacher.

Supernovaneutrinos besitzen tausendfach oder gar millionenfach geringere Energien als ihre ultrahochenergetischen Genossen: Die Mehrzahl hat Teilchenenergien zwischen 5 und 30 Megaelektronenvolt, entsprechend einem Energiespektrum zur Temperatur von rund 50 Milliarden Kelvin (siehe Kapitel 3.8). Flüssiges oder gefrorenes Wasser ist ein sehr gut geeignetes Material, um Supernovaneutrinos einzufangen. Diese – genauer: die Elektronantineutrinos aus der Supernova – reagieren mit verhältnismäßig hoher Wahrscheinlichkeit mit Protonen; man sagt, der *Wechselwirkungsquerschnitt* von Elektronantineutrinos mit Protonen sei relativ groß. Weil jedes Wassermolekül H_2O zwei Protonen trägt, ist die Anzahldichte von Protonen im Wasser sehr hoch. Außerdem ist Wasser billig und durchsich-

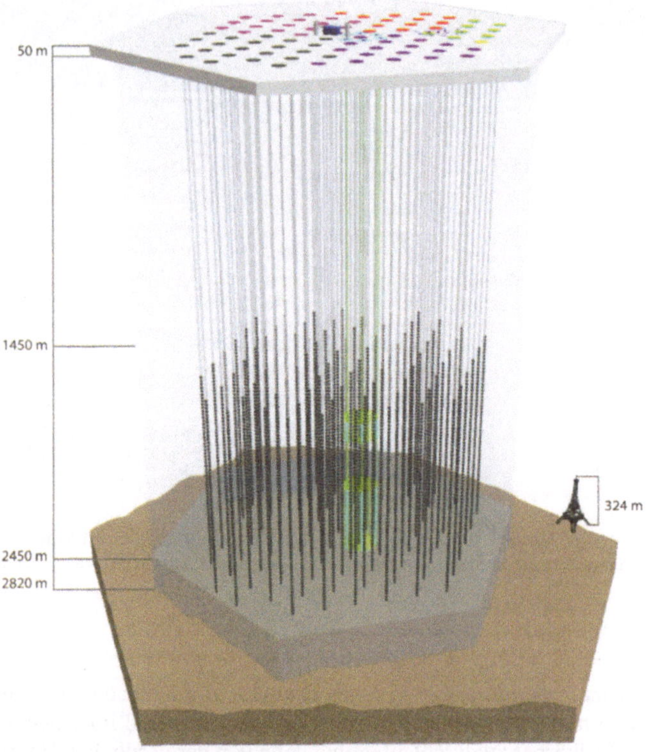

Abb. 5.5 *IceCube*-Neutrinoteleskop am Südpol. Ausgehend vom Vorgängerexperiment *AMANDA* wird der wesentlich größere *IceCube*-Detektor bis 2011 aufgebaut. Dann werden an 86 Trossen insgesamt 5160 Lichtsensoren (Photonenvervielfacher) zwischen 1450 und 2450 Meter tief ins ewige Eis der Antarktis eingelassen sein und ein Gesamtvolumen von einem Kubikkilometer Eis observieren. Im Zentrum der Detektorfläche befindet sich auf dem Eis das *IceCube*-Labor, in dem die Datenleitungen zusammenlaufen.

tig, sodass Lichtsensoren ein großes Volumen auf Lichtblitze überwachen können.

Als Nachweisreaktion für Elektronantineutrinos dient dabei ihr Einfang durch die Protonen:

$$\bar{\nu}_e + p \rightarrow n + e^+ . \tag{5.1}$$

Die bei der Reaktion entstehenden Positronen (e^+) fliegen mit einer Geschwindigkeit, die höher ist als die Lichtgeschwindigkeit in Wasser oder Eis[1]. Wie ein überschallschnelles Flugzeug eine Stoßwelle in der Luft verursacht (als Mach-Kegel in Abbildung 3.5 dargestellt), erzeugt das positiv geladene Positron (im Gegensatz zu den elektrisch neutralen Neutrinos) einen kegelförmigen Lichtblitz, den sogenannten Tscherenkov-Lichtkegel. Dabei wird es abgebremst und zerstrahlt schließlich durch Annihilation mit einem Elektron.

Im ultrareinen, stockfinsteren Wasservolumen des *Super-Kamiokande*-Experiments erreicht das bläuliche Glimmen eines Tscherenkov-Kegels als kreisringförmiges Signal eine große Zahl von Photonenvervielfachern an den Wänden. Die von den Lichtsensoren gesammelte Information erlaubt den Wissenschaftlern, die Energie jedes einzelnen, im Detektor wechselwirkenden Neutrinos, seine Bewegungsrichtung und den genauen Zeitpunkt seiner Ankunft zu ermitteln. Bei einer Supernova in der Milchstraße mit einem Abstand von 30 000 Lichtjahren erwartet man bis zu 10 000 Neutrinoereignisse in *Super-Kamiokande*.

Die optischen Module in *IceCube* liegen dagegen so weit auseinander, dass von jedem Tscherenkov-Blitz, den ein durch Supernovaneutrinos erzeugtes Positron verursacht, höchstens ein einziges Photon in einem der Photonenvervielfacher registriert wird. Viel mehr als 100 Meter Wegstrecke kann das Licht im Eis nicht durchdringen. Damit lässt sich weder die Energie eines Neutrinos noch seine Einfallsrichtung in das Eisvolumen bestimmen. Allerdings wird der Neutrinostrom aus einer nahen Supernova so viele Positronen erzeugen, dass das Eis im Detektorvolumen vom Tscherenkov-Licht gleichsam „glüht“. Die 5000 Photonenvervielfacher werden so für eine Supernova, die 30 000 Lichtjahre von der Erde entfernt ist, die Ankunft von über einer Million Neutrinos aufzeichnen und den Verlauf der Neutrinoluminosität mit hoher Präzision ausmessen.

Neben *Super-Kamiokande* und *IceCube* ist noch eine Reihe weiterer Untergrundexperimente zum Neutrinonachweis im Einsatz oder in Planung. Die Daten, die diese Detektoren sammeln, werden ein detailliertes Bild des Neutrinopulses aus dem Supernovazentrum liefern. Wir werden so den Zeitverlauf der Vorgänge, die zur Explosion des Sterns führten, nachvollziehen können. Die Neutrinos werden uns auch mitteilen, ob ein Neutronenstern oder ein Schwarzes Loch beim Kollaps des Sterns entstanden ist, wel-

1 Statt mit der Vakuumlichtgeschwindigkeit $c \approx 300\,000$ km/s pflanzt sich Licht in einem Medium mit dem Brechungsindex n mit der Geschwindigkeit c/n fort. Für Wasser oder Eis ist $n > 1$ und die Lichtgeschwindigkeit geringer als im Vakuum.

che Temperaturen dabei erreicht wurden und welche gravitative Bindungsenergie der kompakte Überrest freigesetzt hat. Dies wird Einschränkungen der unvollständig verstandenen Zustandsgleichung bei Neutronensterndichten ermöglichen (siehe Kapitel 2.6.2 und Kasten „Zustandsgleichung von Sterngasen III“ auf Seite 57).

Vielleicht können wir sogar etwas über die immer noch geheimnisvollen Eigenschaften der Neutrinos selbst erfahren. Wir wissen, dass diese Teilchen nicht verschwindende, wenngleich sehr kleine Massen besitzen. Laborexperimente setzen eine obere Schranke bei etwa einem Elektronenvolt, aber die genauen Massenwerte sind unbekannt. Wir wissen auch, dass Neutrinos der verschiedenen Leptonfamilien sich leicht in ihren Massen unterscheiden und sich aufgrund dieser winzigen Unterschiede ineinander umwandeln können. Dieses rein quantenmechanische Phänomen, man spricht von *Neutrinooszillationen*, hat keine Entsprechung in der klassischen Physik. Es führt dazu, dass die Teilchen auf langen Flugstrecken ihre Identität wechseln und ein Empfänger nicht die gleiche Art Neutrinos registriert, die die Quelle produziert. Dies konnte bei Neutrinos aus der Sonne, aus Kernreaktoren, Teilchenbeschleunigern und von der Erdatmosphäre (wo der Aufprall kosmischer Strahlungspartikel Neutrinos erzeugt) nachgewiesen werden. Deshalb ist klar, dass winzige Massenunterschiede existieren, aber die Forscher haben keine Ahnung, welcher Leptonfamilie die schwersten Neutrinos angehören. Ebenso ist ihr Wissen über die Stärke, mit der die drei Familien mischen, nur lückenhaft.

Auch Supernovaneutrinos verändern durch Ozillationen ihre Identität auf dem Weg zur Erde. Weil die drei Leptongenerationen den Supernovakern mit leicht unterschiedlichen Luminositäten und Spektren verlassen (siehe Abbildung 3.17), hat dies Folgen für die im Detektor ankommenden Signale. Diese hängen auf äußerst komplizierte und vielfältige Weise nicht nur von den Teilcheneigenschaften der Neutrinos ab, sondern auch von den Bedingungen in der Supernova, z. B. der Dichtestruktur des sterbenden Sterns, den die Neutrinos durchqueren müssen. Die Materie in der Supernova und der Erde, die die Neutrinos passieren, ja sogar die extrem hohe Konzentration der Neutrinos selbst, die nahe dem Zentrum der Explosion herrscht, beeinflussen nämlich die Oszillationen zwischen den Neutrinofamilien. Nur wenn die Quellen gut verstanden sind, werden daher Messungen von Supernovaneutrinos auch beitragen, diesen Teilchen ihre Rätsel zu entlocken.

5.3 Gravitationswellen

In der Einstein'schen **Allgemeinen Relativitätstheorie** wird die Gravitation als Krümmung der Raumzeit beschrieben. Massen und Energien verursachen Raumzeitkrümmungen, und umgekehrt folgt die Bewegung von Massen der Raumzeitgeometrie, was wir als Schwerkrafteinfluss interpretieren. **Gravitationswellen** sind „Kräuselungen" der Raumzeit, die sich mit Lichtgeschwindigkeit wellenartig im Raum fortpflanzen. Sie werden im Rahmen der Allgemeinen Relativitätstheorie vorhergesagt. Ihre Existenz ist bislang nur indirekt bestätigt: Präzise Messungen zeigen, dass der schrumpfende Bahnabstand enger Doppelneutronensterne genau dem Verhalten folgt, das die Allgemeine Relativitätstheorie durch den Verlust von Energie und Drehimpuls bei Gravitationswellenabstrahlung vorhersagt.

Gravitationswellen entstehen dann, wenn sich Massen beschleunigt bewegen, ähnlich wie beschleunigte Ladungen elektromagnetische Wellen auslösen. Während es aber positive und negative elektrische Ladungen gibt, hat die Masse nur ein Vorzeichen, es existieren keine negativen Massen. Daher gibt es in niedrigster Ordnung (wegen des Schwerpunktsatzes der Mechanik) keine zeitlich veränderlichen Gravitationsdipole. Gravitationswellen sind in niedrigster Ordnung eine Quadrupolstrahlung. Sie sind *Transversalwellen* oder *transversal polarisierte Wellen*, d. h., die Wellenschwingungen erfolgen senkrecht zur Ausbreitungsrichtung der Wellen. Die beim Durchgang einer Gravitationswelle erzeugten Raumzeitschwingungen lassen sich anhand der Auslenkungen einer Ansammlung freier Testmassen registrieren.

Die Verzerrungen der Raumzeitstruktur, welche eine beschleunigte Masse erzeugt, sind fast irreal winzig. Die relativen Veränderungen, ausgedrückt durch die Amplitude h, lassen sich in der Größenordnung durch folgende Formel abschätzen:

$$h \sim \frac{R_\mathrm{s}}{D}\,\frac{v^2}{c^2}\,. \tag{5.2}$$

Dabei ist R_s der mit der Masse linear wachsende Schwarzschildradius (siehe Gleichung 2.14), D die Distanz zur Quelle der Gravitationswelle und v die typische Geschwindigkeit der Massenbewegung, die auf die Lichtgeschwindigkeit c bezogen wird. Je schneller die Bewegung und je größer die beschleunigte Masse ist, desto stärkere Störungen der Raumzeit werden ausgelöst. Unter normalen, alltäglichen Umständen ist jede Bewegung weit langsamer als die Lichtgeschwindigkeit. Umkreisen im Labor zwei Bleikugeln von je einer Tonne Gewicht und einem gegenseitigen Abstand von einem Meter ihren gemeinsamen Schwerpunkt tausendmal pro Sekunde (was einer Bewegung mit einem Hunderttausendstel der Lichtgeschwindigkeit entspricht), erzeugen sie in einer Entfernung von drei Metern eine Gravitationswelle mit einer Amplitude von nur 10^{-34}! Kein Wunder, dass Albert Einstein 1916 pessimistisch mutmaßte, der Effekt sei so klein, „dass man Gravitationswellen wohl nie beobachten wird".

Deutlich größere Effekte erwarten die Wissenschafter nur von astronomischen Quellen, wo bei extremen Ereignissen Sonnenmassen auf nahezu Lichtgeschwindigkeit beschleunigt werden. So kann der Zusammenbruch und anschließende Rückprall eines stellaren Kerns Gravitationswellen erzeugen, wenn seine Gestalt von einer Kugel abweicht, z. B. durch Rotation abgeplattet ist. Auch die turbulent brodelnden Materieströme im Zentrum des kollabierten Sterns (Kapitel 3.6) senden Raumzeitschwingungen aus. Mit einer Masse der Sonne (d. h. $R_s \approx 3\,\text{km}$, Gleichung 2.14), deren Bewegung zehn Prozent der Lichtgeschwindigkeit erreicht ($v/c = 0{,}1$), liefert Gleichung (5.2) eine geschätzte Gravitationswellenamplitude von $h \sim 10^{-19}$ bei einer typischen Entfernung von 30 000 Lichtjahren für eine Supernova in der Milchstraße. Selbst solche kosmischen Katastrophen haben also nur winzige Auswirkungen auf die Raumzeit beim Beobachter. Relative Änderungen dieser Größe entsprechen beispielsweise Verschiebungen vom Durchmesser eines Atoms auf der Distanz zwischen Erde und Mond!

Die Frequenz f der erzeugten Gravitationswellen ergibt sich näherungsweise aus dem Verhältnis der Geschwindigkeit der Massenbewegung zur Ausdehnung der Quelle: $f \approx v/R$. Hat die Quellregion einen Radius von $R \approx 30\,\text{km}$ im Zentrum des explodierenden Sterns, erwartet man eine Wellenfrequenz von rund 1000 Hertz, d. h., die einen Beobachter überstreichenden Gravitationswellen vollziehen 1000 Schwingungen pro Sekunde. Ihre Wellenlänge $\lambda = c/f$ beträgt dementsprechend rund 300 km.

Diese Zahlen lassen sofort erahnen: Die kurzzeitigen, rhythmischen Stauchungen und Dehnungen des Raums, die Gravitationswellen aus einer Supernova beim Durchgang durch ein Raumgebiet verursachen, können nur mit den empfindlichsten jemals gebauten Bewegungssensoren registriert werden. Und solche Messinstrumente müssen riesig sein. Sie basieren auf dem klassischen Prinzip des *Michelson-Interferometers* und bestehen aus einem Paar von kilometerlangen, orthogonal zueinander ausgerichteten Armen (Abbildung 5.6), in denen evakuierte Röhren vibrationsfrei aufgehängt sind. Die beiden Arme treffen sich in einem Experimentiergebäude, wo ein einfallender Laserstrahl geteilt und in die Arme geschickt

Abb. 5.6 *Virgo*-Gravitationswellendetektor. Das italienisch-französische Experiment liegt bei Pisa in Mittelitalien. Seine zwei orthogonalen Arme besitzen eine Länge von jeweils drei Kilometern. Ausgehend vom Laborgebäude (rechts unten) laufen in den Armen Laserstrahlen zwischen Spiegeln hin und her.

wird. Jeder der Teilstrahlen wird in seinem Arm von einem Spiegel reflektiert und die zurückkommenden Strahlen mit einem weiteren Spiegel wieder zusammengeführt und überlagert. Durch phasenrichtige Überlagerung des zurückkommenden Lichts mit weiter zugeführtem Laserlicht lässt sich die Lichtintensität in den Armen tausendfach verstärken. Läuft eine Gravitationswelle durch die Anlage (im optimalen Fall aus einer Richtung senkrecht zur Ebene der zwei Arme), dann verändern sich kurzzeitig die Längen der beiden Lichtwege. Durch die unterschiedlichen Wegstrecken sind die ausgeleiteten Lichtwellen nicht mehr in Phase, was sich in einem Flimmern des überlagerten Signals äußert. Lichtsensoren registrieren dieses Flimmern, aus dem man die Struktur des Wellensignals rekonstruieren kann.

Momentan sind mehrere derartige *laserinterferometrische Gravitationswellendetektoren* im Einsatz: Das deutsch-britische Projekt *GEO600* in der Nähe von Hannover mit einer Armlänge von 600 Metern, das italienisch-französische *Virgo*-Observatorium bei Pisa in Italien mit Armen von drei

Kilometern Länge (Abbildung 5.6), das japanische *TAMA*-Instrument (300 Meter lange Arme) und *LIGO* in den USA, das aus zwei baugleichen Geräten mit 4-Kilometer-Armen in den Bundesstaaten Washington und Louisiana und einem weiteren, kleineren mit 2-Kilometer-Armen besteht. Die Vielzahl der über den Globus verteilten Gravitationswellenantennen soll es ermöglichen, die Himmelsposition einer Quelle (durch Triangulation) zu bestimmen. Die Empfindlichkeit der Detektoren wird fortlaufend verbessert. Die leistungsfähigsten (*Virgo* und *LIGO*) sollen in der Endstufe (vermutlich 2014) Gravitationswellenamplituden von unter 10^{-23} registrieren können. Sie werden damit prinziell imstande sein, Änderungen vom Hundertstel eines Atomdurchmessers auf der Strecke zwischen Erde und Sonne zu messen.

Unter günstigsten Umständen könnten diese Gravitationswellenteleskope dann sogar Signale von Supernovae im Virgo-Galaxienhaufen auffangen, der in einer Entfernung von 50–60 Millionen Lichtjahren bis zu 2000 Galaxien enthält und mehr als zehn Gravitationskollapsereignisse pro Jahr erwarten lässt. Dabei kommt ein wichtiger Vorteil zum Tragen, den Gravitationswellenmessungen gegenüber der Neutrinodetektion haben:

! Die messbaren Amplituden der Gravitationswellen nehmen umgekehrt proportional mit dem Abstand zur Quelle ab, während die Zahl der Neutrinos, die die Erde erreichen, umgekehrt proportional zum Quadrat des Abstands fällt.

Das Verhalten der Gravitationswellenamplitude mit wachsender Entfernung zur Quelle ist aus Gleichung (5.2) ablesbar. Der Strom von nachweisbaren Neutrinos, der jeden Quadratzentimeter eines irdischen Experiments trifft, dünnt dagegen viel schneller aus, denn die Teilchen, die die Quelle verlassen, verteilen sich auf eine Kugeloberfläche, die mit der Distanz zur Quelle quadratisch wächst. Wir kennen dieses quadratische Abstandsgesetz von der Helligkeitsabnahme einer Glühbirne, die bei doppelter Entfernung nur ein Viertel der Lichtintensität liefert (Abbildung 4.9). Ganz analog verhält sich die Neutrinozahl, die Neutrinoenergie und auch die Energie, die mit Gravitationswellen transportiert wird. Daher ist es ein glücklicher Umstand, dass die Messung der Wellen direkt über die Amplituden erfolgen kann. Der Vorstoß zu Quellen bei großen kosmischen Entfernungen ist deshalb mit Gravitationswellen ungleich „leichter" als mit Neutrinoteleskopen.

Gravitationswellen von Supernovae werden wichtige Erkenntnisse über die dynamischen Vorgänge beim Sternkollaps und der Explosion bringen. Neben den turbulenten Materiebewegungen im Supernovazentrum prägt vor allem die Rotation des stellaren Kerns die Struktur der abgestrahlten

Wellen. Theoretische Modelle werden die Grundlage liefern, um den Messdaten der Signale diese Informationen abzuringen.

5.4 Warten auf eine galaktische Supernova

Nicht nur Astronomen und Astrophysiker, auch Gravitationsforscher, Kern- und Teilchenphysiker warten sehnsüchtig auf die nächste Supernova in der Milchstraße. Während die Theoretiker weiter ihre Modelle verfeinern und Vorhersagen verbessern, sind ihre experimentellen Kollegen damit beschäftigt, noch mächtigere und noch empfindlichere Messgeräte zu entwerfen.

Ein *Hyper-Kamiokande*-Detektor nach dem Prinzip von *Super-Kamiokande* könnte dreißigmal größer werden, und neue Messtechniken und besondere Detektormaterialien werden geprüft, um Neutrinos auch bei niedrigeren Energien zu messen. Beides könnte den Nachweis des diffusen Neutrinohintergrunds ermöglichen, den vergangene Supernovae hinterlassen haben. Gleichzeitig sind die bereits existierenden, um die Erde verteilten Neutrinolaboratorien im Untergrund und Eis zu einem Netzwerk zusammengeschlossen. Es soll als Frühwarnsystem die Astronomengemeinde Stunden vor der Sichtbarkeit des ersten Lichtblitzes über eine galaktische Supernova informieren, um so möglichst frühe Beobachtungen der Supernova zu ermöglichen. Auch die Position der Supernova am Himmel könnte grob ermittelt werden, indem man sich bestimmte Neutrinoreaktionen in den Detektoren oder Triangulation (d. h. Richtungsbestimmung mittels der leicht unterschiedlichen Ankunftszeiten der Neutrinos an den verschiedenen Orten) zunutze macht.

Auch die Gravitationswellenantennen sollen in das Supernova-Frühwarnsystem integriert werden. Ein neues, in Europa angedachtes Gravitationswelleninterferometer der „dritten Generation“, das *Einstein-Teleskop*, könnte die Empfindlichkeit von *LIGO* und *Virgo* selbst in deren finaler Stufe noch dreißigfach übertreffen. Ein solches Gerät würde die Raumzeitwellen von bis zu einer Million Quellen jährlich empfangen, darunter Kernkollapssupernovae ebenso wie verschmelzende Doppelsysteme mit Neutronensternen und Schwarzen Löchern bei Entfernungen von über 10 Milliarden Lichtjahren.

Der Zeitpunkt der nächsten galaktischen Supernova bleibt allerdings unvorhersagbar. Sie könnte morgen oder erst in 50 Jahren stattfinden. Wichtig ist, dass die Wissenschaftler optimal auf die Ankunft der Signale vorbereitet sind. Es wäre ein Drama, würden sie diese einmalige Gelegenheit versäumen! Die bereits aufgebauten Neutrino- und Gravitationswellenapparaturen sollten möglichst lange und ohne Unterbrechung in Betrieb bleiben, zumindest bis die nächste Generation von Instrumenten nahtlos verfügbar ist. Die nächste Supernova in der Milchstraße wird mit hoher Wahrscheinlichkeit bei einer Distanz zwischen 15 000 und 50 000 Lichtjahren stattfinden, vielleicht verborgen im dichten Gas und Staub der Sternentstehungsregionen der Spiralarme. Was für die optische Beobachtung eine riesige Enttäuschung wäre, stellt weder für die Messung von Neutrinos noch Gravitationswellen ein Problem dar. Mit großem Optimismus kann sich daher das Denken und Tun der Forscher nach vorne richten, bestärkt vom sicheren Wissen, dass die Signale von mehr als tausend Sternexplosionen schon auf ihrem Weg durch die Milchstraße zu uns sind.

Glossar

Akkretion Wachstum eines kosmischen Objekts durch Anlagerung von Materie, die es durch seine Gravitationsanziehung aufsammelt. Das akkretierende Objekt wird als *Akkretor* bezeichnet.

Alphateilchen bzw. α-Teilchen Atomkern des chemischen Elements Helium aus zwei Protonen und zwei Neutronen.

Betazerfall (Betaprozess) Umwandlung eines Neutrons in ein Proton unter Aussendung eines Elektrons und eines →Neutrinos.

Bindungsenergie Energie, die man aufwenden muss, um ein durch Kräfte gebundenes physikalisches System in seine Teile zu zerlegen. Die Bindungsenergie wird frei, wenn sich das System aus seinen Bestandteilen bildet. Beispiele sind die *gravitative Bindungsenergie* eines durch die Schwerkraft zusammengehaltenen Körpers oder die →Kernbindungsenergie eines von der →starken Kernkraft gebundenen Atomkerns.

Deflagration Mit Unterschallgeschwindigkeit (subsonisch) sich ausbreitende Brennfront, bei der der Brennstoff vor der Front durch den Wärmestrom aus der heißen Brennasche hinter der Front (mittels Wärmeleitung oder →-diffusion) entzündet wird.

Detonation Mit Überschallgeschwindigkeit (supersonisch) sich ausbreitende Brennfront. Der Brennstoff wird durch die starke Verdichtung und Erhitzung in einer →Stoßfront gezündet. Die bei der Verbrennung freigesetzte Energie erhöht den Druck und treibt die Stoßwelle so weiter voran.

Diffusion Transport von Energie (u. U. auch von Masse oder anderen physikalischen Eigenschaften) auf atomarer Ebene durch die Bewegung von mikroskopischen Teilchen, die sich unter häufigen Kollisionen mit anderen Teilchen im Raum ausbreiten.

Dopplereffekt Veränderung der Frequenz einer Strahlung (z. B. Schall, elektromagnetische Wellen) durch relative Bewegung von Sender und Empfänger. Nähern (entfernen) sich Sender und Empfänger, nimmt Letzterer eine höhere (geringere) Frequenz bzw. kürzere (größere) Wellenlänge wahr, als der Sender abgestrahlt hat.

Dunkle Energie Hauptbestandteil des Universums. Ihre Natur ist unbekannt. Sie bestimmt die Expansionsgeschichte des Universums. Durch ihre „antigravitative" Wirkung treibt sie gegen die Schwerkraftanziehung der kosmischen Materie die aktuell beschleunigte Ausdehnung des Weltalls. Etwa 73 Prozent des Energieinhalts des Universums steckt in der Dunklen Energie.

Dunkle Materie Neben der →Dunklen Energie energetisch und gravitativ zweitwichtigster Bestandteil des Universums (mit rund 22 Prozent des kosmischen Energieinhalts im Vergleich zu knapp fünf Prozent normaler Materie). Ihre Natur ist unbekannt, vermutlich eine Art Elementarteilchen. Sie wirkt durch ihre Schwerkraft auf verschiedenen Skalen, z. B. dirigiert sie die Rotationsbewegung der Galaxien und die Bildung und Entwicklung von Galaxienhaufen.

Elektromagnetische Strahlung Durch elektromagnetische Wellen bzw. Teilchen (Photonen) sich im Raum ausbreitende Energie. Licht ist elektromagnetische Strahlung. Je kürzer die Wellenlänge der elektromagnetischen Strahlung ist, desto höher ist die Frequenz und die Energie der Photonen. Das Licht eines Sterns ist eine Mischung von Strahlung unterschiedlicher Wellenlängen. Zerlegt man z. B. das weiße Licht der Sonne mit einem Prisma, sieht man die verschiedenen Anteile im →Strahlungsspektrum als Regenbogenfarben.

Explosion, Sternexplosion Sehr schnelle Ausdehnung der Sternmaterie durch eine plötzliche Freisetzung von Energie. Eine Explosion führt zur Bildung einer →Stoßwelle. Die frei werdende Energie führt dazu, dass die ausgeschleuderten Sterngase, die *Ejekta*, gravitativ ungebunden werden, d. h., sie ist höher als die gravitative →Bindungsenergie der expandierenden Materie. Der Energieüberschuss steckt vor allem in der Bewegungsenergie der Ejekta, ein kleinerer Teil wird als →elektromagnetische Strahlung abgegeben.

Fusion, (thermo)nukleare Fusion, Kernfusion Verschmelzung („Verbrennung“) von leichteren Atomkernen zu schwereren. Der Überschuss an Ruhemasse der Ausgangskerne im Vergleich zu den beim nuklearen „Brennen“ erzeugten Kernen wird als Energie frei.

Gammaquanten Photonen der Gammastrahlung, einer hochenergetischen (kurzwelligen) Form elektromagnetischer Strahlung.

Gluonen Teilchen, durch deren Austausch →Quarks miteinander wechselwirken.

Gravitationswellen „Kräuselungen“ der →Raumzeit, die sich wellenartig im Raum ausbreiten. Sie werden gemäß einer Vorhersage der →Allgemeinen Relativitätstheorie durch beschleunigte, asphärisch deformierte Massen ausgelöst. Ihre Abstrahlung entzieht der erzeugenden Quelle Energie und Drehimpuls.

Hydrodynamik oder Strömungslehre Wissenschaft von den Bewegungsgesetzen von Flüssigkeiten und Gasen.

Inverser Betazerfall Umkehrreaktion des →Betazerfalls. Ein Proton (frei oder in einem Atomkern gebunden) wandelt sich durch den Einfang eines Elektrons in ein Neutron um (wobei auch noch ein Elektronneutrino entsteht).

Ion Atom oder Molekül, in dem die Gesamtzahl der negativen Elektronen nicht gleich der Gesamtzahl der positiven Protonen ist, sodass das Ion eine positive oder negative elektrische Ladung besitzt.

Isotop Atomkerne eines chemischen Elements, die sich bei gegebener Protonenzahl in der Zahl der Neutronen unterscheiden, bezeichnet man als Isotope.

Jet Eng gebündelte, gerichtete (kollimierte) Gasströmung, die mit hoher Geschwindigkeit von einer Quelle ausgestoßen wird.

Kernbindungsenergie, nukleare Bindungsenergie Energie, die einem Atomkern zuzuführen ist, um ihn in freie Nukleonen zu zerlegen. Die Kernbindungsenergie *pro Nukleon* ist für das Element Eisen-56 maximal. Energie wird frei, wenn Atomkerne mit geringerer →Bindungsenergie sich vereinigen oder gespalten werden, um Atomkerne mit höherer Bindungsenergie zu bilden. Dies geschieht bei chemischen Elementen unterhalb von Eisen durch die →Kernfusion. Der Energiegewinn bei Bildung eines Atomkerns bedeutet, dass er eine geringere Masse besitzt als die aller Ausgangskerne zusammen.

Kernreaktionen Reaktionsprozesse zwischen Atomkernen, die zu neuen Atomkernen führen, z. B. →Fusion, →Photodissoziation, →Rekombination.

Konvektion Prozess, bei dem wärmeres, weniger dichtes Gas im Gravitationsfeld aufsteigt und kühleres, dichteres Gas absinkt. Dabei wird Energie zwischen verschiedenen Schichten transportiert. Konvektion spielt im erhitzten Wasser eines Kochtopfs genauso eine Rolle wie in den äußeren Regionen mancher Sterne. Das Zellenmuster unterhalb der →Photosphäre der Sonne ist eine Erscheinung von Konvektion.

Kosmische Strahlung Teilchen, die mit extrem hohen Energien (meist nahezu mit Lichtgeschwindigkeit) durch den interstellaren Raum fliegen. Die kosmische Strahlung kann aus allen Arten von subatomaren Teilchen bestehen, Elementarteilchen genauso wie Atomkerne jedes beliebigen chemischen Elements.

Leptonen Teilchen, die nicht an der →starken Wechselwirkung teilnehmen. Man kennt sechs elementare Leptonen (und ihre Antiteilchen). Sie sind drei Familien zugeordnet, zu denen jeweils ein geladenes Lepton und ein ungeladenes, viel leichteres →Neutrino gehören: Elektronen und Elektronneutrinos, Myonen und Myonneutrinos, Tauon und Tauneutrinos.

Leuchtkraft, Luminosität Gesamte, von einem Objekt pro Zeiteinheit abgegebene Strahlungsmenge (allgemeiner: Energiemenge). Die Leuchtkraft der Sonne beträgt $L_{\odot} = 3{,}846 \times 10^{26}$ W.

Lichtjahr Ein Lichtjahr (LJ) ist die Strecke, die Licht im Vakuum innerhalb eines Jahres zurücklegt. Sie beträgt rund $9{,}461 \times 10^{12}$ km.

Lichtkurve Zeitverlauf der →Leuchtkraft oder Helligkeit einer Strahlungsquelle.

Magnetar →Pulsar, dessen Rotation sehr schnell langsamer wird. Man vermutet, dass intensive Pulsarstrahlung der Grund dafür ist, was auf extrem starke Magnetfelder schließen lässt, hundertmal höher als bei normalen Neutronensternen.

Metallgehalt, Metallizität Relativer Massenanteil von chemischen Elementen schwerer als Wasserstoff und Helium („Metalle") in der Materie eines astronomischen Objektes.

Neutrinos Subatomare, elektrisch neutrale Teilchen mit sehr kleiner Masse (mindestens 500 000-mal leichter als Elektronen), die nur der →schwachen Wechselwirkung und der Gravitation (Schwerkraft) unterliegen. Zu jedem der negativ geladenen →Leptonen (Elektronen, Myonen, Tauonen) gibt es ein viel leichteres Neutrino.

Neutrinosphäre Analogon zur →Photosphäre für →Neutrinos. Oberflächennahe Schicht eines heißen Neutronensterns, in der die entweichenden Neutrinos zuletzt mit der Sternmaterie wechselwirken.

Nova Explosion an der Oberfläche eines Weißen Zwergs. Sie wird ausgelöst, weil durch →Akkretion von einem Begleitstern angesammelter Wasserstoff →Kernfusion zündet und dabei Energie freisetzt.

Nukleonen Neutronen und Protonen, die Bausteine von Atomkernen, werden gemeinsam Nukleonen genannt. Sie bestehen aus jeweils drei →Quarks.

Nukleosynthese Entstehung der chemischen Elemente durch →Kernreaktionen, bei denen aus Ausgangselementen neue, zumeist schwerere chemische Elemente gebildet werden.

Phasenübergang Umwandlung zwischen verschiedenen Erscheinungsformen (Phasen) von Materie. Die Aggregatzustände fest, flüssig, gasförmig von Stoffen sind beispielweise Phasen, die sich durch Phasenübergänge (Schmelzen, Gefrieren, Verdampfen, Kondensieren etc.) je nach äußeren Bedingungen in beiden Richtungen ineinander umwandeln können.

Photodissoziation Zerlegung von Atomkernen durch →Gammastrahlung. Die Absorption hochenergetischer Gammaphotonen führt dem Kern so viel Energie zu, dass sich Neutronen, Protonen oder →Alphateilchen abspalten.

Photosphäre Sichtbare „Oberfläche“ eines Sterns. Dies sind die Schichten in der Sternatmosphäre, denen das sichtbare Licht (allgemein das kontinuierliche →Strahlungsspektrum) entspringt bzw. in denen die aus dem Stern entweichenden Photonen zuletzt mit der Sternmaterie wechselwirken.

Planetarischer Nebel Gasschale, die von einem sonnenähnlichen Stern am Ende seines Lebens abgestoßen wird. Das Gas expandiert um einen im Zentrum verbleibenden, kompakten Weißen Zwerg.

Plasma Gas, in dem die Atome ganz oder teilweise ionisiert sind, d. h., in dem die Elektronen der Atomhüllen wegen der hohen Temperatur (teilweise) ungebunden sind und um die positiven Restatome (→Ionen) herumschwirren.

Pulsar Rotierender Neutronenstern mit Magnetfeld, der an seinen Polen Strahlung in gebündelten Lichtkegeln aussendet. Überstreichen diese die Erde, nehmen wir den Pulsar als periodisch an- und ausgehende Strahlungsquelle war.

Quantenmechanik Beschreibung des Verhaltens von Teilchen auf atomarer und subatomarer Ebene. Auch hier verlieren die Gesetze der in der makroskopischen Welt gut bestätigten klassischen Newton'schen Mechanik ihre Gültigkeit.

Quarks Elementarteilchen, aus denen Neutronen und Protonen aufgebaut sind. Wie bei den →Leptonen gibt es drei Familien, denen jeweils zwei Quarks (und ihre Antiquarks) zugeordnet sind.

Quark-Gluonen-Plasma Theoretisch vorhergesagter Zustand bei Dichten deutlich höher als in Atomkernen, wo →Quarks nicht mehr in Nukleonen gebunden sind, sondern die Nukleonen in eine Ansammlung aus freien Quarks und →Gluonen übergegangen sind.

Radioaktiver Zerfall Umwandlung eines chemischen Elements in ein anderes. Durch Emission von Elektronen oder Positronen (→Betazerfälle durch β^-- und β^+-Strahlung) können sich dabei Neutronen und Protonen im Atomkern ineinander verwandeln. Ein Atomkern kann auch ein →Alphateilchen aussenden und dadurch zu einem leichteren Element werden. Bei einer weiteren Form von Radioaktivität kann ein Atomkern aus einem angeregten Zustand in einen energetisch niedrigeren Zustand übergehen, indem er Gammastrahlung (ein oder mehrere →Gammaquanten) abgibt.

Raumzeit Unter Raumzeit versteht man in der →Relativitätstheorie den vierdimensionalen Raum, in dem die örtliche Position von Ereignissen durch drei Koordinatenwerte und der Zeitpunkt der Ereignisse durch eine weitere Zahl angegeben wird.

Rekombination Wiedervereinigung, z. B. von freien Elektronen und →Ionen oder von freien →Nukleonen zu Atomkernen als Gegenteil von →Photodissoziation.

Relativitätstheorie, Spezielle und Allgemeine Die Spezielle Relativitätstheorie beschreibt das Verhalten von Objekten bei sehr hohen Geschwindigkeiten, d. h. Geschwindigkeiten, die sich der Lichtgeschwindigkeit nähern. Ihr zufolge kann sich kein Körper und keine Information schneller als die Lichtgeschwindigkeit c ausbreiten. Eine weitere Konsequenz ist die Äquivalenz von Masse (m) und Energie (E), die sich in Albert Einsteins berühmter Formel $E = mc^2$ ausdrückt. Die Allgemeine Relativitätstheorie beschreibt den Einfluss von Massen und Energien auf die Struktur von Raum und Zeit. Sie betrachtet die Gravitation (Schwerkraft) als Folge der Krümmung des Raums durch die Anwesenheit von Massen. Die Bewegung von Körpern folgt dem gekrümmten Raum. Das Newton'sche Kraftgesetz ist eine nur für schwache Gravitationsfelder gültige Näherung.

Roter Riese Ein Stern mit großem Radius und relativ kühler Oberfläche, der die hundert- bis tausendfache Leuchtkraft der Sonne hat. Er entsteht, wenn im Zentrum eines Sterns das Wasserstoffbrennen aufgehört hat. Rote Riesen besitzen einen Kern, in dem Helium zu Kohlenstoff fusioniert.

Roter Überriese, Blauer Überriese Extrem helle Sterne mit mehr als zehntausendfacher Leuchtkraft der Sonne. Sie entstehen, wenn im Kern von Sternen mit mehr als 15 Sonnenmassen das Heliumbrennen beendet ist. Rote Überriesen haben riesige Radien und sind an der Oberfläche kühl, während Blaue Überriesen eine geringere Ausdehnung und heiße Oberfläche besitzen.

Schwache Wechselwirkung Vor der Gravitation die zweitschwächste der vier fundamentalen Wechselwirkungen. Sie ist für den →Betazerfall verantwortlich und spielt in allen Prozessen eine Rolle, bei denen → Neutrinos beteiligt sind.

Schwarzer Körper Ein Körper, der sämtliche auftreffende Strahlung absorbiert (schluckt), unabhängig von der Wellenlänge und Temperatur, und Strahlung weder reflektiert noch durchlässt. Ein solcher Körper ist eine Idealvorstellung und nur annähernd realisierbar. Im Strahlungsgleichgewicht muss der Schwarze Körper so viel Energie abgeben wie er von seiner Umgebung aufnimmt (sonst würde er sich ständig weiter aufheizen). Die von ihm ausgehende Strahlungsleistung (die abgestrahlte Energie pro Zeit) nimmt mit seiner Oberfläche und der vierten Potenz seiner Temperatur zu.

Spektrallinie Elektronen, die in Atomhüllen auf höhere (niedrigere) Energiezustände springen, absorbieren (emittieren) → elektromagnetische Strahlung einer ganz bestimmten Wellenlänge. Solche Übergänge erzeugen daher bei ihrer zugehörigen Wellenlänge eine „Senke" bzw. eine „Spitze" im kontinuierlichen → Spektrum eines strahlenden Körpers. Diese Absorptions- bzw. Emissionslinien heißen allgemein Spektrallinien. Ihre Frequenzen sind charakteristisch für die Atome eines jeden chemischen Elements. Daher kann der Astronom aus den Spektrallinien Rückschlüsse auf die chemische Zusammensetzung einer astronomischen Quelle ziehen. Die Tiefe (oder Höhe) der Linien ist ein Maß für die Häufigkeit des chemischen Elements. Eine Verschiebung der Linien durch den → Dopplereffekt gibt Hinweise auf eine Bewegung der Quelle, und eine Verbreiterung der Linien deutet auf hohe Temperaturen (und damit schnelle thermische Bewegungen der Atome und Ionen) in der Quelle.

Standardkerze Astronomisches Objekt mit einer bekannten wirklichen („intrinsischen" oder *absoluten*) → Leuchtkraft. Aus der gemessenen *scheinbaren* Helligkeit (d. h. der beim Beobachter pro Fläche und Zeit ankommenden Strahlungsenergie) kann dann die Entfernung der Quelle errechnet werden.

Starke Kernkraft Die stärkste der vier bekannten fundamentalen Wechselwirkungen zwischen Teilchen. Neben der starken Wechselwirkung gibt es mit abnehmender Stärke noch die elektromagnetischen Kräfte, die → schwache Wechselwirkung und die Gravitation oder Schwerkraft. Die starke Kernkraft oder Farbkraft wirkt zwischen den → Quarks und ist für die Bindung und den Aufbau von Atomkernen verantwortlich. Sie wird durch den Austausch von → Gluonen zwischen den Quarks übertragen.

Sternwind Energiereiche Teilchen (Atomkerne und Elektronen), die ein Stern an seiner Oberfläche in den zirkumstellaren Raum abbläst.

Stoßfront, Stoßwelle Steiler Drucksprung in einem Medium (z. B. Gas, Plasma, Flüssigkeit), an dem auch die Dichte und Geschwindigkeit plötzlich ansteigen. Stoßfronten breiten sich *supersonisch* aus, d. h. mit einer Geschwindigkeit, die höher ist als die Schallgeschwindigkeit in dem Medium, in das die Front hineinläuft.

Strahlungspektrum, Spektrum Verteilung der Stärke oder „Intensität" →elektromagnetischer Strahlung über verschiedene Wellenlängen bzw. Wellenfrequenzen bzw. Photonenenergien. Das Strahlungsspektrum umfasst mit zunehmender Frequenz (bzw. abnehmender Wellenlänge) Radiowellen, Infrarotstrahlung, sichtbares Licht, ultraviolette Strahlung, Röntgenstrahlung und Gammastrahlung. Jeder Körper mit einer Temperatur über dem absoluten Nullpunkt produziert thermische (Wärme-)Strahlung. Je heißer der Körper, z. B. eine astronomische Quelle, ist, desto mehr höherfrequente Anteile enthält das Spektrum der von ihm abgegebenen Wärmestrahlung. Die Sonne mit einer Temperatur der →Photosphäre von knapp 6000 Kelvin strahlt hauptsächlich sichtbares Licht ab. Ein Neutronenstern mit einer Millionen Kelvin heißen Oberfläche erzeugt vor allem Röntgenstrahlung.

Turbulenz Eine turbulente Strömung ist stark verwirbelt, im Gegensatz zur *laminaren*, d. h. geordneten, Situation. Die Verwirbelung tritt ein, wenn die Geschwindigkeit der Strömung einen gewissen kritischen Wert überschreitet. Diese kritische Schwelle ist höher, wenn die Zähigkeit (*Viskosität*) der Mediums (wie etwa bei Honig) sehr groß ist, oder wenn man kleine Bereiche des Mediums betrachtet.

Urknall (englisch *Big Bang*) Beginn der Expansion des Weltalls in einer „Explosion", bei der auch Raum und Zeit, Materie und Energie aus einem unendlich heißen und dichten Zustand hervorgingen. Diese theoretische Vorstellung ist mit Beobachtungen der Ausdehnung des Universums, der Strahlung des kosmischen Mikrowellenhintergrunds, der chemischen Zusammensetzung der Materie im All und der Strukturen im Weltall im Einklang.

Bildnachweis

Grafiken Sofern keine andere Quelle genannt ist, wurden die Grafiken von Frau Rosmarie Mayr-Ihbe (Max-Planck-Institut für Astrophysik) angefertigt.

Abbildung 1.1 Supernovaüberrest Kassiopeia A. Röntgen: NASA/CXC/SAO; Optisch: NASA/STScI; Infrarot: NASA/JPL-Caltech/Steward/Oliver Krause et al. (Max-Planck-Institut für Astronomie).

Abbildung 1.2 Supernovaüberrest G1.9+0.3. Röntgen: NASA/CXC/NCSU/Stephen Reynolds et al.; Radio: NSF/NRAO/VLA/AUI/Cambridge/David Green et al.

Abbildung 1.3 Gitarrennebel. Shami Chatterjee & James M. Cordes, The Astrophysical Journal 575, 407–418 (2002); Reproduktion mit freundlicher Genehmigung der American Astronomical Society (AAS).

Abbildung 1.4 Klassifikationsschema von Supernovae. R. Mayr-Ihbe, nach Vorlage von Ewald Müller (Max-Planck-Institut für Astrophysik).

Abbildung 1.5 Lichtkurven von Supernovae. R. Mayr-Ihbe, nach J. Craig Wheeler in „Supernovae" (World Scientific, Singapur, 1990).

Abbildung 1.6 Eta Carinae. Jon Morse (University of Colorado) & NASA.

Abbildung 1.7 Supernova 1994D. NASA/ESA, The Hubble Key Project Team und The High-Z Supernova Search Team.

Abbildung 1.8 Supernova 1987A in verschiedenen Jahren. Großes Bild: Hubble Heritage Team (AURA/STScI/NASA); kleines Bild rechts oben: Dr. Christopher Burrows, ESA/STScI und NASA; kleines Bild links unten: NASA, ESA, Pete Challis, Robert Kirshner (Harvard-Smithsonian Center for Astrophysics) und B. Sugerman (STScI).

Abbildung 1.9 Supernovaüberrest RX J1713.7-4946. Max-Planck-Institut für Kernphysik/H.E.S.S.-Kollaboration.

Abbildung 2.2 Sternbild Orion und Beteigeuze. Orion: ©Akira Fujii, http://www.davidmalin.com/fujii/source/Ori.html; Beteigeuze: Andrea Dupree (Harvard-Smithsonian CfA), Ronald Gilliland (STScI), NASA und ESA.

Abbildung 2.6 Planetarische Nebel. Ameisennebel: NASA, ESA und das Hubble Heritage Team STScI/AURA; NGC 3132: Hubble Heritage Team (STScI/AURA/NASA).

Abbildung 2.7 Photodissoziation. H.-Th. Janka, R. Mayr-Ihbe (Max-Planck-Institut für Astrophysik).

Abbildung 2.10 Fritz Zwicky. Fritz-Zwicky-Stiftung; Druckrechte: Verlag NZZ Libro.

Abbildung 2.11 Krebsnebel mit Krebspulsar. Krebsnebel: NASA, ESA und Allison Loll/Jeff Hester (Arizona State University), Danksagung: Davide De Martin (ESA/Hubble); Krebspulsar, Röntgen: NASA/CXC/ASU/J. Hester et al.; Optisch: NASA/HST/ASU/J. Hester et al.

Abbildung 3.1 Stellarer Kollaps und Überrest. R. Mayr-Ihbe, nach Adam Burrows in „Supernovae“ (Springer-Verlag, New York, 1990).

Abbildung 3.2 Beginn des stellaren Kollaps. Patrick Inderst und H.-Thomas Janka (Max-Planck-Institut für Astrophysik).

Abbildung 3.3 Neutrino-Gefangenschaft. Patrick Inderst und H.-Thomas Janka (Max-Planck-Institut für Astrophysik).

Abbildung 3.4 Bildung der Supernovastoßfront. Patrick Inderst und H.-Thomas Janka (Max-Planck-Institut für Astrophysik).

Abbildung 3.5 Stoßfront um Flugzeug. F/A-18 Hornet: United States Navy, Foto aufgenommen durch Leutnant zur See John Gay.

Abbildung 3.6 Ausbreitung der Supernovastoßfront. Patrick Inderst und H.-Thomas Janka (Max-Planck-Institut für Astrophysik).

Abbildung 3.7 Supernovaskalen. R. Mayr-Ihbe, nach Konstantinos Kifonidis (Doktorarbeit, Max-Planck-Institut für Astrophysik und Technische Universität München, 2000).

Abbildung 3.8 Massenschalen eines kollabierenden Sterns. Andreas Marek und H.-Thomas Janka (Max-Planck-Institut für Astrophysik).

Abbildung 3.9 Neutrinoheizen im Supernovakern. Patrick Inderst und H.-Thomas Janka (Max-Planck-Institut für Astrophysik).

Abbildung 3.10 3-D-Simulation des Supernovabeginns. Leonhard Scheck und H.-Thomas Janka (Max-Planck-Institut für Astrophysik).

Abbildung 3.11 Rayleigh-Taylor-Instabilität. Links: Ewald Müller (Max-Planck-Institut für Astrophysik); rechts: freundlicherweise zur Verfügung gestellt von National Nuclear Security Administration/Nevada Site Office.

Abbildung 3.12 Schwipp-schwapp-Instabilität. Andreas Marek und H.-Thomas Janka (Max-Planck-Institut für Astrophysik).

Abbildung 3.13 Beginn von Supernovaexplosionen in 2-D-Simulationen. Daten: Andreas Marek und H.-Thomas Janka (Max-Planck-Institut für Astrophysik); Visualisierung: Markus Rampp (Rechenzentrum Garching).

Abbildung 3.14 Mischinstabilität in 3-D-Supernovamodellen. Daten: Nicolay J. Hammer (Max-Planck-Institut für Astrophysik); Visualisierung: Markus Rampp (Rechenzentrum Garching).

Abbildung 3.15 Mischinstabilität in 3-D-Supernovamodellen. Daten: Nicolay J. Hammer (Max-Planck-Institut für Astrophysik); Visualisierung: Markus Rampp (Rechenzentrum Garching).

Abbildung 3.16 Kelvin-Helmholtz-Instabilität. Terry Robinson, Cloud Appreciation Society Photo Gallery (http://www.cloudappreciationsociety.org/).

Abbildung 3.18 Neutrinowind. Patrick Inderst und H.-Thomas Janka (Max-Planck-Institut für Astrophysik).

Abbildung 3.19 Neutronensternbeschleunigung. Leonhard Scheck (Max-Planck-Institut für Astrophysik).

Abbildung 3.20 Nachglühen des Gammablitzes GRB 990123. Andrew Fruchter (STScI) und NASA.

Abbildung 3.21 Gammablitzjet in einem Stern (Simulation). Miguel-Angel Aloy (Universidad de Valencia).

Abbildung 4.1 Überrest von Supernova 1006. NASA, ESA, Zolt Levay (STScI).

Abbildung 4.2 Überrest von Supernova 1572. Großes Bild: Röntgen: NASA/CXC/SAO; Infrarot: NASA/JPL-Caltech; Optisch: Calar Alto Observatory, Oliver Krause et al. (Max-Planck-Institut für Astronomie); Ausschnittsvergrößerung: NASA, ESA und P. Ruiz-Lapuente (Universität Barcelona).

Abbildung 4.3 Akkretionsszenarium für Typ-Ia-Supernovae. NASA/CXC/M. Weiss.

Abbildung 4.4 Verschmelzungsszenarium für Typ-Ia-Supernovae. NASA/CXC/M. Weiss.

Abbildung 4.5 Turbulente chemische Verbrennung. Jaipal Singh, dpa Picture-Alliance.

Abbildung 4.6 Deflagration eines Weißen Zwergs. Fritz Röpke (Max-Planck-Institut für Astrophysik).

Abbildung 4.7 Detonation eines Weißen Zwergs. Fritz Röpke (Max-Planck-Institut für Astrophysik).

Abbildung 4.8 Verschmelzung von zwei Weißen Zwergen. Rüdiger Pakmor (Max-Planck-Institut für Astrophysik).

Abbildung 5.1 Häufigkeitsverteilung chemischer Elemente. R. Mayr-Ihbe, nach Ewald Müller (Max-Planck-Institut für Astrophysik).

Abbildung 5.2 Herkunft chemischer Elemente. R. Mayr-Ihbe, nach „What is Your Cosmic Connection to the Elements?“ (National Aeronautics and Space Administration, NASA Goddard Space Flight Center, 2005).

Abbildung 5.3 *Super-Kamiokande*-Neutrinodetektor. Kamioka Observatory, ICRR (Institute for Cosmic Ray Research), The University of Tokyo.

Abbildung 5.4 Südpol mit Amundsen-Scott-Station. Forest Banks/NSF.

Abbildung 5.5 *IceCube*-Neutrinoteleskop. NSF.

Abbildung 5.6 *Virgo*-Gravitationswellendetektor.
EGO – CNRS/INFN-Konsortium – Cascina, Pisa, Italien.

Umschlagbild:
Hauptbild: Das „Herz" einer Supernova. Der Beginn einer Supernovaexplosion ist ein extrem turbulenter Vorgang. Beim Kollaps des stellaren Kerns bildet sich im Zentrum des sterbenden Sterns ein sehr heißer und sehr dichter Neutronenstern. Dieser strahlt energiereiche Neutrinos ab, nahezu masselose Elementarteilchen, die bei den Bedingungen im Neutronenstern in riesiger Zahl entstehen. Ein Teil der entweichenden Neutrinos heizt die Sternmaterie, die den Neutronenstern umgibt, und bringt sie in heftige Wallung. Das brodelnde Sternplasma steigt in großen Blasen auf und treibt eine Explosionswelle an, die den Stern in einer Supernova zerstört. Das Bild zeigt ein Gebiet von 1000 Kilometer Durchmesser im Zentrum der Explosion wenige zehntel Sekunden nach der Entstehung des Neutronensterns. (Quelle: Computersimulation von Leonhard Scheck, Max-Planck-Institut für Astrophysik)

Kleine Abbildungen: Supernovaüberrest Kassiopeia A (Quelle: Röntgen: NASA/CXC/SAO; Optisch: NASA/STScI; Infrarot: NASA/JPL-Caltech/Steward/MPIA, Oliver Krause et al.); Supernova 1994D am Rand der Galaxie NGC 4526 (Quelle: NASA/ESA, The Hubble Key Project Team und The High-Z Supernova Search Team); Supernova 1987A in der Großen Magellan'schen Wolke 20 Jahre nach der Explosion (Quelle: NASA, ESA, Pete Challis und Robert Kirshner (Harvard-Smithsonian Center for Astrophysics))